修訂二版

Management Accounting

管理會計習題與解答

王怡心 著

國家圖書館出版品預行編目資料

管理會計習題與解答／王怡心著.－－修訂二版一刷.－－臺北市；三民，民91
面；　公分

ISBN 957-14-3550-3　(平裝)

1. 管理會計-問題集

494.74022

網路書店位址 http : // www. sanmin. com. tw

著作人　王怡心
發行人　劉振強
著作財產權人　三民書局股份有限公司
臺北市復興北路三八六號
發行所　三民書局股份有限公司
地址／臺北市復興北路三八六號
電話／二五〇〇六六〇〇
郵撥／〇〇〇九九九八——五號
印刷所　三民書局股份有限公司
門市部　復北店／臺北市復興北路三八六號
重南店／臺北市重慶南路一段六十一號
初版一刷　中華民國八十三年八月
初版三刷　中華民國八十五年八月
修訂二版一刷　中華民國九十一年三月
編　號　S 49237
基本定價　拾貳元
行政院新聞局登記證局版臺業字第〇二〇〇號

ISBN　957-14-3550-3　(平裝)

修訂二版序

管理會計的功能在於提供管理者決策過程所需的經營資訊，其中包括各種的計算和報告方式。本書為使讀者對各章節內容能有更深一步的瞭解，特別將此《管理會計習題與解答》內容作系統化的規劃，每章有三個主要架構：壹、作業解答；貳、習題；參、自我評量。作業解答部分有選擇題和問答題，習題部分有基礎題和進階題，自我評量部分則有是非題、選擇題、計算題等形式的練習。藉著各種不同型態題目的演練，使讀者對章節內容有充分的理解與應用；從是非題、問答題、選擇題的練習，讓讀者對管理會計理論有清楚的認識；基礎題和進階題的演練，則有助於學習各種方式的計算與應用。

理論和實務具有關聯性，因此其中一些題目是以企業實務為情景來設計，以增加題目的應用性。在題目的編排部分，完全依章節的順序來排序，使讀者易於找到題目的理論基礎。此外，為協助讀者因應各種大型會計考試的挑戰，本書在習題和自我評量部分，加入一些綜合性的題目，以增加考生的應變能力。在此，建議將本書作為考生因應各式大型考試的主要參考書籍。時代隨著科技發展而進步，筆者也不時的吸收新知識來充實本書的內容。為使本書能日新又新，希望讀者能對本書提出寶貴的意見，作為日後改版的參考。

王怡心

於國立臺北大學會計學系

民國91年1月

E–mail：trenddw@ms26.hinet.net

自 序

為了使讀者對筆者所著《管理會計》一書各章節內容有更進一步的瞭解，特別編寫這本《管理會計習題與解答》，使讀者有較多的機會來練習，以加強學習的效果。每一章的習題分為兩大類，壹為課本內的作業解答，包括選擇題和問答題，重點在於觀念的說明和定義的敘述；貳為習題，依章節順序來排列題目，且將較簡單的題目放在前面，使讀者由淺入深，增加學習的信心與興趣。基本上，題目內容與每一小節的內容相配合，且所採用的名詞與定義，大致上與《管理會計》相同，使讀者易於演練題目。另外，有些題目為數章內容的整合體，具有挑戰性，可增加讀者的解題實力。

全書共分為十八章，每章的習題都個別標示題目的標題，使讀者容易找到題目的出處，可說是一本與《管理會計》十分配合的習題與解答本。就這本書的功能而言，可作為一般在校生的習題練習，也可作為各類大型考試的主要參考書籍。如果讀者對本書有任何意見，或推薦新題目作為再版的參考，筆者皆十分感謝。日後，筆者會隨時代的變遷，將新知識逐漸納入新版內容。

王怡心

於國立中興大學會計學研究所

民國83年7月

習題分類表

章節	標　題	壹、作業解答		貳、習題	
		選擇題	問答題	基本題	進階題
1	**管理會計概論**	5	14	3	4
1.1	企業組織與目標	1	2	1	0
1.2	管理工作	1	1	1	0
1.3	管理會計資訊的特性	1	1	0	0
1.4	管理會計與財務會計的比較	1	2	1	1
1.5	管理會計的發展	1	5	0	3
1.6	管理會計的新方向	0	3	0	0
2	**成本的性質與分類**	6	13	13	8
2.1	成本分類	1	6	6	3
2.2	製造成本與非製造成本	3	2	1	1
2.3	銷貨成本	1	0	2	4
2.4	其他成本的意義	1	3	4	0
2.5	資訊的成本與效益	0	2	0	0
3	**新製造環境的介紹**	6	15	6	6
3.1	製造環境的改變	2	4	0	0
3.2	新製造環境對管理會計的衝擊	1	2	0	1
3.3	及時系統	2	5	2	0
3.4	作業基礎成本法	0	2	2	5
3.5	績效評估的相關考量	1	2	2	0
4	**分批成本法**	5	6	14	8
4.1	成本計算方法	2	1	2	0
4.2	分批成本法的會計處理	3	1	3	0
4.3	分批成本法的釋例	0	0	5	5

章節	標　題	壹、作業解答		貳、習題	
		選擇題	問答題	基本題	進階題
4.4	製造費用的分攤	0	2	4	2
4.5	作業基礎成本法的應用：訂單生產	0	1	0	1
4.6	非製造業組織之分批成本法	0	1	0	0
5	**分步成本法**	5	8	14	10
5.1	分步成本法的介紹	1	1	2	0
5.2	約當產量的觀念	1	1	1	0
5.3	各項成本的會計處理程序	0	0	1	1
5.4	生產成本報告	2	2	7	7
5.5	後續部門增投原料	0	2	3	1
5.6	作業成本法	1	2	0	1
6	**成本習性與估計**	5	8	11	8
6.1	成本習性的意義	0	2	0	1
6.2	成本習性的分類	1	1	3	2
6.3	攸關範圍	2	1	1	0
6.4	成本估計	2	3	4	2
6.5	迴歸分析	0	1	3	3
7	**成本－數量－利潤分析**	6	12	11	10
7.1	損益平衡點分析	4	2	2	3
7.2	目標利潤	0	2	1	1
7.3	利量圖	0	1	1	0
7.4	安全邊際	1	1	3	0
7.5	敏感度分析	0	2	1	2
7.6	多種產品的成本－數量－利潤分析	0	0	0	3
7.7	成本結構與營運槓桿	1	3	1	2
7.8	成本－數量－利潤的假設	0	1	0	0
8	**全部成本法與直接成本法**	5	9	8	9
8.1	全部成本法與直接成本法的介紹	2	2	0	0

章節	標　題	壹、作業解答		貳、習題	
		選擇題	問答題	基本題	進階題
8.2	損益表的編製與損益比較	1	1	3	5
8.3	存貨變化對損益的影響	0	1	3	2
8.4	損益平衡分析	1	1	0	1
8.5	全部成本法與直接成本法的評估	1	2	0	0
8.6	作業基礎成本法下的損益表	0	2	2	1
9	**預算的概念與編製**	5	10	11	10
9.1	預算的概念	1	2	0	0
9.2	預算編製的基本原則	0	1	0	0
9.3	整體預算	1	2	11	8
9.4	預算制度的行為面	1	2	0	1
9.5	其他預算制度	2	3	0	1
10	**攸關性決策**	5	10	15	9
10.1	制定決策的步驟	0	1	0	1
10.2	攸關成本與效益	1	3	0	0
10.3	產品成本與訂價的關係	2	1	2	1
10.4	特殊決策的分析	2	4	11	7
10.5	制定決策之其他問題	0	0	1	0
10.6	制定決策時應避免之錯誤	0	1	1	0
11	**資本預算決策（一）**	6	10	17	9
11.1	資本預算決策的意義與種類	2	2	0	0
11.2	現金流量的意義	1	1	0	0
11.3	現值觀念	2	1	1	0
11.4	投資計畫的評估方法	1	6	16	9
12	**資本預算決策（二）**	5	12	9	4
12.1	所得稅法的影響	1	4	4	3
12.2	資本分配決策	1	1	1	0
12.3	投資計畫的再評估	0	1	0	0

章節	標　題	壹、作業解答		貳、習題	
		選擇題	問答題	基本題	進階題
12.4	投資計畫風險的衡量技術	2	2	1	0
12.5	資本預算的其他考慮	1	4	3	1
13	**標準成本法**	5	11	14	4
13.1	標準成本的意義及功能	1	4	0	0
13.2	原料標準成本	1	3	5	0
13.3	人工標準成本	2	1	1	1
13.4	原料及人工差異帳戶的處理	0	1	0	0
13.5	原料和人工成本差異分析的釋例	0	0	8	2
13.6	差異分析的意義和重要性	1	2	0	1
14	**彈性預算與製造費用的控制**	6	8	17	5
14.1	製造費用預算	1	3	5	0
14.2	實際成本、正常成本和標準成本	0	1	1	0
14.3	產能水準的選擇	0	0	0	0
14.4	製造費用的差異分析	3	0	8	4
14.5	製造費用績效報告	1	1	3	0
14.6	製造費用的會計處理	0	1	0	1
14.7	差異分析的責任歸屬與發生原因	1	2	0	0
15	**利潤差異與組合分析**	5	8	12	9
15.1	銷貨毛利的差異分析	3	5	8	4
15.2	營業費用的差異分析	1	1	1	1
15.3	邊際貢獻法下的差異分析	1	1	1	2
15.4	生產成本的差異分析	0	1	2	2
16	**分權化與責任會計**	7	10	8	8
16.1	分權化	1	4	0	0
16.2	責任中心	5	3	2	1
16.3	責任會計	1	3	4	7
16.4	責任會計的行為面	0	0	2	0

章節	標　題	壹、作業解答		貳、習題	
		選擇題	問答題	基本題	進階題
17	**成本中心的控制與服務部門成本分攤**	5	7	10	7
17.1	成本分攤	1	3	1	0
17.2	成本分攤的要領	1	3	5	2
17.3	服務部門成本分攤的方法	3	1	4	5
18	**轉撥計價與投資中心**	5	12	10	8
18.1	轉撥計價	3	6	3	3
18.2	多國籍企業的轉撥計價	0	1	0	0
18.3	選擇利潤指標	0	0	0	0
18.4	投資中心的績效衡量	2	4	7	5
18.5	損益與投資額的衡量問題	0	1	0	0
18.6	部門績效評估的其他爭議	0	0	0	0

管理會計習題與解答／目次

第三篇　管理會計的控制功能

第一篇

基本概念與成本系統

第1章

管理會計概論

壹、作業解答

一、選擇題

1. 管理會計可說是：

A. 包括組織的財務性歷史資料。

B. 要遵守一般公認會計準則。

C. 主要任務是提供組織內管理者各種與決策相關的資訊。

D. 以歷史資料分析為主。

解：C

2. 下列哪一點為管理會計與財務會計相同之處？

A. 提供資訊給外界使用者。

B. 遵守一般公認會計準則。

C. 使用相同的會計資料系統。

D. 報表的格式相同。

解：C

3. 由數種方案中選擇最好的方案之過程稱為：

A. 決策。

B. 規劃。

C. 執行。

D. 控制。

解：A

4.管理會計資訊的特性包括:

A.攸關性。

B.適時性。

C.正確性。

D.以上皆是。

解:D

5.主要的財務報表不包括下列哪一項?

A.損益表。

B.資產負債表。

C.現金流量表。

D.現金預算表。

解:D

二、問答題

1.何謂分權化組織?

解:業務範圍大且複雜的企業,為有效管理組織的績效,趨向於分權化的組織。高階管理者將企業整體目標,有計畫的規劃到各個單位,授受單位主管適當的權力,也賦予相當的責任,使企業目標達成。

2.目標設立的原則為何?

解:長期性企業整體目標先設立,管理者再規劃其他目標,使短期目標配合長期目標,將個體目標整合而為整體目標。

3.管理者在日常營運中所參與的四項主要活動為何?

解:管理者所參與的主要活動,可區分為下列四大類:

⑴決策:由各種方案中,選擇出最合適的方案。

⑵規劃:發展與營運和財務活動有關的詳細計畫。

⑶執行:執行既定的計畫來經營每日的業務。

⑷控制:確定企業達到既定的目標。

4.試述管理會計資訊的特性。

解：管理會計資訊必須具有下列五種特性：

⑴攸關性：資訊要與決策有關。

⑵適時性：資訊的時間性要配合決策的過程。

⑶正確性：資訊要正確才可被採用於決策分析。

⑷可被瞭解性：資訊的內容與表達要被使用者瞭解，才具有意義。

⑸符合成本效益原則：取得資訊所花的成本不能超過其所得的效益。

5.試敘述成本會計與財務會計和管理會計的關係。

解：成本會計系統將來自於會計系統的成本資料，依其性質分別予以整理和分析，以計算出銷貨成本和存貨成本兩項科目。成本會計系統可提供財務會計有關前述的二項科目餘額之計算，另外將組成此二科目的各項成本資料，提供管理會計以規劃和控制銷貨成本和存貨成本。

6.管理會計與財務會計的相同點和相異點為何？

解：管理會計與財務會計的相同點有二：

⑴資料蒐集系統：資料皆來自於會計系統。

⑵終極目的：提供報表使用者資訊。

管理會計與財務會計的相異點有九項：

⑴使用者：管理會計的報表使用者為管理階層；財務報表的主要使用者為外界的投資者和債權人。

⑵時間層面：管理會計除了和財務會計一樣分析歷史資料，對於未來的成果也予以預測。

⑶編製準則：財務會計規定報表的編製，要遵守一般公認會計準則，但管理會計則沒有此項規定。

⑷方法選用：管理會計人員可依需要來選擇會計方法，財務會計則有一定的規範。

⑸資料範圍：管理會計的範圍較財務會計為廣，因為除包含財務性資料外，還有非財務性資料。

⑹報告個體：財務報表是報告企業整體的經營和財務狀況；管理會計報表，可報告各個單位的績效，也可報告企業整體的狀況。

⑺報告頻率：管理會計報告是以滿足管理者所需為主，因此會計人員可能隨時編製各種不同的報表。財務會計則不然，只需要在會計期間結束時，編製出最後結果的報表。

⑻精確度：管理會計不受到其他規範的約束，所以所揭露資訊的準確度較低。

⑼其他相關性：管理會計所涵蓋的範圍較廣，與其他學科的相關性較高。

7.說明管理會計的起源。

解：管理會計的名詞創立於1958年，當時由美國會計學會所設立的管理會計委員會所決定的。

8.傳統的管理會計方法是何時發展的？

解：分批成本制、分步成本制、成本習性是發展於十九世紀中期以前；間接製造費用分攤、損益平衡分析、預算、標準成本和差異分析則在二十世紀的初期所建立。

9.何謂產品成本和售價關係的模式？

解：此模式是由確曲(Church)在1901年所發展，說明售價的形成過程。原料成本和工資組成主要成本，加上製造費用，成為總製造成本。售價為總製造成本、一般銷管費用、利潤之總和。

10.試解釋下列名詞：

⑴主要成本。

⑵總製造成本。

解：⑴主要成本＝原料成本＋人工成本

⑵總製造成本＝主要成本＋製造費用

11.說明管理會計的定義。

解：1958年美國會計學會的定義如下：

「管理會計是運用適當的方法和觀念，以處理一個實體的歷史性和預測性的經濟資料，來協助管理階層建立合理經濟目標的計畫，進而協助管理階層作各種理性的決策，以達到既定的經濟目標。」

1981年美國管理會計人員學會的定義如下：

「管理會計是一個辨識、衡量、累積、分析、準備、說明和溝通財務資訊的過程；這些財務資訊是被管理階層用來規劃、評估和控制組織的營運活動，與確保有效地運用組織的資源。管理會計也包括為非管理階層團體，例如股東、債權人、證券管理單位和稅捐機關，編製財務報告。」

12.試簡述「及時存貨系統」。

解：在此系統下，全部作業流程要先規劃完善，以需求帶動生產，並且使生產排程穩定，取消在製品存貨，讓原料和製成品的存量降到最低，以減少倉儲成本。

13.比較成本會計系統與成本管理系統的差異。

解：成本會計系統是先蒐集資料，予以整理和分析，使其成為資訊，提供管理者以瞭解企業的營運情況。在成本管理系統下，管理者先預期企業經營活動規劃和控制時所需的資訊，再依需求而設計資訊系統，只蒐集與決策相關的資料，予以整理和分析。

14.何謂無附加價值的成本？

解：無附加價值的成本指成本的支出對企業的價值，沒有產生任何貢獻，也就是一種浪費，例如機器的閒置成本，對機器的產出量沒有影響。

貳、習　題

一、基礎題

B 1-1　編製組織圖

根據以下的各種職位編製一張臺北公司的部分組織圖：

1. 銷售副總經理
2. 會計長
3. 生產副總經理
4. 總經理
5. 西區工廠經理
6. 東區工廠經理
7. 西區銷售經理
8. 東區銷售經理
9. 財務主任
10. 成本會計主任

解：

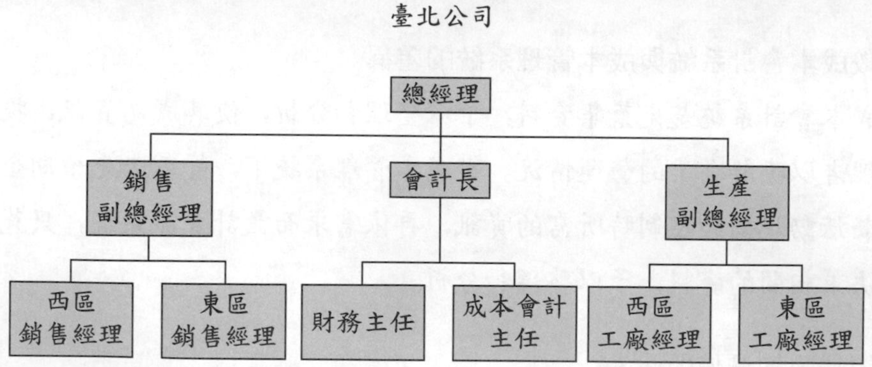

B 1-2　決策的時間性

試指出下列各項決策為長期性或短期性，並加以說明。

1. 工廠經理正在評估購買一部高效率的新機器設備的可行性。
2. 公司正在評估新工廠擴建後的獲利情形。
3. 行銷經理試圖決定促銷哪些產品，將其列在公司的廣告活動中。

4. 工廠經理正在決定雇用一組保養人員或將保養工作委託外面的服務公司。
5. 面對公司的現金餘額急劇下降，董事會正在評估是否要發放本季的現金股利。
6. 公司在中西部工廠所生產的產品，其市場需要量急劇下降。總經理正在評估該工廠是否應關閉或者應生產新產品。
7. 公司的高階主管正在決定該公司研究發展計畫的範圍和預算。
8. 一家零售店正在考慮調低某些商品的價值，以增加其競爭能力。

解：

1. 長期性決策：因其重點在於企業的產能需要。
2. 長期性決策：主要分析擴廠投資的成本與效益，重點在於增加企業長期性的獲利能力。
3. 短期性決策：廣告費本身屬於短期性的支出。
4. 短期性決策：維護保養費屬於短期性的支出。
5. 短期性決策：重點在目前的營利情形以及公司現金流量分析。
6. 長期性決策：此決策不但對公司有長遠的影響，並且還包含公司產能的使用效率。
7. 長期性決策：這個決策會影響公司長期未來的營業特性，以及產品或服務的種類。
8. 短期性決策：價格決策通常是用來預測或反擊目前的市場情況。

B 1-3　財務會計與管理會計的分類

下列為中興公司所執行的一些會計活動。試指出每一項活動是屬財務會計或管理會計。

1. 基於新建工廠的貸款條件，因此公司必須按月寄有關新工廠獲利情形的月報給銀行。
2. 行銷經理收到每項產品的廣告費用月報表。

3. 總公司編製了一張企業的合併財務報表。
4. 公司將編製好的年度財務報告給政府有關單位。
5. 公司寄給每一位地區銷售經理有關所屬範圍的實際獲利結果和預期獲利結果的比較報告。
6. 公司的會計師年底查帳時，要求會計部門提供詳細的各項產品成本資料。
7. 彙總全公司每位員工的每月薪資成本及其工作性質分析表。
8. 編製有關電腦設備的購買成本分攤或租賃費用的詳細分析表。

解:

項　目	財務會計	管理會計
1.	✓	
2.		✓
3.	✓	
4.	✓	
5.		✓
6.		✓
7.		✓
8.		✓

二、進階題

A 1-1　折舊方法的運算

建業公司在90年1月1日購買一部生產用的機器。機器成本為$21,200，預期殘值$5,200，估計生產量為80,000單位，估計使用壽命為5年。

以下為每年估計生產量:

90年	10,000單位	93年	25,500單位
91年	18,000單位	94年	9,000單位
92年	17,500單位		

> 試作：根據下列三種折舊方法，算出各年度機器的折舊費用。
>
> 1. 直線法。
> 2. 年數合計法。
> 3. 生產量法。

解：

1. $每年折舊 = \frac{成本-殘值}{估計使用年數} = \frac{\$21,200 - \$5,200}{5（年）} = \$3,200$

90 年　$3,200
91 年　3,200
92 年　3,200
93 年　3,200
94 年　3,200

2. 年數合計法 = 5 + 4 + 3 + 2 + 1 = 15

90年　$(\$21,200 - \$5,200) \times \frac{5}{15} = \$5,333$

91年　$(\$21,200 - \$5,200) \times \frac{4}{15} = \$4,267$

92年　$(\$21,200 - \$5,200) \times \frac{3}{15} = \$3,200$

93年　$(\$21,200 - \$5,200) \times \frac{2}{15} = \$2,133$

94年　$(\$21,200 - \$5,200) \times \frac{1}{15} = \$1,067$

3. $每單位折舊 = \frac{成本-殘值}{估計生產量} = \frac{\$21,200 - \$5,200}{80,000（單位）} = \$0.2$

90年　$\$0.2 \times 10,000 = \$2,000$
91年　$\$0.2 \times 18,000 = \$3,600$
92年　$\$0.2 \times 17,500 = \$3,500$
93年　$\$0.2 \times 25,500 = \$5,100$

94年　$0.2 × 9,000 = $1,800

A 1-2　存貨方法的運算

自強公司的90年期初存貨有10,000單位，每單位成本$5。當年度買進80,000單位的存貨，每單位成本$7.25。自強公司在90年度銷貨量為70,000單位。

試作：

1. 自強公司90年期末存貨，如採先進先出存貨評價方法。
2. 自強公司90年期末存貨，如採加權平均存貨評價方法。
3. 自強公司90年期末存貨，如採後進先出存貨評價方法。
4. 如自強公司採先進先出存貨方法，但出售85,000單位時，其期末存貨的價值是多少？

解：

期初存貨	10,000
本期購貨	80,000
可供銷售單位	90,000
減：出售單位	70,000
期末存貨	20,000

1. $7.25 × 20,000（單位）= $145,000
2. $7 × 20,000（單位）= $140,000

期初存貨成本	$5 × 10,000 =	$ 50,000
本期購貨成本	$7.25 × 80,000 =	580,000
可供銷售商品成本		$630,000
加權平均每單位成本	$630,000 ÷ 90,000 = $7	

3.

$5 × 10,000 =	$ 50,000
$7.25 × 10,000 =	72,500
	$122,500

4. $7.25 × 5,000 = $36,250

期初存貨	10,000單位
本期購貨	80,000單位
可供銷售單位	90,000單位
減：出售單位	85,000單位
期末存貨	5,000單位

A 1–3　服務業損益表

以下是90年12月31日華得公司調整後的試算表。

華得公司
調整後試算表
90年12月31日

	借	貸
現　金	$ 2,400	
用品盤存	64	
生財設備	9,600	
累計折舊——生財設備		$ 2,640
預付保險費	150	
應付水電費		166
應付薪資		440
華得資本		10,864
華得往來	21,000	
服務收入		64,000
廣告費	1,660	
折舊費用——生財設備	860	
所得稅費用	4,776	
保險費	200	
雜項費用	130	
租金費用	13,000	
薪資費用	22,000	
用品費用	290	
水電及電話費	1,980	
合　計	$78,110	$78,110

試編製90年度華得公司損益表。

解:

華得公司
損益表
90年度

服務收入		$64,000
各項費用:		
薪資費用	$22,000	
租金費用	13,000	
水電及電話費	1,980	
廣告費	1,660	
用品費用	290	
折舊費用——生財設備	860	
保險費	200	
雜項費用	130	40,120
稅前淨利		$23,880
所得稅費用		4,776
稅後淨利		$19,104

A 1-4 買賣業損益表

以下是大安公司90年12月31日調整後試算表。

大安公司
調整後試算表
90年12月31日

	借	貸
現　金	$ 46,800	
應收帳款	208,000	
商品存貨*	184,000	
店面設備	1,268,000	
累計折舊——店面設備		$ 792,000
應付帳款		86,000
應付債券		276,000
普通股股本（$10面額）		240,000

保留盈餘		136,600
銷貨收入		2,642,000
管理費用	222,000	
運輸費用	264,000	
所得稅費用	63,400	
利息費用	22,400	
購 貨	1,202,000	
銷售費用	692,000	
合 計	$4,172,600	$4,172,600

*此存貨帳戶代表89年12月31日餘額，而90年12月31日實地盤點存貨餘額為$194,000。

試編製90年度大安公司損益表。

解：

大安公司
損益表
90年度

銷貨收入		$2,642,000
銷貨成本：		
期初存貨	$ 184,000	
本期購貨	1,202,000	
可供銷售商品	$1,386,000	
期末存貨	194,000	1,192,000
銷貨毛利		$1,450,000
營業費用：		
銷售費用	$ 692,000	
運輸費用	264,000	
管理費用	222,000	1,178,000
營業淨利		$ 272,000
利息費用		22,400
稅前淨利		$ 249,600
所得稅費用		63,400
稅後淨利		$ 186,200

參、自我評量

1.1 企業組織與目標

1. 在組織圖上有直線與幕僚的單位，幕僚單位是指與達成企業基本目標有關的單位。

解：×

詳解：直線單位是指與達成企業基本目標有關之單位，幕僚單位在本質上是協助直線單位來達成目標。

2. 組織是由一群人共同組成的，管理者與組織內的成員一起來完成企業的目標。

解：○

3. 組織圖的目的是要明確劃分各單位主管的責任，以及提供組織內正式的報告與溝通的管道。

解：○

1.2 管理工作

1. 下列何者不是管理者於日常營運所參與的主要活動？

A. 執行。

B. 規劃。

C. 管理。

D. 控制。

解：C

詳解：管理者於日常營運所參與的主要活動為：執行、規劃、決策、控制。

2. 「規劃」為管理者所參與的主要活動中最重要的活動中樞。

解：×

詳解：「決策」為管理者所參與的主要活動中最重要的活動中樞。

3. 要確定組織是否依預定的計畫進行，並達到既定的目標的過程稱為：

A. 決策。

B. 規劃。

C. 執行。

D. 控制。

解：D

1.3　管理會計資訊的重要性

1. 資料與資訊非常類似，資訊是指會計的原始憑證，是從組織日常活動中的記錄蒐集而來的。

解：×

詳解：資訊是把原始資料作有系統的整理後所得的結果；資料才是指會計的原始憑證。

2. 下列何者不是管理會計資訊的特性？

A. 正確性。

B. 攸關性。

C. 快速性。

D. 可被瞭解性。

解：C

詳解：管理會計資訊的特性：正確性、攸關性、適時性、可被瞭解性、符合成本效益原則。

3. 提供給管理者的會計資訊越多，管理者所制定的決策會越好。

解：×

詳解：所有管理會計資訊的提供，要符合成本效益原則。也就是從資訊所得的效益，要超過準備該資訊所投入的成本。

1.4　管理會計與財務會計的比較

1. 管理會計與財務會計的相同點為：

A. 編製準則。

B. 精確度。

C. 報告個體。

D. 資料蒐集系統。

解：D

詳解：管理會計與財務會計的相同點為：資料蒐集系統、終極目的。

2. 管理會計資訊的精確度，比財務會計資訊為低。

解：○

3. 管理會計與財務會計的相異點何者為非？

A. 終極目的。

B. 方法選用。

C. 使用者。

D. 資料範圍。

解：A

1.5 管理會計的發展

1. 「管理會計」一詞在十八世紀中期就已出現。

解：×

詳解：「管理會計」一詞在二十世紀才出現。

2. 管理會計報告的主要使用者是股東與董事會。

解：×

詳解：管理會計報告的主要使用者是管理階層。

3. 美國管理會計人員學會(NAA)將管理會計視為一種規劃與控制營運活動的過程，使管理階層將有限的資源發揮最大的效益。

解：○

1.6 管理會計的新方向

1. 下列何者為造成製造環境改變的原因？

A. 國際市場競爭激烈。

B. 交通運輸發達。

C. 消費者品牌忠誠度較低。

D. 以上皆是。

解：D

2. 製造商採用電腦來控制全部的生產程序和管理系統，即所謂的：

A. 及時存貨系統。

B. 電腦整合製造系統。

C. 全面品質管理系統。

D. 彈性製造系統。

解：B

3. 成本管理系統的設計是以滿足管理者所需為目的，並隨時提供適時的相關資訊給管理者。

解：○

第2章

成本的性質與分類

壹、作業解答

一、選擇題

1. 下列何者是屬於製造業的產品成本的一部分?

   A. 銷售佣金。

   B. 運輸成本(進貨)。

   C. 運輸成本(銷貨)。

   D. 行政管理人員薪資。

解:B

2. 對製造商來說,損益表中的銷貨成本是指銷售下列哪一種產品?

   A. 商品。

   B. 在製品。

   C. 直接人工。

   D. 製成品。

解:D

3. 當定義原料成本是直接或間接成本時,其關鍵在:

   A. 使用原料的成本。

   B. 使用原料的數量。

   C. 原料的使用與生產過程的關係。

   D. 從供應商購買的原料數量。

解:C

4. 下列哪個項目既是主要成本的要素，又是加工成本的要素？

A. 直接人工。

B. 直接原料。

C. 間接人工。

D. 間接原料。

解：A

5. 在損益表上，成本可分為產品成本和下列哪一項成本兩大類？

A. 主要成本。

B. 期間成本。

C. 加工成本。

D. 商品成本。

解：B

6. 有關沉沒成本的敘述，何者為非？

A. 來自於過去的決策。

B. 管理者不再擁有控制權。

C. 成本可改變。

D. 對未來的決策不具攸關性。

解：C

二、問答題

1. 成本標的為何？

解：⑴定義：所謂成本標的(Cost Objects)，就是作為衡量成本之對象或單位。

⑵釋例：產品、部門、作業……等。

2. 試舉例說明成本動因。

解：

成　本	成本動因
影印成本	影印次數
	開機次數

進貨成本	採購次數
	訂購數量
	耗費時間
產品設計成本	產品數量
	設計時間
	零件數目

3. 試述直接原料與間接原料，及直接人工與間接人工的性質。

解：直接原料為使用在生產過程中主要的原料，例如上課木製椅子的直接原料為木材；間接原料為生產過程中的次要原料，例如上述例子的間接原料可為釘子、膠水等。

直接人工為生產線上主要從事製造工作者；間接人工為與生產線製造工作有間接關係，例如監工人員、維護人員等。

4. 何謂主要成本？何謂加工成本？

解：(1)所謂主要成本(Prime Cost)就是直接原料成本(Direct Material Cost)與直接人工成本(Direct Labor Cost)之和。

(2)所謂加工成本(Conversion Cost)就是直接人工成本(Direct Labor Cost)與製造費用(Overhead Cost)之和。

5. 說明成本習性的意義。

解：在攸關範圍內，將成本區分為固定成本、變動成本或半變動成本，並找出成本與成本動因間之一特定的數量模式，即為成本習性。

6. 試述固定和變動成本習性的差異。

解：

	成本習性	
成　本	總　額	每單位
變動成本	隨著活動水準的改變，總變動成本成正比例的變動。	每單位變動成本保持不變。
固定成本	固定成本總額不受活動水準改變的影響，亦即當活動水準變動時，固定成本總額保持不變。	當活動水準上升時，每單位固定成本減少；當活動水準下降時，每單位固定成本增加。

7. 請說明直接成本與間接成本的差異。

解：成本依歸屬情況可分為直接成本和間接成本：

⑴直接成本(Direct Cost)，又稱可追溯成本(Traceable Cost)：

①定義：針對企業的某一部分，如作業、產品、部門等來設定成本標的(Cost Object)，若成本能辨認或易於歸屬到某一成本標的時，就稱為該成本標的之直接成本。

②釋例：若產品為成本標的，則直接原料及直接人工為直接成本。

⑵間接成本(Indirect Cost)：

①定義：針對企業的某一部分，如作業、產品、部門等來設定成本標的(Cost Object)，若成本與成本標的間之關係不易看出時，就稱為該成本標的之間接成本。

②釋例：若產品為成本標的，則間接原料及間接人工為間接成本。

8. 請解釋何謂可控制成本(Controllable Costs)？何謂不可控制成本(Uncontrollable Costs)?

解：可控制成本是指在特定時間內，可由特定管理者控制的成本，而管理者無法控制的成本，即為不可控制成本。

9. 何謂沉沒成本?

解：沉沒成本有下列幾項特性：

⑴沉沒成本是來自於過去的決策。

⑵管理者對沉沒成本不再擁有控制權。

⑶沉沒成本已不可改變，所以對未來的決策不具攸關性，因此在分析決策時可予以忽略。

⑷任何發生在過去的成本都是沉沒成本，因此歷史成本就是沉沒成本，都是不可避免成本。

10.試舉例說明機會成本。

解:

	A	B	C
收　入	$10,000	$12,000	$8,000
費　用	5,000	8,000	5,000
淨　利	$ 5,000	$ 4,000	$3,000

若有A、B、C三方案，其收入、費用、淨利如上述。則:

(1)若選擇A方案，則機會成本為$4,000。

(2)若選擇B方案，則機會成本為$5,000。

(3)若選擇C方案，則機會成本為$5,000。

由上可知選擇A方案時機會成本最低，故A方案為數量化評估時最佳決策。

11.比較增量成本與減量成本的差異。

解: (1)增量成本(Incremental Cost): 增加額外的活動所發生的額外成本，如邊際成本。

(2)減量成本(Decremental Cost): 又稱可避免成本(Avoidable Cost)，係指減少一單位產品所減少的成本。

12.會計人員在資料蒐集與分析時，應考慮哪些成本與效益?

解: 會計人員在資料蒐集與分析時，所考慮的成本與效益如下:

(1)資訊超載的發生要注意，以免造成成本大於效益。

(2)資訊的必要性。

(3)各種可能發生的限制狀況。

13.何謂資訊超載?

解: 所謂資訊超載，即指決策者收到過多的資訊，而造成決策者面對龐大的資料而不知所措。

貳、習　題

一、基礎題

B 2-1　製造成本分類

將下列製造成本區分為直接或間接，以及固定或變動成本。

1. 監督人員訓練
2. 磨光用的砂紙
3. 機器上切割用的刀片
4. 工廠自助餐廳的食物
5. 工廠租金
6. 工廠倉庫管理員薪資
7. 工廠員工的勞保費
8. 生產所用的直接原料
9. 工廠鼓風爐所用的鋼鐵廢料
10. 工廠洗手間用的紙巾

解：

項　目	直接或間接	固定或變動
1.	間接	固定
2.	間接	變動
3.	間接	變動
4.	間接	變動
5.	間接	固定
6.	間接	固定
7.	間接	變動
8.	直接	變動
9.	間接	變動
10.	間接	變動

B 2-2　成本分類

以下的成本可能是發生於服務業、買賣業或製造業。試將各成本分類為變動成本或固定成本。

成　本	成本習性	
	變　動	固　定
1. 醫院裏用於實驗之小玻璃培養皿		
2. 建築物直線法折舊		
3. 主管經理人員之薪資		
4. 機器運作所需之電力成本		
5. 產品與服務之廣告		
6. 製造所需搬運車，其所使用之電池		
7. 銷售員之佣金		
8. 牙醫診所的意外保險		
9. 生產足球所需之皮料		
10. 醫療中心的租金		

解：

項　目	成本習性	
	變　動	固　定
1.	✓	
2.		✓
3.		✓
4.	✓	
5.		✓
6.	✓	
7.	✓	
8.		✓
9.	✓	
10.		✓

B 2-3　成本分類

奧馬公司去年發生下列成本：

1. 間接人工
2. 銷售設備折舊
3. 銷售部門房屋稅
4. 直接人工
5. 間接原料
6. 直接原料
7. 總經理薪資
8. 工廠員工勞保費

9.工廠意外保險費　　11.製造用水、電、瓦斯費

10.製成品存貨保險費　　12.總經理辦公室租金

試作：將以上成本分類為A.產品或期間成本，B.固定或變動成本

解：

項　目	產品或期間成本	固定或變動成本
1.	產品	固定
2.	期間	固定
3.	期間	固定
4.	產品	變動
5.	產品	變動
6.	產品	變動
7.	期間	固定
8.	產品	變動
9.	產品	固定
10.	產品	變動
11.	產品	半變動
12.	期間	固定

B 2-4　固定和變動成本計算

甲公司每月支付$120電話基本費給電信局，另外每超次一次還加付$1。在1月份有3,000次超次，而2月份共有2,500次超次。

試作：

1.計算1月份和2月份的電話費金額。

2.將1月份電話費分為固定和變動部分。

解：

1.1月份電話費：$120 + $1 × 3,000 = $3,120

2月份電話費：$120 + $1 × 2,500 = $2,620

2.

1月份固定成本	$ 120
1月份變動成本	3,000
總　額	$3,120

B 2-5　成本分類

試將下列各項製造成本，分類為直接成本或間接成本。

1. 工廠房屋租金
2. 鑄造部門監督人員薪資
3. 操作機器人員薪資
4. 工廠設備的火災保險費
5. 運送原料的人工成本
6. 工廠機器運轉之電力成本
7. 原料倉儲成本
8. 製造產品的主要原料成本
9. 機器使用的潤滑油

解:

項　目	直接成本	間接成本
1.		✓
2.		✓
3.	✓	
4.		✓
5.		✓
6.		✓
7.		✓
8.	✓	
9.		✓

B 2-6　成本分類

試指出下列成本中，對設備保養部門而言是直接或間接成本；又對部門管理者而言是可控制或不可控制成本。

1. 保養部門所占面積的折舊費用
2. 保養部門員工的閒置時間

3. 分攤至保養部門的工廠經理薪資

4. 分攤至保養部門的地價稅

5. 保養部門所使用的電費

解:

項　目	直接或間接	可控制或不可控制
1.	直接	不可控制
2.	直接	可控制
3.	間接	不可控制
4.	間接	不可控制
5.	直接	可控制

B 2–7　成本分類

以下為萬泰公司的各項帳戶餘額。

購買直接原料成本	$168,000
直接原料使用成本	184,500
製造設備折舊	144,000
直接人工	100,500
間接人工	108,000
間接原料	40,500
雜項製造成本	13,500
銷售人員薪資	174,000

試作:

1. 萬泰公司主要成本金額。
2. 萬泰公司加工成本金額。

解:

1. 主要成本:

直接原料使用成本	$184,500	
直接人工	100,500	
主要成本	$285,000	

2. 加工成本：

直接人工		$100,500
製造費用：		
製造設備折舊	$144,000	
間接人工	108,000	
間接原料	40,500	
雜項製造成本	13,500	306,000
加工成本		$406,500

B 2-8 存貨交易事項

假設遠東公司沒有期初存貨且產品當期開始製造並完成，以下為其90年的交易：

1. 購買直接原料成本	$700,000
2. 直接原料使用成本	600,000
3. 直接人工成本	320,000
4. 製造費用	400,000
5. 當期開始製造並完成的產品之成本	?
6. 銷貨成本（假設出售一半的製成品）	?

試作：直接原料、在製品及製成品之期末存貨金額。

解：

直接原料：$700,000 − $600,000 = $100,000

在製品：$0

製成品：$600,000 + $320,000 + $400,000 = $1,320,000

銷貨成本：$\$1,320,000 \times \frac{1}{2} = \$660,000$

期末存貨金額：

直接原料存貨	$100,000
在製品存貨	0
製成品存貨	660,000
期末存貨總額	$760,000

B 2-9 製成品成本和銷貨成本

請找出下列每個例子的遺失金額。

	例 一	例 二	例 三
製成品之期初存貨	$ 12,500	?	$ 6,250
當年度完工之製成品	118,750	$535,000	?
製成品之期末存貨	10,000	122,500	26,250
銷貨成本	?	506,250	380,000

解:

	例 一	例 二	例 三
製成品之期初存貨	$ 12,500	$ 93,750*	$ 6,250
當年度完工之製成品	118,750	535,000	400,000*
製成品之期末存貨	(10,000)	(122,500)	(26,250)
銷貨成本	$121,250*	$ 506,250	$380,000

B 2-10 製造成本

若製造500單位的材料成本為$2,700，人工成本為$1,300，變動成本為$900，固定成本為$1,100，試求其總製造成本與單位製造成本。

解:

總製造成本 = $2,700 + $1,300 + $900 + $1,100 = $6,000

單位製造成本 = $6,000 ÷ 500 = $12

B 2-11　攸關成本

甲公司正在考慮新添一項設備，與該決策有關成本如下：

新設備發票價格	$500
新設備運費價格	200
新設備裝設費價格	100
舊設備帳面價值	100
舊設備目前殘值	10

則於此新添決策應考慮的攸關成本共多少?

解:

應考慮之攸關成本:

新設備發票價格	$500
新設備運費價格	200
新設備裝設費價格	100
舊設備處分殘值	(10)
	$790

B 2-12　差異成本

設生產A產品的成本為固定成本$40,000加每單位變動成本$40，而生產B產品的成本為固定成本$20,000加每單位變動成本$60，則管理者生產A產品及B產品皆為相同生產成本的生產數量為何?

解:

設生產X單位產品產生的成本相同，則:

$40,000 + $40X = $20,000 + $60X

X = 1,000（單位）

B 2-13 機會成本

某工廠現生產A產品的收益為$2,400，現擬改生產B產品，其收益為$2,800，則該工廠決策的機會成本是多少?

解:

機會成本是指選擇另一方案所放棄的利得，故若該工廠改生產B產品，將放棄A產品的收益$2,400，此即為該工廠決策之機會成本。

二、進階題

A 2-1 成本分類

試將以下之各項成本區分為產品成本或期間成本:

1. 推銷員所使用車輛的折舊
2. 用於生產用之設備的租金
3. 用於機器維修之潤滑油
4. 在製品倉管人員的薪資
5. 工廠洗手間所需之肥皂及紙巾
6. 工廠監督人員之薪資
7. 生產所耗之水費及電費
8. 製成品運送至海外，裝箱所需之材料（產品通常是不裝箱的）
9. 廣告費
10. 生產員工之勞保費
11. 置於製造部門餐廳之桌椅的折舊
12. 公司總機人員的薪資
13. 公司執行主管人員所搭乘之噴射機的折舊
14. 為了舉行年度銷售會議所租用會議室之租金
15. 為了包裝早餐燕麥食品所設計相當吸引人的盒子

解:

項　目	產品成本	期間成本
1.		✓
2.	✓	
3.	✓	
4.	✓	
5.	✓	
6.	✓	
7.	✓	
8.		✓
9.		✓
10.	✓	
11.	✓	
12.		✓
13.		✓
14.		✓
15.	✓	

A 2-2　成本分類

將以下每一項成本根據其特性，分類為產品或期間成本，以及固定或變動成本：

1. 工廠用的水、電和瓦斯費
2. 生產用的零配件
3. 直接原料
4. 總經理薪資
5. 製造設備折舊
6. 廠房租金
7. 銷售部門的租金
8. 銷售辦公設備折舊
9. 生產時使用的釘子
10. 製造設備之保養合約金

解:

項　目	產品成本	期間成本	變動成本	固定成本
1.	✓		✓	
2.	✓		✓	
3.	✓		✓	

4.		✓		✓
5.	✓			✓
6.	✓			✓
7.		✓		✓
8.		✓		✓
9.	✓		✓	
10.	✓			✓

A 2-3 成本分類

下列是關於製造營運的各項成本資料：

1. 用於自動化機器的塑膠墊圈
2. 支付工廠警衛的薪資
3. 裝配產品的人工薪資
4. 機器運轉所需之電力
5. 倉儲人員的薪資
6. 用於磚塊生產所需的泥土
7. 廠房租金
8. 用於生產毛織產品的羊毛
9. 用於家具生產的螺絲釘
10. 監督人員的薪資
11. 用於女裝生產的布料
12. 自助餐廳設備的折舊
13. 用於裝釘教科書的膠水
14. 機器所需之潤滑油
15. 印刷書籍所需的紙張

試作：將各成本分類至變動成本或固定成本。同時，也將各成本與產品關係分類為直接成本或間接成本。將你的答案，編製如下表：

	成本習性		歸到單位產品	
項　目	變　動	固　定	直　接	間　接
例如：1.		✓		✓

如果你不確定某一成本是變動還是固定時，則仔細考慮大範圍作業的成本習性為何。

解:

項　目	成本習性		歸到單位產品	
	變　動	固　定	直　接	間　接
1.	✓			✓
2.		✓		✓
3.	✓		✓	
4.	✓			✓
5.		✓		✓
6.	✓		✓	
7.		✓		✓
8.	✓		✓	
9.	✓			✓
10.		✓		✓
11.	✓		✓	
12.		✓		✓
13.	✓			✓
14.	✓			✓
15.	✓		✓	

A 2-4　成本計算

經緯公司在90年2月份有下列的期初和期末存貨資料:

	90/2/1	90/2/28
直接原料存貨	$27,000	$15,000
在製品存貨	13,500	9,000
製成品存貨	40,500	54,000

下列為2月份製造成本資料:

直接原料購貨	$ 63,000
直接人工	45,000
銷貨成本	202,500

試算出2月份主要成本(Prime Costs)和加工成本(Conversion Costs)。

解:

主要成本:

直接原料:		
直接原料存貨，90/2/1	$ 27,000	
直接原料購貨	63,000	
可供使用的直接原料	$ 90,000	
直接原料存貨，90/2/28	(15,000)	
直接原料使用		$ 75,000
直接人工		45,000
主要成本		$120,000

加工成本:

直接人工	$ 45,000
製造費用	91,500
加工成本	$136,500

在製品存貨

借方		貸方
2/1餘額	13,500	
直接原料使用	75,000	
直接人工	45,000	216,000
製造費用分配數	91,500	
2/28餘額	9,000	

製成品存貨

借方		貸方	
2/1餘額	40,500	銷貨成本	202,500
	216,000		
2/28餘額	54,000		

A 2-5 製成品成本表——填空

有A、B、C三種不同的產品，請填寫空白的資料。

	A	B	C
期初製成品存貨	$ 5,000	$ 10,000	$ 4,500
期初直接原料存貨	1,000	2,000	3,000
期初在製品存貨	10,500	(d)	7,500
製成品成本	(a)	(e)	90,000
銷貨成本	(b)	232,000	87,000
直接人工成本	55,500	110,000	41,250
期末製成品存貨	6,000	12,000	(g)

期末直接原料存貨	1,500	3,000	(h)
期末在製品存貨	13,000	26,000	(i)
製造費用	27,500	54,000	21,000
直接原料購貨	32,500	66,000	25,500
直接原料使用	(c)	(f)	26,250

解:

	A	B	C
(a) $112,500	1,000	2,000	3,000
(b) $111,500	+ 32,500	+ 66,000	+25,500
(c) $32,000	33,500	68,000	28,500
(d) $31,000	− 1,500	− 3,000	− 2,250(h)
(e) $234,000	32,000(c)	65,000(f)	26,250
(f) $65,000	55,500	110,000	41,250
(g) $7,500	+ 27,500	+ 54,000	+21,000
(h) $2,250	115,000	229,000	88,500
(i) $6,000	+ 10,500	+ 31,000(d)	+ 7,500
	125,500	260,000	96,000
	− 13,000	− 26,000	− 6,000(i)
	112,500(a)	234,000(e)	90,000
	+ 5,000	+ 10,000	+ 4,500
	117,500	244,000	94,500
	− 6,000	− 12,000	− 7,500(g)
	111,500(b)	232,000	87,000

A 2-6 製成品成本計算

以下為亞伯公司90年營業之期末帳戶餘額。

直接人工	$ 50,000
直接原料購貨	140,000
製造費用	230,000

期末直接原料存貨成本為當期原料購貨成本的20%。期末在製品成本為本期製造成本的10%。當期完成的製成品有80%出售。亞伯公司只生產一

種產品，所有單位的成本都一樣，且為第一年的營運。
試編製亞伯公司90年營業的製成品成本表以及銷貨成本表。

解:

亞伯公司
製成品成本表
90年度

期初在製品存貨		$ 0
本期製造成本:		
期初直接原料存貨	$ 0	
直接原料購貨	140,000	
可使用直接原料	$140,000	
期末直接原料存貨	(28,000)	
直接原料使用	$112,000	
直接人工	50,000	
製造費用	230,000	392,000
小 計		$392,000
期末在製品存貨		(39,200)
製成品成本		$352,800

亞伯公司
銷貨成本表
90年度

期初製成品存貨	$ 0
製成品成本	352,800
可供銷售商品	$352,800
期末製成品存貨	(70,560)
銷貨成本	$282,240

A 2–7 損益表

光明出版公司在90年度發生了下列各項成本:

保險費	$ 4,500
銷售人員薪資	93,750

廣告費	156,250
直接原料購貨	625,000
直接人工成本	125,000
領班薪資	50,000
折舊——製造設備	281,250
折舊——辦公設備	27,500
薪資稅——辦公設備	10,000
直接原料存貨，90/1/1	312,500
直接原料存貨，90/12/31	375,000
電費——工廠	11,250
電費——辦公室	5,000
辦公室秘書薪資	36,250

公司當年度共生產112,500單位。每單位銷售價格為$25。

試編製90年度損益表（含詳細銷貨成本內容）。

解:

光明出版公司
損益表
90年度

銷貨收入（112,500單位，每單位$25）			$ 2,812,500
銷貨成本:			
直接原料:			
直接原料存貨，90/1/1	$ 312,500		
直接原料購貨	625,000		
可供使用直接原料	$ 937,500		
直接原料存貨，90/12/31	(375,000)		
直接原料使用		$562,500	
直接人工成本		125,000	
製造費用:			
折舊——製造設備	$ 281,250		
電費——工廠	11,250		
領班薪資	50,000		
製造費用總額		342,500	
銷貨成本			(1,030,000)

銷貨毛利		$ 1,782,500
銷售管理費用:		
保險費——銷售部分	$ 4,500	
銷售人員薪資	93,750	
廣告費	156,250	
折舊——辦公設備	27,500	
薪資稅——辦公人員	10,000	
電費——辦公室	5,000	
辦公室秘書薪資	36,250	
銷售管理費用總額		(333,250)
營業利益		$ 1,449,250

A 2-8 損益表計算

以下為某家零售商店的會計資料:

	A	B	C
銷貨收入	$20,000	$ (d)	$ (g)
商品存貨,1/1	2,500	20,000	22,500
購　貨	12,500	20,000	45,000
商品存貨,12/31	(a)	10,000	(h)
銷貨成本	10,000	(e)	52,500
銷貨毛利	(b)	30,000	(i)
銷售管理費用	(c)	10,000	37,500
營業利益	2,500	(f)	30,000

試求出上列三個個案中的空格。

解:

	A	B	C
銷貨收入	$20,000	$60,000(d)	$120,000(g)
商品存貨,1/1	2,500	20,000	22,500
購　貨	12,500	20,000	45,000
商品存貨,12/31	5,000(a)	10,000	15,000(h)
銷貨成本	10,000	30,000(e)	52,500
銷貨毛利	10,000(b)	30,000	67,500(i)
銷售管理費用	7,500(c)	10,000	37,500
營業利益	2,500	20,000(f)	30,000

計算過程如下：

(a) \$2,500 + \$12,500 − \$10,000 = \$5,000

(b) \$20,000 − \$10,000 = \$10,000

(c) \$10,000 − \$2,500 = \$7,500

(d) \$30,000 + \$30,000 = \$60,000

(e) \$20,000 + \$20,000 − \$10,000 = \$30,000

(f) \$30,000 − \$10,000 = \$20,000

(g) \$67,500 + \$52,500 = \$120,000

(h) \$22,500 + \$45,000 − \$52,500 = \$15,000

(i) \$30,000 + \$37,500 = \$67,500

參、自我評量

2.1　成本分類

1. 於空格處填入正確數額：

生產量	總變動成本	單位變動成本	總固定成本	單位固定成本	總成本
1	\$ 20	\$20	\$500	\$500	\$520
5					
10			500		
20	400				900

解：

生產量	總變動成本	單位變動成本	總固定成本	單位固定成本	總成本
1	\$ 20	\$20	\$500	\$500	\$520
5	100	20	500	100	600

10	200	20	500	50	700
20	400	20	500	25	900

2. 部門經理的薪資對該部門而言是：

A. 間接成本。

B. 不可控制成本。

C. 固定成本。

D. 直接成本。

解：D

3. 廠房租金對生產部門經理而言是：

A. 不可控制成本。

B. 變動成本。

C. 直接成本。

D. 可控制成本。

解：A

2.2 製造成本與非製造成本

1. 製造成本可分為：

A. 商品成本、製造費用、行銷成本。

B. 直接原料成本、直接人工成本、製造費用。

C. 商品成本、直接原料成本、製造費用。

D. 財務成本、商品成本、製造費用。

解：B

2. 直接原料成本和直接人工成本的總和，稱為：

A. 商品成本。

B. 加工成本。

C. 主要成本。

D. 行政成本。

解：C

3. 只隨時間的發生而增加，而與產品的生產或銷售活動無關的成本稱為：

A. 行政成本。

B. 財務成本。

C. 產品成本。

D. 期間成本。

解：D

2.3 銷貨成本

1. 平誠公司為一製造業廠商，請求出其90年度的銷貨成本：

期初製成品成本	$ 180,000
期初在製品存貨	30,000
直接原料成本	2,800,000
直接人工成本	4,000,000
製造費用	5,000,000
期末在製品存貨	70,000
期末製成品成本	50,000

解：

平誠公司
銷貨成本表
90年度

期初製成品成本			$ 180,000
本期製成品成本：			
期初在製品存貨		$ 30,000	
本期製造成本：			
直接原料成本	$2,800,000		
直接人工成本	4,000,000		
製造費用	5,000,000	11,800,000	
小　計		$11,830,000	
期末在製品存貨		(70,000)	11,760,000
可供銷售貨品成本			$11,940,000

期末製成品成本	(50,000)
銷貨成本	$11,890,000

2. 龍群公司為一買賣業廠商，請求出其90年度的銷貨成本：

期初存貨成本	$ 500,000
進貨成本	2,500,000
進貨退回	30,000
進貨折讓	5,000
進貨運費	50,000
期末存貨成本	40,000

解：

龍群公司
銷貨成本表
90年度

期初存貨成本		$ 500,000
本期進貨成本：		
進貨成本	$2,500,000	
減：進貨退回	(30,000)	
進貨折讓	(5,000)	
加：進貨運費	50,000	2,515,000
可供銷售貨品成本		$3,015,000
減：期末存貨成本		(40,000)
銷貨成本		$2,975,000

2.4 其他成本的意義

1. 部門經理在選擇方案時，A方案可得淨利$10,000，B方案可得淨利$12,000，C方案可得淨利$5,000，若其選擇C方案時，其機會成本為何？

解：$12,000

2. 下列何者非沉沒成本的特性？

A. 來自於過去的支出。

B. 管理者不再有控制權。

C. 分析決策時可予以忽略。

D. 對未來的決策具有攸關性。

解：D

詳解：對未來的決策不具攸關性，因為沉沒成本已不可改變。

3. 現有兩方案可供部門經理選擇，A方案的經營成本為固定成本\$5,000加每單位變動成本\$15； B方案的經營成本為固定成本\$2,000加每單位變動成本\$30，問部門經理應選擇何種方案為佳?

解：

$$\frac{\text{A方案}}{\$5{,}000+\$15X}=\frac{\text{B方案}}{\$2{,}000+\$30X}$$

$$X = 200\text{單位}$$

當X為200單位時， 選擇A方案或B方案對部門經理而言都一樣。但在200單位以下時，選擇B方案較有利；在200單位以上時，選擇A方案較有利。

2.5 資訊的成本與效益

1. 會計人員在提供資訊時，提供給管理者的資訊是越多越好。

解：×

詳解：所有管理會計資訊的提供，要符合成本效益原則。也就是從資訊所得的效益，要超過準備該資訊所投入的成本。

2. 決策者由於所接收到的資訊過多，而產生了不知所措的現象稱為：

A. 資訊負荷。

B. 資訊超載。

C. 資訊不足。

D. 資訊過重。

解：B

第3章

新製造環境的介紹

壹、作業解答

一、選擇題

1. 電腦輔助設計和製造系統的主要功能是:

   A. 有好的銷售績效。

   B. 爭取較高的市場占有率。

   C. 縮短產品生產週期的長度。

   D. 設計新穎產品來招攬顧客。

解:C

2. 電腦整合製造(CIM)系統,不包括下列何者?

   A. 彈性製造系統。

   B. 產品銷售系統。

   C. 電腦輔助製造。

   D. 電腦輔助設計。

解:B

3. 新製造環境對管理會計的衝擊有哪些?

   A. 對成本控制的影響。

   B. 對資本投資的影響。

   C. 對攸關決策的影響。

   D. 以上皆是。

解:D

4.及時系統的主要特性為：

A.較少的採購量與製造量。

B.彈性的廠房佈置。

C.拉的物流方式。

D.以上皆是。

解：D

5.及時成本法，或稱逆流成本法，是將哪兩種科目合併？

I：原料存貨　　II：製成品存貨　　III：在製品存貨

A. I與II。

B. I與III。

C. II與III。

D.以上每種組合皆可。

解：B

6.下列何者不是品質成本中的一類？

A.內部失敗成本。

B.鑑定成本。

C.維修成本。

D.預防成本。

解：C

二、問答題

1.試解釋CAD、CAM，並簡單說明(CAD/CAM System)主要功能。

解：CAD：Computer-Aided Design（電腦輔助設計），是運用電腦來發展、分析和修改產品的設計，也可說是由電腦程式來執行設計過程中的每一個步驟。

CAM：Computer-Aided Manufacturing（電腦輔助製造），是把機器利用電腦的技術應用在產品設計和製造程序方面。

CAD/CAM System：電腦輔助設計製造系統的主要功能是減短產品生產

週期的長度。

2.何謂彈性製造系統？其優點為何？

解：彈性製造系統(FMS)：

(1)定義：由電腦來控制兩個或兩個以上的機器，以輸送系統來連接，使產品製造由原料到成品的過程，完全由電腦來控制機器設備，並且使生產設備調整為可製造數種不同的產品。

(2)優點：

①製造與整備時間縮短：

(a)製造商：可隨市場的需求來調整生產程序與數量。

(b)生產部門：可因應客戶的要求而很快調整生產排程，達成產品少量多樣的製造目標。

②機器的使用率也因此提高。

③降低人工成本，避免人工短缺的問題。

④使產品品質穩定，減少生產不良率。

⑤單位生產成本也較傳統製造方式為低。

3.電腦整合製造系統的投資決策應考慮哪些因素？

解：電腦整合製造系統的投資決策要考慮下列因素：

(1)投資計畫的成本與效益：由於電腦整合製造系統的投資，屬於整廠自動化的投資。一般而言，該項投資的金額大且回收期長，所以在投資計畫審核時，要特別審慎小心。

(2)投資計畫的全部執行期間和回收期間：電腦整合製造系統的投資為一長期性的計畫，可分為短期、中期、長期不同期間的執行步驟，在某些行業的執行期間可長達十年。一般而言，在投資初期要投入大量的資金，所得的效益要經過幾年才會明顯呈現。企業在評估投資效益時，還本期的長短會因產業和公司的差異而不同。

4. 試分析電腦整合製造系統的成本與效益。

解：

		成　本	效　益
財務面	數量化	設備投資增加 軟體成本增加 人員訓練成本增加	直接人工成本降低 間接人工成本降低 耗損成本降低 原料成本減少 存貨成本降低
	非數量化	投資風險增加	
非財務面	數量化		製造循環時間減少 生產產能增加 產品耗損率降低
	非數量化		改進產品的運送與服務 增加市場上競爭地位 減短產品發展期間 加速對市場變化的反應 增進員工對自動化的學習 改進產品品質和可信度 增加生產設備的製造彈性

5. 請說明在新製造環境下，管理會計的主要功能為何？

解：仍然是用來規劃與控制營運活動，在新製造環境下，只是在成本分類有些不同：

(1)傳統上將成本分為固定和變動兩大類。

(2)新環境則將成本明確分為可控制成本和不可控制成本，或直接成本和間接成本兩大類。

如此成本的分類，有助於管理工作的執行。

6. 試述績效評估與生產自動化程度之間的關係。

解：在新製造環境下，績效評估方面要注意下列幾點：

(1)在新製造環境下，由於生產自動化的程度提高，隨著固定資產的增加，成本結構漸漸以固定成本為主。投資效益漸漸偏向長期的效益，因為短期效益的評估無法衡量出自動化投資的真正績效。

⑵生產自動化的程度愈高，工廠佈置愈走向電腦整合製造系統。重型投資的效益，基本要衡量長期和短期二方面，並且財務面和非財務面的因素皆要考慮，並非像過去只評估短期財務因素。

⑶在有形效益部分，一般會計記錄可能無法得到該類資料，需要設計不同系統來蒐集各方面資料。

⑷會計人員要會同工程、製造、管理和行銷等方面的專家，共同協商來建立績效評估系統，以及每項效益的衡量方法。

7.何謂及時系統?

解：及時系統的定義為：

⑴產銷完全配合，有需求才生產，隨時保持零庫存的狀態。

⑵儘量降低存貨量，使其趨近於零，以減少浪費和無效率。

8.說明及時系統的主要特性。

解：及時系統的主要特性為：

⑴穩定的生產率。

⑵低的存貨量。

⑶較少的採購量與製造量。

⑷整備時間短和成本低。

⑸彈性的廠房佈置。

⑹預防性的維修計畫。

⑺工人有較高的技術程度。

⑻高品質水準。

⑼團隊精神的發揮。

⑽可信賴的供應商。

⑾拉的物流方式。

⑿問題即時解決。

9.比較生產流程中推的系統與拉的系統之間的差異。

解:

	推的系統(Push System)	拉的系統(Pull System)
盛行時代	生產導向	消費導向
方　式	以生產單位為主，由其決定生產量，每當製造程序完成，即將產品送往下一個工作站，完全不考慮需求量。	需求帶動生產的方式，俟其接到顧客訂單，生產工令單才送達製造單位，同時向供應商購買原料。

10.試述及時系統與傳統製造系統主要的差異處。

解:

	傳統製造系統	及時系統
生產率	較不穩定	較穩定
存貨量	高	低
採購量	高	低
製造量	高	低
整備時間	長	短
整備成本	高	低
廠房佈置	較固定	較具彈性
維修計畫	偶發式	預防式
工人技術	專業性	多功能性
程　度	簡單	複雜
品質水準	允收品質水準	全面品質管制
工作方式	著重個人工作能力	較具團隊精神
供應商數量	多	少
與供應商關係	沒有特定默契	較具信賴度 視為衛星工廠
驗收材料程序	很重要	可省略
物流方式	推的系統(Push System)	拉的系統(Pull System)
問題處理	較慢	即時解決
資訊電腦程度	低	高
存貨會計科目	原料存貨(RM) 在製品存貨(WIP) 製成品存貨(FG)	原料在製品存貨(RIP) 製成品存貨(FG)

11.何謂及時成本法？試舉例說明其分錄與傳統分錄不同處。

解：(1)所謂及時成本法，就是在及時系統下，由需求面帶動生產面，而在帳務處理方面，會計分錄也因應及時系統而有較簡略的一種會計分錄方法。

(2)

	傳統製造成本系統			及時成本法		
購　料	原料存貨	××		原料及在製品存貨	××	
	應付帳款		××	應付帳款		××
投入原料生產	在製品存貨	××		製成品存貨	××	
	原料存貨		××	原料及在製品存貨		××
投入加工成本	在製品存貨	××		製成品存貨	××	
	製造費用		××	加工成本		××
	應付薪資		××			
產品完成	製成品存貨	××				
	在製品存貨		××			
銷　貨	銷貨成本	××		銷貨成本	××	
	製成品存貨		××	製成品存貨		××

12.實施作業基礎成本法的基本步驟為何？

解：實施作業基礎成本法的基本步驟：

(1)把類似的活動分類和組合。

(2)依照活動特性和費用種類為成本分類基礎。

(3)選擇成本動因。

(4)計算每一個成本動因的單位成本。

(5)將成本分配到成本目標。

13.品質成本大致上可分為哪四大類？並試說明各類成本的意義。

解：品質成本可分為下列四大類：

(1)預防成本(Prevention Cost)：主要是指減低產品不良率所花費的成本，包括品管計畫，供應商的評估與輔導品質教育訓練，和有助於提高品質所採取的行動所花費的成本。

⑵鑑定成本(Appraisal Cost)：包括原料驗收時的檢驗成本，以及在生產過程中，設立各個檢驗站以查出瑕疵品所耗用的成本。

⑶內部失敗成本(Internal Failure Cost)：主要係指產品出售前，把不良品重新製造所使用的成本。另外，還包括生產過程中品質異常的處理成本，和品質異常所引起的生產中斷所遭受的損失。

⑷外部失敗成本(External Failure Cost)：是針對貨品出售後，處理顧客退回不良品所花費的處理成本。此類成本包括處理顧客抱怨的服務中心費用，特價折讓損失，保證期間內的修理零件成本和服務費用，以及商譽損失等。

14.公司如何運用一些非財務面的衡量指標，來提高生產效率？

解：關於非財務面的衡量指標，以生產力而言：

⑴將生產力評估作為製造業績效評估的一部分，使企業瞭解利潤的增加，是來自生產力的提高，或是價格的上漲。

⑵重視生產力的成長，藉著有效率的生產，以降低產品成本，再達到預期的利潤。

15.請列舉三個管理會計主題，其發生在1990年以後。

解：發生於1990年以後的管理會計新主題如下：

⑴作業基礎成本法。

⑵企業組織國際化。

⑶品質成本。

貳、習　題

一、基礎題

B 3-1　及時成本法

建業公司9月份交易事項如下：

1. 賒購原料$380,000。
2. 製成品中原料成本為$136,000。
3. 賒銷商品售價$150,000，其原料成本為$64,000。
4. 加工成本$240,000。
5. 月底時，工程師估計加工成本中，在製品占$160,000，製成品占$44,000。

試作：上述交易之分錄，假設該公司使用及時成本法。

解：

分錄	借方	貸方
1. 原料在製品存貨	380,000	
應付帳款		380,000
2. 製成品存貨	136,000	
原料在製品存貨		136,000
3. 銷貨成本	64,000	
製成品存貨		64,000
應收帳款	150,000	
銷貨收入		150,000
4. 銷貨成本	240,000	
加工成本		240,000

5.原料在製品存貨	160,000	
製成品存貨	44,000	
銷貨成本		204,000

B 3-2 及時成本法

大方公司採用及時成本法來記錄生產成本。下列為7月份交易事項：

1. 賒購原料$198,000。
2. 生產部門經理本月份的應計薪資為$21,000。
3. 支付生產部門工人薪資$108,000。
4. 支付工廠維修人員薪資$25,000。
5. 支付水電費和保險費共$170,000。
6. 提列工廠建築物和設備的折舊費用$95,000。
7. 工程師薪資$18,000。
8. 原料倉庫管理員薪資$11,000。
9. 購買卡車$52,000。
10. 本月份製成品中，其中原料成本為$178,000。
11. 賒銷商品售價為$750,000，其原料成本為$155,000。
12. 本月份所投入的加工成本為$450,000。
13. 生產部經理估計月底時(7/31)加工成本中屬於在製品的部分為$40,000，屬於製成品為$51,000。

試作：7月份交易的分錄。

解：

1.原料在製品存貨	198,000	
應付帳款		198,000
2.加工成本	21,000	
應付薪資		21,000

3. 加工成本	108,000	
現　金		108,000
4. 加工成本	25,000	
現　金		25,000
5. 加工成本	170,000	
現　金		170,000
6. 加工成本	95,000	
累計折舊		95,000
7. 加工成本	18,000	
應付薪資		18,000
8. 加工成本	11,000	
應付薪資		11,000
9. 運輸設備	52,000	
現　金		52,000
10. 製成品存貨	178,000	
在製品存貨		178,000
11. 銷貨成本	155,000	
製成品存貨		155,000
應收帳款	750,000	
銷貨收入		750,000
12. 銷貨成本	450,000	
加工成本		450,000
13. 原料在製品存貨	40,000	
製成品存貨	51,000	
銷貨成本		91,000

B 3-3 成本動因和部門製造費用分攤率

仁愛公司有兩個生產部門，其營運資料如下：

	生產部門 I	生產部門 II
直接人工小時（每月）	5,000	5,000
機器小時（每月）	–	5,000
機器及設備的折舊費用（每月）	–	$50,000
廠房坪數	2,000坪	38,000坪
電費（每月）	$ 100	$ 4,900

仁愛公司的主要生產活動在生產部門 I，生產部門 II 只負責生產一些副產品。

仁愛公司每個月的製造費用預算如下：

機器設備折舊費用	$50,000
建築物折舊費用	40,000
電　費	5,000
小　計	$95,000

試作：

1. 計算製造費用預計分攤率，採用直接人工為基礎。
2. 假設每個主產品在生產部門 I 需要一個直接人工小時；每個副產品在生產部門 II 需要一個直接人工小時。求每一產品的製造費用率為多少？本公司採用產品數量為單一製造費用預計分攤基礎。
3. 計算兩個生產部門的製造費用分攤率。生產部門 I 以直接人工小時為基礎，生產部門 II 以機器小時為基礎。

解：

1. $\text{預計製造費用分攤率} = \dfrac{\text{製造費用預算}}{\text{預計直接人工小時}} = \dfrac{\$95{,}000}{10{,}000} = \$9.5\text{每小時}$

2. 每一產品的製造費用為$9.5

3. 部門製造費用分攤率：

	生產部門 I	生產部門 II
機器設備折舊	$　0	$50,000
建築物折舊	2,000	38,000
電　費	100	4,900
小　計	$2,100	$92,900
直接人工小時（每月）	5,000	5,000
分攤率	$0.42	$18.58
	每一直接人工小時	每一機器小時

B 3–4　作業基礎成本法

法蘭克公司專門生產化妝水及乳液，該公司正在編製其年度的利潤規劃，該公司會計長根據以下資料，估計出應分攤到個別產品的製造費用金額，此乃為個別產品獲利能力分析工作的一部分。

	化妝水	乳　液
生產數量	25	25
每條生產線材料的搬運次數	5	15
產品的直接人工小時	200	200
預計材料處理成本	$60,000	

試作：若採作業基礎成本制度，分攤給化妝水的材料處理成本是多少？

解：

$$\frac{\frac{\$60,000}{(5+15)}\times 5}{25} = \$600$$

B 3–5　品質成本報告

中國電器用品製造公司5月份維持生產品質之相關成本如下：

外購組件檢驗成本	$18,000
次級品修改成本	13,500
售後服務（仍在產品保證期間）	24,750

不堪使用之次級零件成本	9,150
品質控制檢查員訓練費	31,500
出售前測試成本	45,000

試作：編製品質成本報告。

解：

中國電器用品製造公司

品質成本報告

	金　額	百分比
預防成本：		
品質控制檢查員訓練費	$ 31,500	22
小　計	$ 31,500	
鑑定成本：		
外購組件檢驗成本	$ 18,000	13
出售前測試成本	45,000	32
小　計	$ 63,000	
內部失敗成本：		
次級品修改成本	$ 13,500	10
不堪使用之次級零件成本	9,150	6
小　計	$ 22,650	
外部失敗成本：		
售後服務（產品重置）	$ 24,750	17
小　計	$ 24,750	
總品質成本	$141,900	100

B 3-6 製造效率

富豪公司將其所有的一所工廠改變為整廠整線自動化生產方式。第一季營運後，完成每批訂單的相關資料如下：

檢驗時間	0.3天
製造時間	2.9天
等待時間：	
從訂貨至開始生產	15 天

從生產開始至完成	4 天
排程時間	2.8天

管理階層想知道如何運用這些資料來作績效評估及營運控制的工作。

試作:

1. 計算完成每批訂單所需的時間。
2. 計算這一季的製造循環效率(MCE)，並說明之。
3. 完成每批訂單的時間中，花費在無附加價值活動的百分比為多少?
4. 計算遞送循環時間（即由訂貨到完成的全部時間)。
5. 假設使用及時系統，所有等待時間可忽略不計，則新的製造循環效率(MCE)為何?

解:

1. $0.3 + 2.9 + 4 + 2.8 = 10$（天）
2. $MCE = \frac{2.9}{10} = 0.29 = 29\%$，製造循環效率為29%。

   全部時間的71%為等待、檢驗及其他無附加價值活動的時間。
3. 如果製造循環效率是29%，相對而言，無附加價值活動為71%。
4. $15 + 10 = 25$
5. 完成總需時間 $= 0.3 + 2.9 + 2.8 = 6$

   $MCE = \frac{2.9}{6} = 0.48 = 48\%$

   因此，製造循環效率增加為48%，使用及時系統改善了營運效率，和減少了完成每批訂單所需的全部時間。

二、進階題

A 3-1 績效報告

銘星公司為了嚴格地控制營業費用而採用預算編製。下列資料是營業費用預算的建立標準（以月為單位):

薪資費用	$75,000 + 收入的6%
文具用品費	收入的1%
廣告費	$6,000 + 收入的1%
設備租金	$12,000
勞保費	薪資的10%
權利金	$6,750
商標費	$2,250 + 收入的0.5%
差旅費	$3,000 + 收入的1.5%
慈善捐款	$150 + 收入的0.5%
電話費	$600 + 收入的0.5%
水電費	$3,450
房屋租金	$13,500
保險費	$3,900
折舊——設備	$7,050
汽油費	收入的2%
車輛修理費	$1,350 + 汽油費的2%

下列資料是5月份各項收入和費用的實際金額：

	5月份	年初到目前
收　入	$450,000	$2,550,000
薪資費用	$103,500	$543,000
文具用品費	5,400	22,500
廣告費	9,015	57,225
設備租金	12,150	55,830
勞保費	9,360	47,790
權利金	6,750	33,750
商標費	4,140	22,200
差旅費	12,000	62,610
慈善捐款	2,400	12,000
電話費	4,650	14,250
水電費	4,350	18,600
房屋租金	13,500	67,500
保險費	4,200	21,300
折舊——設備	7,500	37,500
汽油費	10,995	55,080

車輛修理費 1,571 7,853

試作：編製績效報告（區分三部分：變動成本、半變動成本和固定成本）。

解：

銘星公司
績效報告

	5月份			年初到目前		
	預 算	實 際	差 異 低估/（高估）	預 算	實 際	差 異 低估/（高估）
變動成本：						
文具用品費	$ 4,500	$ 5,400	$ 900	$ 25,500	$ 22,500	$ (3,000)
汽油費	9,000	10,995	1,995	51,000	55,080	4,080
小 計	$ 13,500	$ 16,395	$2,895	$ 76,500	$ 77,580	$ 1,080
半變動成本：						
薪資費用	$102,000	$103,500	$1,500	$ 528,000	$ 543,000	$15,000
勞保費	10,200	9,360	(840)	52,800	47,790	(5,010)
廣告費	10,500	9,015	(1,485)	55,500	57,225	1,725
商標費	4,500	4,140	(360)	24,000	22,200	(1,800)
差旅費	9,750	12,000	2,250	53,250	62,610	9,360
慈善捐款	2,400	2,400	0	13,500	12,000	(1,500)
電話費	2,850	4,650	1,800	15,750	14,250	(1,500)
車輛修理費	1,530	1,571	41	7,770	7,853	83
小 計	$143,730	$146,636	$2,906	$ 750,570	$ 766,928	$16,358
固定成本：						
設備租金	$ 12,000	$ 12,150	$ 150	$ 60,000	$ 55,830	$ (4,170)
權利金	6,750	6,750	0	33,750	33,750	0
水電費	3,450	4,350	900	17,250	18,600	1,350
房屋租金	13,500	13,500	0	67,500	67,500	0
保險費	3,900	4,200	300	19,500	21,300	1,800
折舊——設備	7,050	7,500	450	35,250	37,500	2,250
小 計	$ 46,650	$ 48,450	$1,800	$ 233,250	$ 234,480	$ 1,230
總 計	$203,880	$211,481	$7,601	$1,060,320	$1,078,988	$18,668

A 3-2 成本動因

幸安化學藥品公司會計長估計製造費用及成本動因如下：

製造費用成本分類	製造費用之預算	成本動因	成本動因之預算標準	分攤率	
機器重新整備	$250,000	置換次數	100	$2,500	
原料處理	125,000	原料重量	50,000磅	$2.5	每磅
危險廢料控制	62,500	危險化學品重量	10,000磅	$6.25	每磅
品質管制	93,750	檢查次數	1,000	$93.75	每次
其他成本	250,000	機器小時	20,000	$12.5	每時
小　計	$781,250				

每製造500盒之某一化學藥品訂單所需生產要件如下：

機器置換	2次
原料使用量	5,000磅
危險物料量	1,000磅
檢查次數	5次
運轉機器時數	250小時

試作：

1. 計算本訂單之總製造費用。
2. 若採用多重分攤基礎，每盒製造費用為多少？
3. 假設幸安化學藥品公司使用單一預計製造費用分攤率（以機器小時為基礎），計算此分攤率。
4. 以問題3之答案計算500盒訂單的總製造費用及每盒的製造費用。
5. 解釋兩種生產成本計算系統之不同。你建議採用的是哪一系統？請說明理由。

解：

1.

	分攤率	成本動因標準	製造費用
機器重新整備	$2,500.00	2次	$ 5,000.00
原料處理	2.50	5,000磅	12,500.00
危險廢料控制	6.25	1,000磅	6,250.00

品質管制	93.75	5次	468.75
其他成本	12.50	250小時	3,125.00
小　計			$27,343.75

2. $\frac{\$27,343.75}{500} = \$54.6875$（每盒）

3. $\frac{\$781,250}{20,000} = \$39.0625$（每機器小時）

4. 總製造費用 $= \$39.0625 \times 250 = \$9,765.625$

   每盒之製造費用 $= \frac{\$9,765.625}{500} = \$19.531$

5. 幸安化學藥品公司的生產需要較多次的機器置換，大量的危險廢料控制和多次檢查。因此，它們都是計算製造費用分攤率之基礎。使用單一預計分攤率會遮蓋了這一特性，低估每盒的製造費用將有不利的結果。所以依成本動因作為計算製造費用分攤率比較好。如本題的結果，採用多重分攤基礎，所得的每盒製造費用為$54.6875；若採用單一分攤基礎，則每盒製造費用為$19.531。

A 3-3　作業基礎成本法

佑利製造公司將營業活動分為五部分：建築、維修、電腦資料處理、機械、完工。建築成本以使用空間為分攤基礎，維修成本只發生在機械和完工部分。電腦70%供本公司使用、30%提供其他公司使用，電腦成本以使用時間為分攤基礎。機械成本都因生產而發生，其中40%以置換時間為分攤基礎，其他60%以機器小時為分攤基礎。完工部分成本70%的成本動因為包裝工作，30%的成本動因為運送工作。

下列各部門資料為未分攤之本月份成本：

建　築	$864,800
維　修	500,000
電　腦	300,000
機　械	400,000

完　工　　200,000

	建　築	維　修	電　腦	機　械	完　工
使用空間	8,000	9,000	19,000	14,400	57,600
維修小時				22,400	9,600
電腦小時				16,800	4,200
置換時間				5,000	
機器小時				100,000	
包　裝					400,000
運　送					20,000

本月份開始及完成的兩張工令單，資料統計列示於下：

	DW1	DW2
置換時間	200	50
機器小時	100	300
包　裝	200	100
運　送	80	900

試作：

1. 計算機械及完工兩部分之成本。
2. 計算兩張工令單之成本。

解：

1. 建築成本：

維修（$\$864,800 \times \frac{9,000}{100,000}$）	\$ 77,832
電腦（$\$864,800 \times \frac{19,000}{100,000}$）	164,312
機械（$\$864,800 \times \frac{14,400}{100,000}$）	124,531
完工（$\$864,800 \times \frac{57,600}{100,000}$）	498,125
	\$864,800

維修成本：\$500,000 + \$77,832 = \$577,832

機械（$\$577{,}832 \times \frac{22{,}400}{32{,}000}$）　$404,482

完工（$\$577{,}832 \times \frac{9{,}600}{32{,}000}$）　173,350

$577,832

電腦成本：$300,000 + $164,312 = $464,312

$464,312 × 70% = $325,018

機械（$\$325{,}018 \times \frac{16{,}800}{21{,}000}$）　$260,014

完工（$\$325{,}018 \times \frac{4{,}200}{21{,}000}$）　65,004

$325,018

成本彙總：

	機　械	完　工
原始成本	$ 400,000	$200,000
建　築	124,531	498,125
維　修	404,482	173,350
電　腦	260,014	65,004
小　計	$1,189,027	$936,479

2.

	DW1	DW2
機械 $\left(\frac{\$1{,}189{,}027 \times 40\%}{5{,}000} \times 200\right)$	$19,024	
$\left(\frac{\$1{,}189{,}027 \times 40\%}{5{,}000} \times 50\right)$		$ 4,756
$\left(\frac{\$1{,}189{,}027 \times 60\%}{100{,}000} \times 100\right)$	713	
$\left(\frac{\$1{,}189{,}027 \times 60\%}{100{,}000} \times 300\right)$		2,140
完工 $\left(\frac{\$936{,}479 \times 70\%}{400{,}000} \times 200\right)$	328	
$\left(\frac{\$936{,}479 \times 70\%}{400{,}000} \times 100\right)$		164

$(\frac{\$936,479 \times 30\%}{20,000} \times 80)$	1,124	
$(\frac{\$936,479 \times 30\%}{20,000} \times 900)$		12,642
	$21,189	$19,702

A 3-4 作業基礎成本法

中華公司製造家庭用及商業用電扇，有三種規格即標準、高級和超大型。此公司採用分批成本制度，製造費用依直接人工小時提列。這制度至少使用了25年，產品成本和銷貨量資料列示在表一。

過去10年中公司的產品訂價設定為產品成本的110%。近來由於標準型電扇外來競爭壓力增大，所以其訂價降為$220。

公司總裁問會計長:「為何其他競爭廠商的標準型電扇訂價為$212，只比中華公司標準型電扇的生產成本高一點，是什麼原因?」

會計長回答:「主要是因為採用過時的生產成本制度，雖然在過去即知本公司生產成本制度有問題，但經過討論還是決定保持不變。依我的見解本公司使用的生產成本制度扭曲了產品成本，下列有些新數據支持這個理念。」 會計長依各生產線的機器小時和其他製造因素提出相關資料列示在表二。

表一

	標準型	高級型	超大型
銷售量（每年）	20,000	1,000	10,000
產品成本（每單位）			
直接原料	$ 20	$ 50	$ 84
直接人工	20 (0.5小時、@$40)	40 (1小時、@$40)	40 (1小時、@$40)
製造費用*	170	340	340
小　計	$210	$430	$464

*預計分攤率之計算：

製造費用：

折舊——機器	$2,960,000

機器維修	240,000
廠房折舊、保險、稅捐	600,000
工程費	700,000
運　費	500,000
檢查和修理費	750,000
原料管理	800,000
雜　費	590,000
小　計	$7,140,000

直接人工小時：

標準型	10,000小時
高級型	1,000
超大型	10,000
	21,000小時

$$預計分攤率 = \frac{\$7,140,000}{21,000} = \$340（每小時）$$

表二

	標準型	高級型	超大型
機器小時	40%	15%	45%
工程、檢查、修理	50%	8%	42%
運費和原料管理	55%	8%	37%
使用空間	48%	18%	34%

以這些比例為基礎，會計長發展出新的生產成本制度，製造費用依相關成本動因來提列，廠房折舊、保險及稅捐和雜費以使用空間為基礎提列分攤。

試作：

1. 依傳統生產成本制度，計算三種規格電扇的訂價。
2. 以會計長收集的新資料，計算三種規格電扇的生產成本。
3. 依照問題2之答案，計算新的訂價（生產成本的110%）。

解：

1.

標準型	高級型	超大型
$ 210	$ 430	$ 464
×110%	×110%	×110%
$ 231	$ 473	$ 510.4

2.

	標準型	高級型	超大型
直接原料	$ 20	$ 50	$ 84
直接人工	20	40	40
機器小時(a)	64	480	144
工程、檢查、修理(b)	36.25	116	60.9
運費和原料管理(c)	35.75	104	48.1
廠房折舊、保險及稅捐(d)	28.56	214.2	40.46
	$204.56	$1,004.2	$417.46

(a)

折舊——機器	$2,960,000
機器維修費	240,000
	$3,200,000

標準型：($3,200,000 × 40%) ÷ 20,000 = $64

高級型：($3,200,000 × 15%) ÷ 1,000 = $480

超大型：($3,200,000 × 45%) ÷ 10,000 = $144

(b)

工程費	$ 700,000
檢查和修理費	750,000
	$1,450,000

標準型：($1,450,000 × 50%) ÷ 20,000 = $36.25

高級型：($1,450,000 × 8%) ÷ 1,000 = $116

超大型：($1,450,000 × 42%) ÷ 10,000 = $60.9

(c)

運　費	$ 500,000
原料管理費	800,000
	$1,300,000

標準型：(\$1,300,000 × 55%) ÷ 20,000 = \$35.75

高級型：(\$1,300,000 × 8%) ÷ 1,000 = \$104

超大型：(\$1,300,000 × 37%) ÷ 10,000 = \$48.1

(d)

廠房折舊、保險及稅捐費	$ 600,000
雜　費	590,000
	$1,190,000

標準型：(\$1,190,000 × 48%) ÷ 20,000 = \$28.56

高級型：(\$1,190,000 × 18%) ÷ 1,000 = \$214.2

超大型：(\$1,190,000 × 34%) ÷ 10,000 = \$40.46

3.

標準型	高級型	超大型
$ 204.56	$ 1,004.2	$ 417.46
× 110%	× 110%	× 110%
$ 225.02	$1,104.62	$ 459.21

A 3–5　計算單位成本

華美攝影公司的主辦會計設定出下列的成本資料：

作業成本庫	成本庫分攤率
機器開工準備	\$20,000／次
材料處理	20／磅
有害廢料控制	50／磅
品質控制	750／次
其他製造費用	100／機器小時

205號生產通知單，是生產特殊塗面板（沖洗底片用），相關成本資料如

下：

機器開工準備	6次
材料處理	1,800磅
有害材料	600磅
檢　驗	6次
機器小時數	100小時
生產數量	500塊

每塊面板尚須直接材料$800及直接人工$250。

試作：計算205號生產通知單之單位成本。

解：

作業成本庫	成本庫分攤率	成本動因水準	分攤製造費用
機器開工準備	$20,000	6	$120,000
材料處理	$ 20	1,800	36,000
有害材料	$ 50	600	30,000
品質控制	$ 750	6	4,500
其他費用成本	$ 100	100	10,000
合　計			$200,500

每單位製造費用：$\frac{\$200,500}{500} = \$\ 401$

每塊單位成本：

直接原料	$ 800
直接人工	250
製造費用	401
單位成本	$1,451

A 3–6 作業基礎成本法

吉祥公司產銷兩種產品分別為新潮型與豪華型。下列資料是該二產品之相關資料：

	數　量	機器小時	直接人工小時	開工準備次數	運送訂單個數	零件數	直接材料
新潮型	2,000單位	200	100	20	40	100	$ 24,000
豪華型	16,000單位	1,600	800	40	40	100	$192,000

（直接人工每小時$400）

另外關於間接製造費用之資料如下：

作業活動	成本動因	每一單位成本動因之成本
材料處理	零件數	$　0.8
壓　磨	機器小時	60
碾　碎	零件數	2
裝　運	運送訂單個數	2,000
開工準備	開工準備次數	4,000

試作：依作業基礎成本會計分別計算新潮型及豪華型之單位成本。

解：

製造費用：

	新潮型	豪華型
材料處理	$0.8 × 100 = $80	$0.8 × 100 = $80
壓　磨	$60 × 200 = $12,000	$60 × 1,600 = $96,000
碾　碎	$2 × 100 = $200	$2 × 100 = $200
裝　運	$2,000 × 40 = $80,000	$2,000 × 120 = $240,000
開工準備	$4,000 × 20 = $80,000	$4,000 × 40 = $160,000

單位產品成本：

	新潮型	豪華型
直接材料	$ 24,000	$ 192,000
直接人工	40,000	320,000
製造費用：		
材料處理	80	80
壓　磨	12,000	96,000
碾　碎	200	200

裝　運	80,000	240,000
開工準備	80,000	160,000
合　計	$236,280	$1,008,280
數　量	2,000	16,000
單位成本	$118.14	$63.018

參、自我評量

3.1 製造環境的改變

1. 電腦輔助設計和製造系統的主要功能是:

   A. 增加市場占有率。

   B. 增加顧客對產品的忠誠度。

   C. 減短生產週期的長度。

   D. 降低產品成本。

解: C

2. 電腦整合製造系統是將電腦輔助設計、電腦輔助製造、彈性製造系統三者加以整合而成。

解: ○

3. 可使生產部門達成產品少量多樣的製造目標，並使機器的使用率提高的新系統為:

   A. 彈性製造系統。

   B. 電腦輔助設計。

   C. 電腦輔助製造。

   D. 電腦整合製造系統。

解: A

3.2 新製造環境對管理會計的衝擊

1. 下列何者非新製造環境對管理會計的衝擊?

A. 對成本控制的影響。

B. 產品成本的影響。

C. 對管理階層的影響。

D. 對績效評估的影響。

解：C

2. 製造環境的影響下，使得直接人工的重要性大幅的增加。

解：×

詳解：在新製造環境下，產品的設計、製造、行銷與管理各項工作，皆與電腦系統結合，所有的生產程序大部分由電腦來控制，使直接人工的重要性大為減弱。

3. 績效評估可分為效率和效果兩方面，效率偏向非數量化的衡量，效果偏向數量化的衡量。

解：×

詳解：效率偏向數量化的衡量，效果偏向非數量化的衡量。

3.3 及時系統

1. 及時系統的主要特性為：

A. 較少的採購量與製造量。

B. 整備的時間長和成本低。

C. 推的物流方式。

D. 較高的存貨量。

解：A

詳解：及時系統：較少的採購量與製造量、整備的時間短和成本低、拉的物流方式、低的存貨量。

2. 拉的物流方式：

A. 需有大倉庫存放原料與製成品。

B. 需求帶動生產的方式。

C. 盛行於生產導向的時代。

D. 以生產單位為主，不考慮需求量。

解：B

詳解：拉的物流方式為及時生產的概念，不需大量存放原料與製成品、需求帶動生產的方式、生產導向的時代是盛行推的物流方式、拉的系統為需求帶動生產的方式。

3. 會計分錄的及時成本法將原料存貨和在製品存貨合併成為「原料在製品存貨」。

解：○

3.4 作業基礎成本法

1. 實施作業基礎成本法的基本步驟：a. 選擇成本動因；b. 將成本分配到成本目標；c. 依照活動特性和費用種類為成本分類基礎；d. 把類似的活動分類和組合；e. 計算每一個成本動因的單位成本。

A. abdec。

B. dcabe。

C. cdaeb。

D. dcaeb。

解：D

2. 作業基礎成本法是以各項活動為基本點，所耗用資源的成本可分派到各項活動上，再分配到相關的產品。

解：○

3. 初步階段的成本動因是指連接每個活動中心的成本和產品本身，如機器折舊費用可用機器小時作為成本動因，來分攤到每個產品上。

解：×

詳解：初步階段的成本動因是指用來連接一個單獨活動中心的資源使用成本和其他活動中心，例如把服務部門成本分攤到各個生產部門。

3.5 績效評估的相關考量

1. 下列何者不是品質成本中的一類?

   A. 鑑定成本。

   B. 預防成本。

   C. 內部失敗成本。

   D. 外部預防成本。

解: D

詳解: 品質成本可分類成: 鑑定成本、預防成本、內部失敗成本、外部失敗成本。

2. 偏生產力是產出量對單一投入因素的比例，勞動生產力是最常使用的偏生產力。

解: ○

3. 製造循環效率指標，比率越高表示越沒有效率。

解: ×

詳解: 製造循環效率指標，比率越高表示越有效率。

第4章
分批成本法

壹、作業解答

一、選擇題

1. 下列哪個製造過程最可能使用分批成本法?

   A. 鑽石切割。

   B. 藝術雜誌出版業。

   C. 訂單家具生產。

   D. 音響裝配。

解: A

2. 分批成本表未包括下列哪一項?

   A. 預計銷售價格。

   B. 直接人工。

   C. 製造費用。

   D. 直接原料。

解: A

3. 通常分批成本表中的哪個部分是採用估計數?

   A. 成本擴充。

   B. 製造費用分攤。

   C. 直接原料投入成本。

   D. 直接人工的投入。

解: B

4. 使用分批成本法是因為：

A. 客戶訂購不同的產品量。

B. 售貨員發現高品質產品較容易推銷。

C. 公司需要適時的資訊。

D. 每個訂單其單位成本不同。

解：D

5. 在分批成本法下，用來記載每張訂單成本資料的表格稱為：

A. 訂單成本彙總表。

B. 持續的生產過程報告。

C. 相異的產品分類表。

D. 部門別會計報告。

解：A

二、問答題

1. 比較分批成本法與分步成本法的適用環境。

解：就分批成本法和分步成本法所適用的環境分別敘述：

⑴分批成本法的適用環境：

①每項產品或服務十分獨特，按照顧客的特殊要求而以批次的方式生產。

②各種產品或服務之投入因素差異性相當大，這裏所謂的投入因素，包括直接原料、直接人工及製造費用。

⑵分步成本法的適用環境：

①產品之間完全相同或相似，以連續的方式生產。

②產品之間所耗用的直接原料、直接人工和製造費用的數額非常接近。

2. 何謂物料需求規劃(MRP)技術？

解：⑴物料需求規劃是一項物料管理工具，幫助經理人員作生產排程規劃，使得每一製造階段所需要的原料與零件，都能及時取得。

(2)物料需求規劃通常都以電腦程式來處理，各製造階段所需要的原物料及零件，都明確的標示在「原物料清單」。

(3)管理者對於經常製造的產品，可以預先知道所需要的直接原料之數量與排程時間。

3. 為何會計人員要採用預計製造費用分攤率來計算成本，而不用實際數？

解：會計人員採用預計製造費用分攤率的原因為：

(1)去除非生產因素。

(2)去除產量因素。

(3)掌握時效。

4. 說明採用部門別與整廠分攤率，其各自的優點。

解：當工廠的產品之間差異性很大，各個作業中心的製造過程不同，此時採用部門別的分攤基礎，所得到的結果較客觀。當產品之間很類似，各個作業中心的製造過程幾乎相同，此時採用整廠分攤率較為省力省時。

5. 試述在作業基礎成本法下，二個階段的成本動因。

解：在作業基礎成本法下有二階段的成本動因，分別為：

(1)初步階段的成本動因(Preliminary Stage Cost Driver)：主要用途在於將組織內所發生的成本，藉著有因果關係的分攤，分攤到相關的成本庫，即作業中心。

(2)主要階段的成本動因(Primary Stage Cost Driver)：功用在於把各個成本庫內的成本，經由合理的分攤基礎，把成本分配到產品。

6. 舉例說明為何非製造業亦可用分批成本法。

解：分批成本法也可應用在非製造業組織中。然而，批次(Batch)通常是指作業(Operation)而言，因為非製造業需要成本累積的原因，和一般製造業類似。

例如：會計師事務所可將查帳成本依不同的客戶來作成本彙總表。

貳、習　題

一、基礎題

B 4–1　銷貨毛利表

由華拉公司會計記錄中，找出年底的餘額如下：

銷貨收入	$1,200,000
銷貨成本（調整前）	720,000
預估製造費用	315,000
實際製造費用	324,000

年底華拉公司將調整製造費用的差異結入銷貨成本中，試列表編製華拉公司的銷貨毛利表。

解：

華拉公司
銷貨毛利表

銷貨收入		$1,200,000
銷貨成本		
調整前	$720,000	
加：製造費用的低估	9,000	(729,000)
銷貨毛利		$ 471,000

B 4–2　訂單成本資料分析

勝信公司的訂單成本資料包含下列資料：

訂單編號	日期：開始	日期：完成	日期：出售	7月31日全部訂單成本
1	6/9	7/14	7/15	$12,600
2	6/24	7/22	7/25	8,700

3	7/26	8/6	8/8	26,400
4	7/19	7/29	8/5	37,400
5	7/14	8/14	8/16	14,100

試計算勝信公司：

1. 7月31日的在製品存貨成本。
2. 7月31日的製成品存貨成本。
3. 7月份的銷貨成本。

解：

1. $26,400 + $14,100 = $40,500
2. $37,400
3. $12,600 + $8,700 = $21,300

B 4–3　製造費用的分攤

雅美公司採分批成本制，下列資料取自公司記錄：

90年度製造成本為$500,000，含直接原料、直接人工及製造費用，製造費用按直接人工成本分攤。本期製成品成本為$485,000，已分攤之製造費用占直接人工成本的75%，占製造成本的27%。又期初在製品餘額為期末在製品餘額之80%。

試計算90年之直接原料成本、直接人工成本及已分攤製造費用。

解：

已分攤製造費用為$500,000 × 27% = $135,000

直接人工成本 × 75% = 已分攤製造費用 = $135,000

直接人工成本 = $135,000 ÷ 75% = $180,000

直接原料成本 = $500,000 − $135,000 − $180,000 = $185,000

B 4–4 製造費用的分攤

東榮公司一向都採分批成本制累積產品成本。經查，第905號工作批次的有關資料如下：

8/5	領用材料	$5,500
8/15	領用材料	3,250
8/25	領用材料	2,500
8/7至8/14	發生直接人工50小時，每小時$90	
8/17至8/24	發生直接人工55小時，每小時$95	
8/26至8/31	發生直接人工40小時，每小時$105	

該公司對於製造費用係以直接人工小時為分配基礎，每小時分配$20，試計算第905號成本單的總成本。

解：

直接材料：$5,500 + $3,250 + $2,500 = $11,250

直接人工：

50 × $90	=	$ 4,500
55 × $95	=	5,225
40 × $105	=	4,200
		$13,925

已分配製造費用：(50 + 55 + 40) × $20 = $2,900

總成本：$11,250 + $13,925 + $2,900 = $28,075

B 4–5 製造成本流程

泰祥公司去年營運的資料如下：

	存貨	
	期初	期末
原料	$7,500	$8,500
在製品	8,000	3,000

製成品	9,000	1,100

其他資料：

已使用之直接原料	$32,600
這一年生產所需之總製造成本 （包括原料、直接人工、及依直接人工60%提列之製造費用）	68,600
可供銷售商品成本	82,600
銷管費用	2,500

試求下列各題：

1. 這一年原料進貨成本。
2. 這一年直接人工成本。
3. 這一年的製成品成本。
4. 這一年的銷貨成本。

解：

1. 期末存貨 = 期初存貨 + 採購成本 − 已使用原料成本

   $8,500 = $7,500 + 採購成本 − $32,600

   採購成本 = $33,600

2. 總製造成本 = 直接原料 + 直接人工 + 製造費用

   $68,600 = $32,600 + DL + 0.6DL（DL為直接人工）

   $68,600 − $32,600 = 1.6DL

   DL = $22,500

3. 製成品成本 = 可供銷貨商品成本 − 期初製成品成本

   = $82,600 − $9,000

   = $73,600

4. 銷貨成本 = 可供銷售商品成本 − 期末製成品成本

   = $82,600 − $1,100

   = $81,500

B 4–6 高估或低估製造費用

瑞生公司生產鋁製夾子，91年度瑞生公司的製造成本如下：

薪資：	
機器作業員（直接人工）	$ 80,000
監工（間接人工）	30,000
電腦操作者（間接人工）	20,000
鋁　片	400,000
機器零件	18,000
其他製造費用	40,000
預估製造費用	150,000
機器潤滑油	5,000

試作：

1. 計算直接原料成本及直接人工成本。
2. 計算製造費用高估或低估。

解：

1. 直接原料成本 = $400,000（鋁片）

   直接人工成本 = $80,000

2.

實際製造費用：	
間接人工	$ 50,000
零　件	18,000
機器潤滑油	5,000
其　他	40,000
製造費用總計	$ 113,000
預估製造費用	(150,000)
製造費用高估	$ (37,000)

B 4–7　預計製造費用分攤率及製造費用的差異

漢華公司使用分批成本法，其製造費用是根據直接人工成本的150%來預估，無論高估或低估之製造費用，在月底均結帳至銷貨成本帳戶中。其他資料如下：

1. 訂單No. 101是91年1月31日唯一未完工的在製品，其累積成本如下：

直接原料	$4,000
直接人工	2,000
預估製造費用	3,000
合　計	$9,000

2. 2月份中有訂單No. 102, 103, 104投入生產。
3. 2月份所需的直接原料成本為$26,000。
4. 2月份發生的直接人工成本為$20,000。
5. 2月份的實際製造費用為$32,000。
6. 至91年2月29日時，僅剩訂單No. 104未完工，其直接原料成本為$2,800，直接人工成本為$1,800。

試作：

1. 準備2月份的製成品成本表。
2. 計算製造費用是高估或低估。

解：

1.

漢華公司
製成品成本表
91年2月份

在製品期初存貨：		
直接原料	$ 4,000	
直接人工	2,000	
製造費用	3,000	$ 9,000
加：總製造成本：		

直接原料	$26,000	
直接人工	20,000	
製造費用	30,000	76,000
小　計		$85,000
減：在製品期末存貨：		
直接原料	$ 2,800	
直接人工	1,800	
製造費用	2,700	(7,300)
製成品成本		$77,700

2.

實際製造費用	$ 32,000
預計製造費用	(30,000)
製造費用低估	$ 2,000

B 4-8 預計製造費用分攤率及製造費用的差異

在91年，漢克公司預計製造費用$49,500，該公司係依據10,000個直接人工小時來計算預計製造費用分攤率。

在91年的實際製造費用為$48,000。漢克公司在91年中工作了11,000直接人工小時。

試作：

1. 計算91年的製造費用是高估或低估，其金額為何？
2. 計算91年漢克公司的預計製造費用分攤率。
3. 在91年初，漢克公司的預計製造費用為多少？

解：

1. 實際製造費用 − 預計製造費用 = 低（高）估製造費用

   $48,000 − $49,500 = $(1,500)高估

2. 預計製造費用 = 預計製造費用分攤率 × 實際人工小時

   $49,500 = 預計製造費用分攤率 × 11,000直接人工小時

   $$\text{預計製造費用分攤率} = \frac{\$49{,}500}{11{,}000\text{直接人工小時}} = \$4.50 / \text{直接人工小時}$$

3. 預計製造費用 = 預計製造費用分攤率 × 預計人工小時

= \$4.50 / 直接人工小時 × 10,000直接人工小時

= \$45,000

B 4-9 分批成本法計算

普漢公司使用分批成本制度，並且根據直接人工成本來提列製造費用。91年的製造費用預算數為\$109,250，直接人工成本預算數為\$115,000，普漢公司採用總成本加45%為售價。存貨餘額為：

	1/1	12/31
原　料	\$ 80,000	\$ 83,000
在製品	95,000	97,000
製成品	107,000	117,000

實際發生的成本如下：

原料採購成本	\$160,000
直接人工成本	112,000
製造費用：	
間接人工成本	50,000
房　租	12,000
維修費用	1,200
電　費	3,300
保險費用	4,600
生產部門經理薪資	25,000
房屋稅	2,400
設備折舊費用	16,000

試作：

1. 計算普漢公司所應採用的預計製造費用分攤率。
2. 製造費用是高估或低估？金額為何？請解釋為什麼會發生高估或低估的原因。
3. 編製91年的製成品成本表。

4. 如果有一訂單需要$4,700原料，$2,300直接人工，則普漢公司對於此訂單應訂價多少？

解：

1. $\frac{\$109,250}{\$115,000} = 0.95$

製造費用分攤率為95%的直接人工成本。

2.

實際製造費用	\$ 114,500
預估製造費用(0.95 × \$112,000)	(106,400)
低估差異	\$ 8,100

製造費用低估是因為直接人工成本實際數比預算數低$3,000，而製造費用實際數比預算數高$5,250，其計算過程為：$3,000 × 0.95 + $5,250 = $8,100

3.

普漢公司
製成品成本表
91年

在製品期初存貨		\$ 95,000
加：總製造成本：		
直接原料	\$157,000(a)	
直接人工	112,000	
製造費用	106,400	375,400
小　計		\$470,400
減：在製品期末存貨		(97,000)
製成品成本		\$373,400

補充計算：(a) $80,000 + $160,000 − $83,000 = $157,000

4. 總成本 = $4,700 + $2,300 + $2,300 × 0.95 = $9,185

預計售價 = $9,185 × (1 + 45%) = $13,318.25

B 4–10 生產程序更改前後的成本

嘉南公司101批次的總生產成本估計為$100,000，原料成本為$22,000，直接人工工資率為每小時$100，工時為600小時，變動製造費用分攤率則為每個直接人工小時$20，固定製造費用暫不考慮。105批次由於生產程序，直接人工小時可以縮短為500小時，試比較生產程序更改前後的成本。

解：

更改前：

直接原料	$22,000
直接人工(600 × $100)	60,000
變動製造費用(600 × $20)	12,000
總　計	$94,000

更改後：

直接原料	$22,000
直接人工(500 × $100)	50,000
變動製造費用(500 × $20)	10,000
總　計	$82,000

B 4–11 製造費用分攤率

有四家公司的預計製造費用及生產水準資料如下：

	忠孝公司	仁愛公司	信義公司	和平公司
製造費用	$1,187,200	$6,182,400	$5,672,400	$2,870,600
直接人工成本	500,000	672,000	432,000	762,000
機器小時	100,000	643,000	652,000	247,000
直接人工小時	212,000	572,000	364,000	463,000

各公司用以計算預計製造費用分攤率的成本動因基礎如下：

公　司	成本動因基礎
忠　孝	直接人工小時
仁　愛	直接人工成本
信　義	機器小時
和　平	直接人工小時

試作：各公司預計製造費用分攤率。

解：

(1)忠孝公司：

$$預計製造費用分攤率=\frac{預計製造費用}{直接人工小時}=\frac{\$1,187,200}{212,000}$$

$$=\$5.60 / 直接人工小時$$

(2)仁愛公司：

$$預計製造費用分攤率=\frac{預計製造費用}{直接人工成本}=\frac{\$6,182,400}{\$672,000}$$

$$=920\%直接人工成本$$

(3)信義公司：

$$預計製造費用分攤率=\frac{預計製造費用}{機器小時}=\frac{\$5,672,400}{652,000}$$

$$=\$8.70 / 機器小時$$

(4)和平公司：

$$預計製造費用分攤率=\frac{預計製造費用}{直接人工小時}=\frac{\$2,870,600}{463,000}$$

$$=\$6.20 / 直接人工小時$$

B 4–12　預計製造費用分攤率及製造費用的差異

榮華公司有鑄造和裝配兩個部門，該公司採用分批成本法，各部門均採預計製造費用分攤率。鑄造部門是以機器小時；而裝配部門是採直接人工成本為基礎來計算預計製造費用，在91年的期初，公司預測如下：

	鑄造部門	裝配部門
直接人工小時	16,000	150,000
機器小時	40,000	6,000
製造費用	$225,000	$400,000
直接人工成本	$ 36,000	$320,000

試作：

1. 計算91年各部門之預計製造費用分攤率。
2. 假設採用前項所算出之製造費用分攤率，請計算60號訂單之製造費用總金額，該訂單係於本年度開始並於當年度完工，其成本資料列示如下：

	鑄造部門	裝配部門
直接人工小時	10	30
機器小時	100	10
原料領用成本	$400	$150
直接人工成本	$ 50	$200

3. 如果公司採用以直接人工成本為基礎之整廠分攤率而不採部門別分攤率，在計算某些工作之製造費用成本時，是否會有重大差異？請解釋。

解：

1. (1)鑄造部門：

$$預計製造費用分攤率 = \frac{估計製造費用}{估計機器小時} = \frac{\$225,000}{40,000}$$

$$= \$5.625 / 機器小時$$

(2)裝配部門：

$$預計製造費用分攤率 = \frac{估計製造費用}{估計直接人工成本} = \frac{\$400,000}{\$320,000}$$

$$= 125\%直接人工成本$$

2. 製造費用分攤數：

鑄造部門（100小時 × $5.625）	$562.50
裝配部門（$200 × 125%）	250
總　計	$812.50

3. 是的，會有重大差異。因為有些工作性質需要大量機器時間但只需少量人工成本，如果用以直接人工成本為基礎之整廠分攤率，將會使該成本單中製造費用分攤數偏低，很顯然地，60號訂單即屬於此類情形。

B 4–13　整廠分攤率及部門別分攤率

元大公司總經理對於公司屢次投標未能成功頗有微詞，對於每次出價不是太高而標不到，就是太低而沒有利潤。對此情況，總經理一直想找出其中的原因。

元大公司產品製造是以顧客要求為主，採用分批成本法。製造成本分攤率是以直接人工成本為基礎，以下為91年期初所估計的成本資料：

	部　門			
	切割部	製造部	裝配部	全廠總額
直接人工	$375,000	$　250,000	$500,000	$1,125,000
製造費用	675,000	1,000,000	125,000	1,800,000

訂單No. 301在以上三個部門所需之製造成本列示如下：

	部　門			
	切割部	製造部	裝配部	全廠總額
直接原料	$15,000	$1,125	$　7,000	$23,125
直接人工	8,125	2,125	16,250	26,500
製造費用	?	?	?	?

該公司一向採用整廠製造費用分攤率來歸屬製造費用到各個訂單。

試作：

1. 假設使用整廠製造費用分攤率來估計製造費用。

⑴計算當年度製造費用分攤率。

⑵計算訂單No. 301應分攤之製造費用。

2. 假設公司改採部門別製造費用分攤率來估計製造費用。

⑴計算當年度各部門之個別製造費用分攤率。

⑵計算訂單No. 301應分攤之製造費用。

3. 假設公司習慣上的競標價格是以總製造成本的150%來計算，請問採用整廠製造費用分攤率或採部門別製造成本分攤率，對於訂單No. 301而言，其競標價格應各為多少？

4. 以下為元大公司當年度全部訂單的實際成本：

	部　門			
	切割部	製造部	裝配部	全廠總額
直接原料	$950,000	$ 112,500	$512,500	$1,575,000
直接人工	400,000	262,500	425,000	1,087,500
製造費用	700,000	1,037,500	115,000	1,852,500

計算製造費用的少分攤或多分攤金額。

⑴假設採整廠製造費用分攤率。

⑵假設採部門別製造費用分攤率。

解：

1. ⑴ $$預計製造費用分攤率 = \frac{預計製造費用}{預計直接人工成本} = \frac{\$1,800,000}{\$1,125,000}$$

$$= 160\%直接人工成本$$

⑵分攤之製造費用 = $26,500 × 160% = $42,400

2. ⑴

	切割部	製造部	裝配部	全廠總額
預計製造費用(a)	$675,000	$1,000,000	$125,000	$1,800,000
預計直接人工成本(b)	375,000	250,000	500,000	1,125,000
預計製造費用分攤率(a)÷(b)	180%	400%	25%	

(2)No. 301的直接人工成本(c)	8,125	2,125	16,250	26,500
No. 301分攤之製造費用(c) × (a) ÷ (b)	14,625	8,500	4,062.5	27,187.5

3.競標價格

	整廠分攤率	部門別分攤率
直接原料	$ 23,125	$ 23,125
直接人工	26,500	26,500
製造費用分攤數	42,400	27,187.5
總製造成本	$ 92,025	$ 76,812.5
加價比率	150%	150%
競標價格	$138,037.5	$115,218.75

4. (1)

實際製造費用	$ 1,852,500
預計製造費用	(1,740,000)
少分攤製造費用	$ 112,500

(2)

	切割部	製造部	裝配部	全廠總額
實際製造費用	$700,000	$1,037,500	$115,000	$ 1,852,500
預計製造費用				
$400,000 × 180%	720,000			
$262,500 × 400%		1,050,000		
$425,000 × 25%			106,250	(1,876,250)
多分攤製造費用				$ (23,750)

B 4-14 不同時段的分攤率

興安公司生產電風扇並採分批成本法來彙集成本資料，興安公司未來一年的資料如下：

	預計製造費用	預計直接人工小時	各季預計製造費用分攤率
第一季	$35,000	10,000	$3.5
第二季	70,000	20,000	3.5

第三季	50,000	10,000	5
第四季	25,000	5,000	5

一般情況下生產電風扇所須投入：

直接原料	每單位$70
直接人工($20 × 20)	每單位$400

第二、三季產銷資料如下：

	第二季	第三季
銷貨量	1,500單位	1,500單位
生產量	2,000單位	1,000單位

試按季節別編製第二、三季損益表。（該公司銷管費用$200,000，電風扇單位售價$800）

解：

	第二季	第三季
銷貨收入(1,500 × $800)	$1,200,000	$1,200,000
銷貨成本：		
1,500 × 540*	810,000	
500 × 540		270,000
1,000 × 570**		570,000
銷貨毛利	$ 390,000	$ 360,000
銷管費用	200,000	200,000
淨　利	$ 190,000	$ 160,000

*第二季：(70 + 400) + (20 × $3.5) = 540

**第三季：(70 + 400) + (20 × $5) = 570

二、進階題

A 4-1　製造成本流程

以下是泰勒製造公司本年度相關之營運資料：

	存貨	
	期　初	期　末
原　料	$75,000	$ 85,000
在製品	80,000	30,000
製成品	90,000	110,000

其他資料：

已使用之直接原料	$326,000
今年生產所需之製造成本 （包括直接原料、直接人工、及以直接人工60%提列之製造費用）	686,000
可供銷貨商品成本	826,000
銷管費用	25,000

試作：

1. 今年原料採購成本為何？
2. 今年生產所需之直接人工成本為何？
3. 今年製成品成本為何？
4. 今年銷貨成本為何？

解：

1. 期初原料存貨成本 + 採購成本 = 已使用之直接原料 + 期末原料存貨成本

   \$75,000 + 採購成本 = \$326,000 + \$85,000

   採購成本 = \$336,000

2. 總製造成本 = 直接原料成本 + 直接人工成本 + 製造費用

   \$686,000 = \$326,000 + DL + 0.6DL（DL為直接人工成本）

   1.6DL = \$360,000

   DL = \$225,000

   直接人工成本 = \$225,000

3. 期初在製品存貨 + 總製造成本 − 製成品成本 = 期末在製品存貨

   \$80,000 + \$686,000 − 製成品成本 = \$30,000

製成品成本 = $736,000

4. 期初製成品存貨 + 製成品成本 − 銷貨成本 = 期末製成品存貨

$90,000 + $736,000 − 銷貨成本 = $110,000

銷貨成本 = $716,000

A 4-2　預計製造費用分攤率及製造費用差異

哥倫公司生產一種產品，該公司會計人員是根據所生產的數量來計算預計製造費用分攤率。

試作:

1. 今年年初該公司預估生產數量為22,000單位， 且今年的製造費用為$110,000，請計算預計製造費用分攤率。
2. 該公司今年實際生產數量為23,000單位，且實際製造費用為$130,000，請問製造費用是低估或高估？其金額為何？

解:

1. $\text{預計製造費用分攤率} = \dfrac{\text{預計製造費用}}{\text{預計生產數量}} = \dfrac{\$110{,}000}{22{,}000}$

$= \$5 / \text{生產單位}$

2. 預估製造費用 = 實際產出單位 × 預計製造費用分攤率

= 23,000單位 × $5 / 單位

= $115,000

實際製造費用	$ 130,000
預估製造費用	(115,000)
製造費用低估	$ 15,000

A 4-3　預計製造費用分攤率及製造費用的差異

以下是森林公司在91年中有關製造活動之成本資料:

全年度製造費用成本:

財產稅	$ 6,000
工廠水、電、瓦斯費	10,000
間接人工	20,000
工廠之折舊費用	48,000
工廠之保險費	12,000
實際總成本	$96,000

全年度其他成本資料：

原料採購成本	$64,000
直接人工成本	80,000
原料存貨，1/1	16,000
原料存貨，12/31	14,000
在製品存貨，1/1	12,000
在製品存貨，12/31	15,000

該公司係以預計製造費用分攤率來分配製造費用至產品中，而91年度之製造費用分攤率為每機器小時$10，當年度係以10,000機器小時為基礎。

試作：

1. 計算91年的製造費用是多分攤或是少分攤，其金額為何？
2. 編製91年的製成品成本表。

解：

1.

實際製造費用	$ 96,000
預計製造費用$10×10,000機器小時	(100,000)
製造費用多分攤	$ (4,000)

2.

森林公司

製成品成本表

91年

期初在製品成本	$ 12,000

加：總製造成本：			
直接原料成本耗用			
原料存貨，1/1	$ 16,000		
加：原料進貨	64,000		
可供使用原料成本	$ 80,000		
減：原料存貨，12/31	(14,000)	$ 66,000	
直接人工成本		80,000	
製造費用：			
財產稅	$ 6,000		
工廠水、電、瓦斯費	10,000		
間接人工	20,000		
工廠之折舊費用	48,000		
工廠之保險費	12,000		
實際製造費用總額	$ 96,000		
加：多分配製造費用	4,000	100,000	246,000
小　計			$258,000
減：期末在製品成本			(15,000)
製成品成本			$243,000

A 4-4 高估或低估製造費用

91年文森公司發生了$111,700的製造費用， 該公司原預估之製造費用為$106,700，公司總帳餘額資料如下：

在製品存貨	$ 15,000
製成品存貨	60,000
銷貨成本	225,000

試作：

1. 計算文森公司的製造費用是低估或高估，其金額為何？
2. 如果文森公司的製造費用是低估或高估結帳至在製品存貨、製成品存貨及銷貨成本等帳戶，作其分錄。
3. 如果文森公司將製造費用差異結帳至銷貨成本，作其分錄。

解:

1.

實際製造費用	$ 111,700
預計製造費用	(106,700)
製造費用低估	$ 5,000

2.

製造費用——預估數	106,700	
在製品存貨	250(a)	
製成品存貨	1,000(b)	
銷貨成本	3,750(c)	
製造費用——實際數		111,700

(a)在製品存貨 $= \frac{\$15,000}{\$15,000 + \$60,000 + \$225,000} \times \$5,000 = \$250$

(b)製成品存貨 $= \frac{\$60,000}{\$15,000 + \$60,000 + \$225,000} \times \$5,000 = \$1,000$

(c)銷貨成本 $= \frac{\$225,000}{\$15,000 + \$60,000 + \$225,000} \times \$5,000 = \$3,750$

3.

製造費用——預估數	106,700	
銷貨成本	5,000	
製造費用——實際數		111,700

A 4-5 製成品成本，製造費用高估或低估

哈佛公司採用分批成本法，製造費用是依直接人工的 150% 來計列，任何高估或低估的製造費用於每月底結入銷貨成本，其他資料如下:

1. 訂單No. 101，是91年1月31日唯一未完工的訂單，其累計成本如下:

直接原料	$4,000
直接人工	2,000
預計製造費用	3,000
總　和	$9,000

2. 訂單No. 102, 103, 104於2月才開始。

3. 2月份共需原料為$30,000。

4. 2月份之直接人工成本為$20,000。

5. 2月份之實際製造費用為$32,000。

6. 於91年2月28日唯一未完工的訂單No. 104，其直接原料成本$2,800，直接人工成本$1,800。

試作：

1. 計算91年2月份之製成品成本。
2. 計算91年2月28日應結入銷貨成本之高估或低估製造費用的金額。
3. 作第1題及第2題所需的分錄。

解：

1. 總製造成本 = 直接原料 + 直接人工 + 製造費用

   =$30,000 + $20,000 + $20,000 × 150% = $80,000

   期末在製品存貨 = 直接原料 + 直接人工 + 製造費用

   = $2,800 + $1,800 + $1,800 × 150% = $7,300

   製成品成本 = 期初在製品存貨 + 總製造成本 − 期末在製品存貨

   = $9,000 + $80,000 − $7,300 = $81,700

2. 實際製造費用 − 預計製造費用 = 低（高）估製造費用

   $32,000 − $30,000 = $2,000　低估製造費用

3.

(1)在製品存貨	30,000	
原料存貨		30,000
(2)在製品存貨	20,000	
應付薪資		20,000
(3)在製品存貨	30,000	
製造費用——預估數		30,000*

*150%的直接人工

(4)製造費用——實際數	32,000	
相關帳戶		32,000
(5)製成品成本	81,700	
在製品存貨		81,700
(6)銷貨成本	2,000	
製造費用——預估數	30,000	
製造費用——實際數		32,000

A 4-6 分批成本法分錄

怡妮公司採用分批成本法，該公司5月份的成本及營運資料如下：

原料採購成本	$114,400
直接人工成本	118,400
已使用之直接原料	106,400
已發生的實際製造費用（包括$8,800的折舊費用）	88,800
製成品成本	304,800
機器小時	21,600
銷貨收入（賒銷）	336,000

怡妮公司預計其製造費用分攤率為每機器小時$4，期初原料存貨成本為$12,800，而期初在製品存貨成本為$21,600，至於期初及期末製成品存貨成本分別為$32,000和$41,600。

試作：

1. 編製5月份交易之會計分錄。
2. 5月份的製造費用是高估或低估？其金額為何？
3. 計算原料存貨、在製品存貨、製成品存貨三項科目的期末餘額。

解:

1.

分錄	借	貸
(1)原料存貨	114,400	
應付帳款		114,400
(2)在製品存貨	118,400	
應付薪資		118,400
(3)在製品存貨	106,400	
原料成本		106,400
(4)製造費用——實際數	88,800	
應付帳款		80,000
累計折舊——生產設備		8,800
(5)在製品存貨	86,400(a)	
製造費用——預估數		86,400
(6)製成品存貨	304,800	
在製品存貨		304,800
(7)銷貨成本	295,200(b)	
製成品存貨		295,200
(8)應收帳款	336,000	
銷　貨		336,000

補充計算: (a) 21,600 × $4 = $86,400

(b)銷貨成本 = 期初製成品存貨 + 製成品成本 − 期末製成品存貨

銷貨成本 = $32,000 + $304,800 − $41,600

銷貨成本 = $295,200

2. 實際製造費用 − 預估製造費用 = 低（高）估製造費用

$88,800 − $86,400 = $2,400低估

3. 期末原料存貨 = 期初原料存貨 + 原料採購成本 − 已耗用之直接原料

= $12,800 + $114,400 − $106,400

=$20,800

期末在製品存貨 = 期初在製品存貨 + 總製造成本 − 製成品成本

= $21,600 + ($106,400 + $118,400 + $86,400) − $304,800

= $28,000

期末製成品存貨 = 期初製成品存貨 + 製成品成本 − 銷貨成本

= $32,000 + $304,800 − $295,200

=$41,600

A 4–7 製造費用分攤率

大同公司製造的某項產品，其需求量受季節性的變動很大，因此單位成本是以季為基礎來計算，也就是將每季的製造成本除以每季的生產單位。以下是未來一年各季的預計成本：

	第一季	第二季	第三季	第四季
直接原料	$ 60,000	$ 20,000	$ 40,000	$ 80,000
直接人工	30,000	10,000	20,000	40,000
製造費用	108,000	96,000	102,000	114,000
總製造成本	$198,000	$126,000	$162,000	$234,000
生產單位數	30,000	10,000	20,000	40,000
預計單位成本	$6.60	$12.60	$8.10	$5.85

管理當局發現單位成本的差異易造成工作上的混亂及困難，又由於製造費用為總製造成本之中金額最大者，因此建議對製造費用採用更合理的分攤方法。經過分析後，發現大部分的製造費用都是固定的，對產量的敏感度很低。

試作：

1. 如公司採分批成本法，製造費用應如何分攤至產品？請詳列計算式。
2. 重新計算採用分批成本法之單位成本。

解：

1.(1)以生產單位來作為成本動因：

$$預計製造費用分攤率 = \frac{預計製造費用}{預計生產單位} = \frac{\$420,000}{100,000}$$

$$= \$4.2\ /\ 生產單位$$

(2)以直接人工成本為成本動因：

$$預計製造費用分攤率 = \frac{預計製造費用}{預計直接人工成本} = \frac{\$420,000}{\$100,000}$$

$$= 420\%直接人工成本$$

(3)以直接原料成本為成本動因：

$$預計製造費用分攤率 = \frac{預計製造費用}{預計直接原料成本} = \frac{\$420,000}{\$200,000}$$

$$= 210\%直接原料成本$$

單位成本的差異問題的確是在製造費用上，由於製造費用大多是固定的，所以當產量減少時其單位成本就會增加，對此問題的最佳解決辦法就是採用預計製造費用分攤率來分攤製造費用，但必須以全年的生產情形來計算分攤率。因此，本題宜採用生產單位數為成本動因。

2.採用預計製造分攤率時，單位成本之計算為：

	第一季	第二季	第三季	第四季
直接原料	$ 60,000	$20,000	$ 40,000	$ 80,000
直接人工	30,000	10,000	20,000	40,000
製造費用	126,000	42,000	84,000	168,000
合　計	$216,000	$72,000	$144,000	$288,000
生產單位數	30,000	10,000	20,000	40,000
預計單位成本	$7.2	$7.2	$7.2	$7.2

A 4-8　作業基礎成本法

本田公司主要是製造電路板，生產過程是採用電腦控制機器人設備來裝配每個電路板，本田公司的四個主要作業中心如下：

作業中心	成本動因	分攤率
原料處理	直接原料成本	原料成本的5%
裝　配	零件使用的數量	每個零件$50
銲　接	電路板的數量	每個$1,400
品質檢驗	測試分鐘數	每分鐘$400

本田公司製造A、B、C三種不同型態的電路板。每種電路板生產每單位產品所需投入因素的資訊如下：

	A 型	B 型	C 型
直接原料成本	$3,000	$5,000	$7,000
零件使用的數量	50	30	15
測試的分鐘數	4	2	1

假設本田公司對A、B、C三種型態的電路板，分別各製造 100 個。

試作：

1. 計算三種型態電路板的生產成本。
2. 假設A型電路板可以簡單化，使得只需25個零件（而非50個），並只需花費2.5分鐘的測試時間（而非4分鐘），請計算A型的成本。

解：

1.

	A 型	B 型	C 型
直接原料	$300,000	$500,000	$700,000
原料處理	15,000	25,000	35,000
裝　配	250,000	150,000	75,000
銲　接	140,000	140,000	140,000
品質檢驗	160,000	80,000	40,000
合　計	$865,000	$895,000	$990,000
每個電路板的成本	$8,650	$8,950	$9,900

2. A型電路板的成本：

直接原料	$300,000
原料處理	15,000
裝配(25 × $50 × 100)	125,000
銲　接	140,000
品質檢驗(2.5 × $400 × 100)	100,000
合　計	$680,000
每個電路板的成本	$6,800

參、自我評量

4.1 成本計算方法

1. 分批成本法適用於下列何種生產環境?

A. 投入因素差異小。

B. 產品或服務具獨特性。

C. 產品少樣多量。

D. 產品或服務為連續生產。

解: B

詳解: 分批成本法適用於: 投入因素差異大、產品或服務具獨特性、產品多樣少量、產品或服務以批次的方式生產。

2. 分步成本法適用於下列何種生產環境?

A. 投入因素差異大。

B. 產品多樣少量。

C. 產品具有獨特性。

D. 產品之間具有同質性。

解: D

詳解: 分步成本法適用於: 投入因素差異小、產品少樣多量、產品具相似性、產品之間具有同質性。

3. 下列何種製造過程最適合分批成本法?

A. 會計師事務所。

B. 食品加工廠。

C. 汽車組裝廠。

D. 晶圓廠。

解：A

詳解：食品加工廠、汽車組裝廠、晶圓廠多以連續的方式生產，只有會計事務所的工作是以批次計算，故適合分批成本法。

4.2 分批成本法的會計處理

1. 物料需求規劃：

A. 所需的原物料與零件皆標示在「原物料清單」。

B. 以電腦程式來處理。

C. 為物料管理的工具，幫助經理人員作生產排程規劃。

D. 以上皆是。

解：D

2. 直接人工成本的計算，主要是依據員工所填寫的：

A. 成本單。

B. 領料單。

C. 計工單。

D. 原物料清單。

解：C

3. 請計算出平誠公司的直接人工成本、間接人工成本及總人工成本：

一般工資率：$350 / 小時

加班津貼：$400 / 小時

日期	早上		下午		加班	
	上班	下班	上班	下班	上班	下班
5/21	9:00	12:00	13:00	18:00		
5/22	9:00	12:00	13:00	18:00	20:00	22:00

5/23	9:00	12:00	13:00	18:00		
5/24	9:00	12:00	13:00	18:00	20:00	22:00
5/25	9:00	12:00	13:00	18:00		
5/26					8:00	12:00

解:

正常時間：40小時	一般工資率：$350 / 小時	$14,000
加班時間：8小時	加班津貼：$400 / 小時	$ 3,200

直接人工成本：$14,000
間接人工成本：$ 3,200
總人工成本：$17,200

4.3　分批成本法的釋例

1. 大明公司用機器小時作為製造費用的分攤基礎，每一機器小時預計分攤$20的製造費用。根據生產部門的資料顯示，訂單H12號使用了500個機器小時，訂單H22號使用了700個機器小時，請求出兩張訂單的製造費用預估數。

解:

訂單H12號　　$20 × 500 = $10,000
訂單H22號　　$20 × 700 = $14,000

其分錄：

在製品存貨	24,000	
製造費用——預估數		24,000

2. 大華公司在6月份中，製造公司的實際發生成本為$15,000，其製造費用預估數為$12,000；當年度的在製品為$7,000，製成品為$1,500，銷貨成本為$3,500，試處理其製造費用差異。

解:

帳　戶	餘　額	百分比	分配過程
在製品	$ 7,000	58.3%	$3,000 × 58.3% = $1,749

製成品	1,500	12.5%	$3,000 × 12.5% = $ 375
銷貨成本	3,500	29.2%	$3,000 × 29.2% = $ 876
6月份製造費用預估數	$12,000	100.%	

其分錄：

在製品存貨	1,749	
製成品存貨	375	
銷貨成本	876	
製造費用		3,000

4.4 製造費用的分攤

1. 為何會計人員要用預計製造費用分攤率來分攤製造費用?

A. 掌握時效。

B. 去除非生產因素。

C. 去除產量因素。

D. 以上皆是。

解：D

2. 長春公司為一家具加工公司，其主要的加工程序為砂磨與上漆，因而形成二個工作部門。各部門上個月的直接人工與製造費用分別為：

	砂磨	上漆	合計
直接人工	$55,000	$48,000	$103,000
製造費用	75,000	80,000	155,000

製造費用以直接人工為基礎來分攤，且砂磨與上漆的直接人工成本分別為$150及$75，試求其製造費用的分攤。

解：

分攤率：

砂磨($75,000 ÷ $55,000) = 136.4%

上漆($80,000 ÷ $48,000) = 166.7%

整廠($155,000 ÷ $103,000) = 150.5%

分攤製造費用：

使用整廠分攤率($225 × 150.5%)		$338.63
使用部門別分攤率：		
砂磨($150 × 136.4%)	$204.60	
上漆($75 × 166.7%)	$125.03	$329.63

4.5 作業基礎成本法的應用：訂單生產

1. 隨著顧客要求變化多，工廠生產製造的過程也較複雜，因此可以運用分批成本法，使訂單成本的計算更為準確。

解：○

2. 安迪公司各製造費用的預估分攤率：

成本庫	製造費用金額	成本動因	預期成本動因數	預估製造費用率
原料處理成本	$ 50,000	原料數量	12,500 磅	$ 4
機器的折舊費用	130,000	機器小時	130,000小時	$ 1
廠房的折舊費用	50,000	生產數量	5,000 個	$10
間接人工成本	15,000	生產數量	5,000 個	$ 3
電　費	90,000	機器小時	150,000小時	$ 0.6

在91年時接到一張生產訂單，要求生產1,000個產品，管理者在報價之前要先計算出該訂單的成本。該張訂單需要投入1,500磅原料，每磅原料成本為$7，另外需要20,000個機器小時來完成製造作業，試求該訂單成本。

解：

原料成本	$7 × 1,500 = $10,500
原料處理成本	$4 × 1,500 = $ 6,000
機器的折舊費用	$1 × 20,000 = $20,000
廠房的折舊費用	$10 × 1,000 = $10,000
間接人工成本	$3 × 1,000 = $ 3,000
電　費	$0.6 × 20,000 = $12,000
合　計	$61,500

4.6 非製造業組織之分批成本法

1. 公司在訂產品價格時，只需參考產品製造時所需的成本資料即可，不用再考慮市場需求與競爭者的價格。

解：×

詳解：公司在訂產品價格時，不只需參考產品製造時所需的成本資料，尚需考慮市場需求與競爭者的價格。

2. 大成廣告公司以直接人工成本為基礎來分攤製造費用，其相關資料如下，在90年度時，該公司完成了一筆統大公司的廣告案，設該案需要$30,000的直接人工，$6,000的直接原料，試求其總成本。

民國90年的預計製造費用：

間接人工	$130,000
間接物料	60,000
影　印	7,000
租用電腦	35,000
紙張等消耗品	30,000
辦公室租金	120,000
保　險	15,000
郵　資	28,000
雜　項	45,000
總　計	$470,000
預計直接人工成本（廣告專業人員的薪資）	$150,000

解：

分攤率：$470,000 ÷ $150,000 = 313%

直接原料	$ 6,000
直接人工	30,000
製造費用(313% × 30,000)	93,900
總成本	$129,900

第5章
分步成本法

壹、作業解答

一、選擇題

1. 分步成本法與分批成本法的相同點為：

   A. 每一訂單內容不同，其產品單位成本也不同。

   B. 最終目的是計算產品的單位成本。

   C. 單位成本由特定期間歸屬於某部門之總成本，除以該部門當期總產量而得。

   D. 成本按工作批次或特定訂單來彙集。

解：B

2. 有關約當產量的觀念，下列何者為非？

   A. 在分批成本法下，在製品的各項成本要素常處於不同的完工階段。

   B. 為了將成本客觀地分配於在製品存貨及製成品存貨。

   C. 需先分析在製品存貨的完工程度，以換算為完工單位數。

   D. 要與當期實際完工數量相加總，以得出當期的約當產量。

解：A

3. 下列何者為生產成本報告的編製步驟？

   A. 分析產品的實體流程。

   B. 依據在製品完工程度，計算約當產量。

   C. 彙總成本資料並計算單位成本。

   D. 以上皆是。

解：D

4.下列敘述何者正確？

A.在先進先出法下，期初在製品約當產量應包含在計算約當產量之內。

B.加權平均法下的單位成本是當期單位成本。

C.在先進先出法下，期初在製品成本，不併入本期投入產品的單位成本計算中。

D.在加權平均法下，對於完成後轉入次部的單位需區分其不同的來源。

解：C

5.有關作業成本法，下列敘述何者為非？

A.產品採用不同的原料，但加工方式都是採用類似的程序。

B.是分批成本法與分步成本法的混合方法。

C.當產品製造完成後即轉入製成品帳戶。

D.以上皆是。

解：D

二、問答題

1.試比較分步成本法與分批成本法的異同。

解：分步成本法與分批成本法的相同點：

⑴此兩種成本法之最終目的皆是計算產品的單位成本。

⑵分步成本法與分批成本法使用相同的會計科目，當投入原料、人工及製造費用時，借記在製品帳戶；製造完成時，再由在製品轉至製成品帳戶；產品出售時，則由製成品轉至銷貨成本帳戶。

分步成本法與分批成本法的相異點：

⑴分步成本法下，成本按生產步驟或部門來累積；分批成本法下，成本乃是按工作批次或特定訂單來彙集。

⑵分步成本法下，採用生產成本報告以蒐集、彙總與計算總成本與單位成本。原則上，單位成本係由特定期間歸屬於某部門之總成本，除以該部門當期總產量而得；分批成本法下，以成本單彙集的總成本除以

該批訂單的生產量而求得該批訂單的產品單位成本。

⑶分步成本法較適用於僅製造一種產品，或按標準規格製造的類似產品之行業，例如化工業、麵粉業、煉油業等；分批成本法較適用於接受顧客訂單而生產的行業，例如造船廠、機器廠等。在分批生產下，每一訂單內容不同，故產品單位成本也不同。

⑷分步成本法與分批成本法的主要差異在產品製造過程所經過的成本目標不同，分步成本法下的在製品帳戶會因加工部門的增加而增加；相對的，分批成本法下，只有一個在製品帳戶。產品單位成本的計算，在分步成本法下，以一個部門為計算基礎；在分批成本法下，單位成本會隨訂單的不同而有變化。

2.何謂約當產量?

解：所謂約當產量，就是分析在製品存貨的完工程度，換算為完工單位數，加上當期實際完工數量的總和。

3.生產成本報告的編製步驟為何?

解：生產成本報告的編製步驟為：

⑴分析產品的實體流程。

⑵依據在製品完工程度，計算約當產量。

⑶彙總成本資料並計算單位成本。

⑷分配總成本到製成品和在製品。

4.比較加權平均法與先進先出法的差異。

解：先進先出法與加權平均法的比較如下：

⑴分析產品的實體流程：在先進先出法下，確定實際生產數量時，應將完成後轉入次部的單位，區分為由期初在製品完成和本期投入且完成兩部分，以便於約當產量及單位成本的計算；在加權平均法下，對於完成後轉入次部的單位無需區分其不同的來源。

⑵計算約當產量：在先進先出法下，應將期初在製品之約當產量扣除；

在加權平均法下，期初在製品約當產量則包含在內。

(3)彙總成本資料以計算單位成本：在先進先出法下，期初在製品成本，不併入本期投入產品的單位成本計算中，故需按成本要素以單獨列示；在加權平均法下，計算出的單位成本為平均單位成本，故期初在製品成本，應按成本要素分別列示，以便與本期的投入成本加總，來計算加權平均單位成本。

(4)成本分配：在先進先出法下，完成轉入次部成本的計算分為①期初在製品完成的總成本，和②本期投入並完成之成本。加權平均法下，完成轉入次部成本不需分為兩部分計算，只需將完成單位數乘以平均單位成本，即可求得完成轉入次部的成本。

由於加權平均法與先進先出法對於期初在製品存貨的處理不同，導致兩法所計算出的單位成本不同。就存貨評價觀點而言，二者均可採用。惟自成本控制與績效評估觀點言，先進先出法優於加權平均法；因其提供的是當期單位成本，故能評估當期績效以加強成本控制。相反的，加權平均法下的單位成本，實際為上期與本期的平均數，無法正確評估管理者當期的績效，亦使成本控制缺乏時效性。但加權平均法，因其計算較簡單，故實務上較常採用。目前大部分行業的成本制度已逐漸電腦化，由於電腦可以處理很多複雜的問題，因此先進先出法的帳務較為繁複之缺點，似可借助電腦科技加以改善。

5. 說明後續部門增投原料不增加產出單位，對於製造過程的生產單位與成本有何影響。

解：後續部門增投原料不增加產出量的影響：

(1)生產單位：不改變。

(2)單位成本：增加。

6. 說明後續部門增投原料會增加產出單位，對於製造過程的生產單位與成本又有何影響。

解：後續部門增投原料也增加產出量的影響：

⑴生產單位：增加。

⑵單位成本：改變。

7.何謂作業成本法？

解：作業成本法即：

⑴為一種混合成本法，在原料成本的計算方面採用分批成本法；在加工成本的計算則採用分步成本法。

⑵也就是同時採用二種成本法，此法尤其適用於生產類似產品的工廠。

8.說明作業成本法的會計處理方式。

解：由於作業成本法是分批成本法與分步成本法的混合方法，所以記帳方式與傳統方法類似，其會計處理步驟如下：

⑴製造過程中：由原料、人工和製造費用帳戶轉入在製品帳戶。

⑵產品製造完成後：轉入製成品帳戶。

⑶產品出售之後：轉入銷貨成本帳戶。

貳、習　題

一、基礎題

B 5-1　分批成本法與分步成本法

就以下各型態的產業，指出何者應採用分批成本法或分步成本法：

1.訂做之西服店	6.一般家具製造商
2.輪胎製造商	7.學生制服製造商
3.特殊規格牽引機製造商	8.武器製造商
4.飲料製造商	9.高級晚禮服服飾店
5.速食店	10.水泥製造商

解:

項　目	分批成本法	分步成本法
1.	✓	
2.		✓
3.	✓	
4.		✓
5.		✓
6.		✓
7.		✓
8.		✓
9.	✓	
10.		✓

B 5-2 分步成本法

試說明分步成本法之成本流程。

解:

分步成本法下，較常見的兩種作業流程有二種類型:

類型一:

公司擁有三個部門作業，於部門A投入原料，並加入人工成本與製造費用。當產品在部門A工作完成後，即轉入部門B繼續製造，直到部門C完工後轉入製成品帳戶。任何後續的製程，可能再投入更多的原料，或僅將前部轉入之部分完工品繼續加工。

類型二:

產品並非經由三個部門順序生產，係分別先於部門X與部門Y製造兩種不同的在製品，然後匯流入部門Z，並加入原料、人工及製造費用繼續製造，使其完成並轉入製成品。

B 5-3 計算約當產量

以下為自強公司2月份之有關資料：

	實際單位數
當月投入量	75,000
當月完工產出量	67,500
期末在製品存貨	30,000
期初在製品存貨	22,500

期初在製品存貨中，直接原料已投入70%，加工成本完工程度為40%。期末在製品存貨中，直接原料則投入40%，加工成本完工程度為70%。試計算至2月底之約當產量及僅在2月份之約當產量。

解：

	實際單位	約當產量：直接原料	約當產量：加工成本
期初在製品	22,500		
本期投入	75,000		
	97,500		
本期完成轉入次部	67,500	67,500	67,500
期末在製品	30,000	12,000 (a)	21,000 (b)
	97,500		
2月底之約當產量		79,500	88,500
減：期初在製品	22,500	(15,750)(c)	(9,000)(d)
僅在2月份之約當產量		63,750	79,500

補充計算：(a) 30,000 × 40% = 12,000
(b) 30,000 × 70% = 21,000
(c) 22,500 × 70% = 15,750
(d) 22,500 × 40% = 9,000

B 5-4 購買及生產原料——加權平均分步成本法

華夏塑膠公司有二個部門來製造塑膠容器，第一部門生產塑膠後即進入第二部門繼續加工製造。每生產一塑膠容器需使用2加侖的塑膠，人工成本及製造費用平均發生於第二部門，該公司一向採用加權平均分步成本法來累計成本。在7月初，第二部門有8,250 單位的期初存貨，完工程度為70%，而第二部門的期初在製品餘額為$22,440，其中包括塑膠成本$15,975及$6,465的人工成本及製造費用。

在7月份，第一部門共使用135,000 加侖的塑膠，成本為$143,100，而第二部門共發生了$68,310的人工及製造費用。

7月份共完成了66,000單位的塑膠容器，7月底時，還剩9,750單位的存貨，其完工程度為90%。

試作：

1. 計算7月份塑膠容器製成品的單位平均成本為何？
2. 7月份製成品成本為何？

解：

1.

數量資料

	實際單位	約當產量	
		前部（原料）成本	加工成本
期初在製品	8,250		
本期投入	67,500		
合　計	75,750		
本期完成	66,000	66,000	66,000
期末在製品	9,750	9,750	8,775
合　計	75,750		
約當產量合計		75,750	74,775

成本資料

	前部成本	加工成本	合　計
期初在製品	$ 15,975	$ 6,465	$ 22,440
本期投入成本	143,100	68,310	211,410
總成本	$159,075	$74,775	$233,850
約當產量	75,750	74,775	
單位成本	$2.1	$1	$3.1

7月份單位平均成本 = \$2.1 + \$1 = \$3.1

2. 7月份製成品成本 = \$3.1 × 66,000 = \$204,600

B 5-5　約當產量，加權平均法及先進先出法

中華公司為一製造玻璃杯的廠商，採分步成本法來計算產品成本，所有的直接原料在生產一開始時即全部投入，而加工成本則平均發生於整個生產階段，該公司11月份的生產數量表如下所示：

11/1 在製品存貨（完工程度為50%）	3,000
11月投入生產單位數	15,000
總　計	18,000
期初在製品本期完成轉入次部	3,000
本期投入生產且完成部分	9,000
期末在製品（完工程度30%）	6,000
總　計	18,000

試作：

1. 使用加權平均法，計算11月份直接原料的約當產量。
2. 使用加權平均法，計算11月份加工成本的約當產量。
3. 使用先進先出法，計算11月份直接原料的約當產量。
4. 使用先進先出法，計算11月份加工成本的約當產量。

解：

1. 約當產量 = (3,000 + 9,000) × 100% + 6,000 × 100% = 18,000（單位）
2. 約當產量 = (3,000 + 9,000) × 100% + 6,000 × 30% = 13,800（單位）
3. 約當產量 = (3,000 + 9,000) × 100% + 6,000 × 100% − 3,000 × 100%
   = 15,000（單位）
4. 約當產量 = (3,000 + 9,000) × 100% + 6,000 × 30% − 3,000 × 50%
   = 12,300（單位）

B 5-6 約當產量計算

良友公司生產一種產品，其生產過程需經過二部門加工處理，所有的原料均於第一部門生產一開始時就完全投入，有關7月份的生產資料列示如下：

	單　位
7/1在製品（50%完工）	2,400
本月份開始生產量	9,600
移轉至第二部門的數量	10,080
7/31在製品（30%完工）	1,920

試作：計算7月份的約當產量，採用

1. 先進先出法。
2. 加權平均法。

解：

1. 先進先出法：

	原　料	加工成本
完成單位	10,080	10,080
期末存貨	1,920	576 (a)
期初存貨	(2,400)	(1,200)(b)
約當產量	9,600	9,456

2. 加權平均法：

	原　料	加工成本
完成單位	10,080	10,080
期末存貨	1,920	576(a)
約當產量	12,000	10,656

補充計算：(a) 1,920 × 30% = 576

(b) 2,400 × 50% = 1,200

B 5–7 在製品盤存價值

祥發公司採用分步成本會計制度，民國90年9月有關資料如下：9月1日在製品盤存數量4,000件，完工程度材料100%，人工及製造費用50%，期部盤存價值材料$3,984，人工$2,080，製造費用$1,664，本月加入生產10,000件，材料價值$12,000，人工及製造費用都為$19,984，本月製造並移轉他部10,500件，9月30日在製品3,000件，完工程度材料100%，人工及製造費用60%。

試作：

1. 以先進先出法計算在製品盤存價值。
2. 以平均法計算在製品盤存價值。

解：

1. 先進先出法：

每件材料成本：$12,000 ÷ 10,000 = $1.2

每件人工成本：$19,984 ÷ 10,000 = $1.9984

每件製造費用成本：$19,984 ÷ 10,000 = $1.9984

在製品盤存價值：

材　料	$1.2 × 3,000	= $ 3,600
人　工	$1.9984 × 3,000 × 60% =	3,597.12
製造費用	$1.9984 × 3,000 × 60% =	3,597.12
		$10,794.24

2. 平均法：

	期　部	本月加入	合　計	約當產量	單位成本
材　料	$3,984	$12,000	$15,984	$14,000	$1.142
人　工	2,080	19,984	22,064	10,800	2.043
製造費用	2,080	19,984	22,064	10,800	2.043

在製品盤存價值：

材　料	$1.142 × 3,000	= $ 3,426
人　工	$2.043 × 3,000 × 60% =	3,677.4
製造費用	$2.043 × 3,000 × 60% =	3,677.4
		$10,780.8

B 5-8　單位成本計算

佳德洗車店採分步成本法，所有的清洗工作均當日結束，所以公司並無期初或期末在製品存貨。清洗工作耗用之直接原料成本視為製造費用之一部分，以下為10月份及11月份有關活動的資料：

	10月	11月
清洗車數	8,960	9,700
直接人工成本	$11,648	$12,720
製造費用預計數	25,740	25,692

試計算10月份及11月份單位汽車清洗成本。

解：

汽車清洗成本：

	10月	11月
直接人工成本	$11,648	$12,720
製造費用預計數	25,740	25,692
總成本	$37,388	$38,412
清洗車數	8,960	9,700
單位汽車清洗成本	$4.17	$3.96

B 5-9　基本生產成本計算

大新公司製造許多不同的木製椅子，其4月份的生產資料如下：

	切割部	組合部	完成部
直接人工	$ 80,000	$40,000	$160,000
製造費用	172,000	65,000	160,000

在4月中，公司製造了三種不同型式的椅子，其數量及直接原料如下：

型　式	數　量	直接原料
甲	5,000	$200,000
乙	3,000	240,000
丙	2,500	100,000

每種型式的椅子均需經過切割部門、組合部門，但只有甲型式及乙型式需經過完成部門加工。

試作：

1. 計算單位加工成本及總加工成本。
2. 計算每種型式的單位成本及總成本。

解：

1.

	切割部	組合部	完成部	合　計
直接人工	$ 80,000	$ 40,000	$160,000	$280,000
製造費用	172,000	65,000	160,000	397,000
總加工成本	$252,000	$105,000	$320,000	$677,000
數　量	10,500	10,500	8,000	
單位加工成本	$24	$10	$40	$74

2.

	甲	乙	丙	合　計
直接原料	$200,000	$240,000	$100,000	$ 540,000
加工成本：				
切割部門@$24	120,000	72,000	60,000	252,000
組合部門@$10	50,000	30,000	25,000	105,000
完成部門@$40	200,000	120,000	–	320,000
總成本	$570,000	$462,000	$185,000	$1,217,000
生產單位	5,000	3,000	2,500	
單位成本	$114	$154	$74	

B 5-10 分步成本法──無期初在製品

太谷公司生產一種使用甲、乙二種直接原料的產品，甲原料於生產一開始時就投入，而乙原料則於完工階段80%時才投入，人工的投入則平均分散於整個生產過程，製造費用係採直接人工成本的150%攤計。

7月初，太谷公司並無期初存貨，整個7月份投入62,000單位產品於生產過程，其中42,000單位已全部完成，而20,000單位則只完工70%。在7月份，太谷公司使用甲原料的成本為$186,000，乙原料的成本為$39,060，人工成本為$112,000。

試作：

1. 計算7月份製成品的單位成本。
2. 計算7月份製成品的總成本。
3. 8月1日太谷公司在製品帳戶餘額。
4. 根據問題3所計算之數字，請列出對8月份的生產成本報告有用的資料。

解：

1.

	實際單位	加工程度	約當產量 甲原料	約當產量 乙原料	約當產量 加工成本
期初在製品	0				
本期投入	62,000				
合　計	62,000				
本期完成轉入次部	42,000	100%	42,000	42,000	42,000
期末在製品	20,000	70%	20,000	0	14,000
合　計	62,000				
約當產量合計			62,000	42,000	56,000
總成本			$186,000	$39,060	$280,000
單位成本			$3	$0.93	$5

平均單位成本 = $3 + $0.93 + $5 = $8.93

2. 製成品成本 = $8.93 × 42,000 = $375,060

3. & 4. 在製品：

甲直接原料(20,000 × $3)	$ 60,000
乙直接原料(0 × $0.93)	0
加工成本(14,000 × $5)	70,000
8月1日在製品餘額	$130,000

B 5-11 基本分步成本法

聯合紡織公司為一生產棉紡織品的公司，其所有的直接原料皆於生產一開始時即投入，加工成本則隨製程而平均發生。

在5月份並無期初存貨，本月開始生產、完成及轉出數為400,000單位，5/31在製品有80,000單位，完工程度為75%，5月份耗用之直接原料成本為$1,920,000，加工成本為$460,000。

試作：

1. 計算5月份直接原料和加工成本的約當產量及單位成本。
2. 計算5月份完成並轉出的成本及期末在製品成本。

解：

1.

		約當產量	
	實際單位	直接原料	加工成本
本期投入並完成	400,000	400,000	400,000
期末在製品	80,000	80,000	60,000
合　計	480,000	480,000	460,000
總成本	$2,380,000	$1,920,000	$460,000
約當產量		480,000	460,000
單位成本	$5	$4	$1

2. 成本分配：

本期完成轉入次部成本	$2,000,000
期末在製品：	

直接原料(80,000 × $4)	$320,000	
加工成本(60,000 × $1)	60,000	380,000
總成本		$2,380,000

B 5-12 生產成本報告單——加權平均法

蔺西紡織廠採分步成本制，部門乙為最後的製程，紡織廠於最後的製程中加入漂白劑，這些原料之增添，並不會增加產出量，以下為部門乙9月份資料：

數量資料：

期初在製品（原料100%投入，完工60%）	3,000單位
本期由部門甲轉來	52,000單位
本期製成品	51,000單位
期末在製品（原料100%投入，完工50%）	4,000單位

成本資料：

期初在製品成本：		
部門甲轉來成本	$ 50,000	
本部投入成本：直接原料	28,500	
加工成本	19,000	$ 97,500
本期投入成本：		
部門甲轉來成本	$830,000	
本部投入成本：直接原料	219,000	
加工成本	140,000	$1,189,000

試依加權平均法編製生產成本報告單。

解：

數量資料

	單位數	完工程度	約當產量 部門甲成本	直接原料	加工成本
期初在製品	3,000	60%			

本期由部門轉來	52,000				
合　計	55,000				
本期製成品	51,000	100%	51,000	51,000	51,000
期末在製品	4,000	60%	4,000	4,000	2,000
合　計	55,000		55,000	55,000	53,000

成本資料

	部門甲成本	直接原料	加工成本
期初在製品	$ 50,000	$ 28,500	$ 19,000
本期投入成本	830,000	219,000	140,000
成本總額	$880,000	$247,500	$159,000
單位成本	$16	$4.5	$3.0

成本分配

製成品	51,000 × ($16 + $4.5 + $3) =		$1,198,500
期末在製品：			
部門甲轉來成本	4,000 × 16 =	$64,000	
直接原料	4,000 × 4.5 =	18,000	
加工成本	2,000 × 3.0 =	6,000	88,000
成本總額			$1,286,500

B 5-13 計算約當產量

金葉公司經由提煉、混合及完成三部門生產清潔劑。生產程序由提煉部開始，基本溶劑來自外購的石油；溶劑就轉入混合部，加入清潔劑調和於溶劑中，增加了產品的數量。混合過後的產品再轉入完成部，以供儲存或運交顧客。公司採用分步成本制並以平均成本流動假設處理期末在製品存貨。混合部7月份相關成本資料如下：

期初存貨單位	1,000
本期自提煉部轉入單位	2,000
本期本部加料增加單位	6,000
本期轉出至完成單位	7,800
期末在製存貨（材料100%，加工25%）	1,200

試作：混合部7月份之約當產量。

解:

	前部成本	材　料	人　工	製造費用
轉出的約當產量	7,800	7,800	7,800	7,800
期末約當產量	1,200	1,200	300	300
總約當產量	9,000	9,000	8,100	8,100

B 5-14　分步成本法

飛利公司之主要產品為清潔劑，製造過程是將化學混合物移轉至最終組合部門，並加入添加劑，由於蒸發量與投入之添加劑相同，以致數量並不會因此增加。在最終組合部門完工之產品將進行包裝及運送的程序，最終組合部門之約當產量（加侖）及成本列示如下:

	前部轉入	直接原料	加工成本
期初在製品	0	9,000	1,800
本期投入並完成	60,000	60,000	60,000
期末在製品	4,500	4,500	2,700
約當產量	64,500	73,500	64,500
約當單位成本	$3.15	$0.15	$0.3

試作:

1. 計算下列當期成本:
   (1)前部轉入成本。
   (2)直接原料成本。
   (3)加工成本。
2. 若期初在製品存貨成本$25,200，製成品成本將為若干?

解:

1. (1)前部轉入成本 = $3.15 × 64,500 = $203,175
   (2)直接原料成本 = $0.15 × 73,500 = $11,025
   (3)加工成本 = $0.3 × 64,500 = $19,350

2. 製成品成本：

期初在製品部分：		
期初在製品成本	$25,200	
期初在製品本期投入成本	1,890(a)	$ 27,090
本期投入生產完成部分		216,000(b)
合　計		$243,090

補充計算：(a) 9,000 × $0.15 + 1,800 × $0.3 = $1,890

(b) 60,000 × ($3.15 + $0.15 + $0.3) = $216,000

二、進階題

A 5-1　循序製造流程，加權平均法

新光公司採用加權平均分步成本法計算其單一產品之成本，生產過程始於製造部門，原料依序投入，完工後轉入組合部門。然而組合部門並無任何原料投入，組合完成後產品移轉至包裝部門裝箱準備運送，最後再移轉至運送部門。

90年12月31日該公司存貨資料如下所示：

1. 沒有未使用之直接原料或包裝原料。
2. 製造部門：12,000單位，直接原料投入30%，直接人工完成50%。
3. 組合部門：20,000單位，直接人工完成80%。
4. 包裝部門：6,000單位，包裝原料投入70%，直接人工完成80%。
5. 運送部門：16,000單位。

試編表列示90年度12月31日之下列數據：

1. 所有存貨中，於生產過程初步時所投入直接原料的約當產量。
2. 所有存貨中，製造部門直接人工之約當產量。
3. 僅就包裝部門存貨中，包裝原料及直接人工之約當產量。

解:

1.

部　門	單位數	完工程度	約當產量
製造部門	12,000	30%	3,600
組合部門	20,000	100%	20,000
包裝部門	6,000	100%	6,000
運送部門	16,000	100%	16,000
合　計			45,600

2.

部　門	單位數	完工程度	約當產量
製造部門	12,000	50%	6,000
組合部門	20,000	100%	20,000
包裝部門	6,000	100%	6,000
運送部門	16,000	100%	16,000
合　計			48,000

3.

包裝部門	單位數	完工程度	約當產量
包裝原料	6,000	70%	4,200
直接人工	6,000	80%	4,800

A 5-2　數量表、約當產量及單位成本

新力公司為專門製造並銷售隨身聽的公司，在組合部門時，依不同生產階段，增加不同的原料。該公司採分步成本法來累計產品成本，加權平均法被用來計算單位成本。在生產最後階段，實施最後的檢驗並投入紙板，最後的檢驗占5%的總生產時間，所有的原料除了紙板外，皆在加工80%階段投入。本期無期初存貨，在本年度投入生產100,000個隨身聽，而期末共有5,000個在製品，完工程度為95%，其尚未接受檢驗也還未投入紙板原料。

除了紙板外，所有直接原料共耗用了$1,875,000，而紙板成本為$264,000，總加工成本為$998,000。

試作：

1. 編製一張包括實際單位、約當產量、原料、紙板及加工成本的單位成本表。
2. 編製包括製成品及期末在製品的成本分配彙總。

解：

1.

數量資料

	實際單位	完工程度	約當產量 直接原料	紙　板	加工成本
期初在製品	0				
本期投入	100,000				
合　計	100,000				
本期完成轉入次部	95,000	100%	95,000	95,000	95,000
期末在製品	5,000	95%	5,000	0	4,750
合　計	100,000				
約當產量合計			100,000	95,000	99,750

成本資料

	直接原料	紙　板	加工成本	合　計
總成本	$1,875,000	$264,000	$998,000	$3,137,000
約當產量	100,000	95,000	99,750	
單位成本	$18.75	$2.7789	$10.0050	$31.5339

2.

成本分配		
製成品		$2,995,726*
期末在製品：		
直接原料(5,000 × $18.75)	$93,750	
加工成本(5,000 × 95% × $10.0050)	47,524*	141,274
		$3,137,000

*含尾數調整

A 5-3 實體流程及約當產量計算

中正公司為餐具製造商，下列為該公司91年的資料：

	實際單位	完工百分比	
		直接原料	加工成本
期初在製品	30,000磅	90%	50%
期末在製品	22,500磅	60%	40%

在此年中，該公司投入120,000 磅原料於生產線。

試作：

1. 使用加權平均的分步成本法，列表分析實體單位流程並計算直接原料成本及加工成本的約當產量。
2. 使用先進先出法，重新計算問題1之要求。

解：

1. 加權平均分步成本法如下表所示，但表中最後二行並未包括在加權平均法中。
2. 先進先出分步成本法如下表所列示，其中並包括最後二行。

約當產量計算表

	實際單位	完工百分比		約當產量	
		直接原料	加工成本	直接原料	加工成本
期初在製品	30,000	90%	50%		
91年投入生產	120,000				
總　數	150,000				
91年完工轉出	127,500	100%	100%	127,500	127,500
期末在製品	22,500	60%	40%	13,500	9,000
總　數	150,000				
加權平均法之約當產量				141,000	136,500
減：期初在製品之約當產量				(27,000)	(15,000)
先進先出法之約當產量				114,000	121,500

A 5-4 生產成本報告

以下為吉利養雞場生產營業的有關資料：

1. 雞的期初存貨為24,000隻，雛雞成本投入100%，飼養成本投入20%。
2. 期初存貨成本是雛雞成本為$25,920，而飼養成本為$2,306。
3. 3月份雛雞增加40,000隻。
4. 本月份的雛雞成本為$40,000，而飼養成本為$24,360。
5. 3月底期末存貨包括4,000隻雛雞，其為雛雞成本100%投入，飼養成本70%投入。

試編製吉利公司本年度3月份的生產成本報告，請採用先進先出法來計算。

解：

吉利公司
生產成本報告
3月份

數量資料

	實際單位	約當產量 雛雞成本	約當產量 飼養成本
期初在製品	24,000	(24,000)	(4,800)
本期投入	40,000		
合　計	64,000		
本期完成轉入次部	60,000	60,000	60,000
期末在製品	4,000	4,000	2,800
合　計	64,000		
當期約當產量		40,000	58,000

成本資料

	雛雞成本	飼養成本	合　計
期初在製品成本	$25,920	$ 2,306	$28,226
本期投入成本	40,000	24,360	64,360
成本總額	$65,920	$26,666	$92,586
當期約當產量	40,000	58,000	
單位成本	$1.65	$0.46	$2.11

成本分配

本期完成轉入次部成本：			
期初在製品部分：			
期初在製品成本	$28,226		
期初在製品本期投入成本 (24,000 × 80% × $0.46)	8,832	$37,058	
本期投入生產完成部分		51,120	$88,178
期末在製品成本：			
雛雞成本(4,000 × $1.65)		$ 6,600	
飼養成本(4,000 × 70% × $0.46)		1,288	7,888
成本總額			$96,066

A 5-5 數量表、約當產量及單位成本

福達公司製造一種需經過三階段加工程序的產品，下列為此產品在本年度3月份的生產資料：

	單 位	完工程度 原 料	完工程度 加 工
3/1在製品	36,000	100%	50%
本期開始生產	144,000		
完成及轉出	168,000		
3/31在製品	12,000	100%	70%

期初存貨包括$28,800的原料成本及$17,160的加工成本，而本月的生產發生了$129,600的原料成本及$204,000的加工成本。

試作：

1. 若該公司採加權平均分步成本法
   (1)編製數量表並計算本月份的約當產量。
   (2)計算本月份之單位成本。
2. 若該公司採先進先出分步成本法，重新上面所計算(1)(2)的要求。

解:

1.(1)

數量資料

		約當產量	
	實際單位	原 料	加 工
3/1在製品	36,000		
本期投入	144,000		
合 計	180,000		
本期完成轉入次部	168,000	168,000	168,000
3/31在製品	12,000	12,000	8,400
合 計	180,000		
約當產量合計		180,000	176,400

(2)

成本資料

	原 料	加 工	合 計
3/1在製品	$ 28,800	$ 17,160	$ 45,960
本期投入成本	129,600	204,000	333,600
總成本	$158,400	$221,160	$379,560
約當產量	180,000	176,400	
單位成本	$0.88	$1.2537	$2.1337

2.(1)

數量資料

		約當產量	
	實際單位	原 料	加 工
3/1在製品	36,000	(36,000)	(18,000)
本期投入	144,000		
合 計	180,000		
本期完成轉入次部	168,000	168,000	168,000
3/31在製品	12,000	12,000	8,400
合 計	180,000		
約當產量合計		144,000	158,400

(2)

成本資料

	原　料	加　工	合　計
本期投入成本	$129,600	$204,000	$333,600
約當產量	144,000	158,400	
單位成本	$0.9	$1.2879	$2.1879

A 5-6　部門間單位數的改變

安立化妝品公司為一製造香水的公司，每一瓶香水的完成皆需經過二個部門，該公司採先進先出分步成本法來累積產品成本，此二部門的生產資料如下：

	第一部門	第二部門
12/1在製品		
單　位	12,000磅	7,500單位
成　本：		
轉入成本	–	$15,375
原料成本	$　5,400	1,200
加工成本	19,200	3,562.5
生產單位或轉入單位數	123,000磅	46,500單位
完成及轉出單位數	117,000磅	48,750單位
該月份投入成本：		
原料成本	$ 58,050	$ 7,488
加工成本	186,240	44,859

在第一部門的期初存貨完工程度為30%，期末存貨為90%，在第一部門中，原料及加工成本的投入，平均發生於生產過程中。在第二部門中，原料於生產開始即完全投入，而加工成本則平均發生於製造過程，該部門的期初存貨完工程度為50%，期末存貨為50%。

試作：

1. 編製第一部門的生產成本報告。
2. 編製第二部門的生產成本報告。

解：

1.

安立公司
第一部門
生產成本報告
12月份

數量資料

		約當產量	
	實際單位	直接原料	加工成本
期初在製品	12,000	(3,600)	(3,600)
本月份生產投入	123,000		
合　計	135,000		
期末在製品	18,000	16,200	16,200
本期完成轉出	117,000	117,000	117,000
合　計	135,000		
約當產量合計		129,600	129,600

成本資料

	直接原料	加工成本	合　計
期初在製品	$ 5,400	$ 19,200	$ 24,600
本期成本	58,050	186,240	244,290
總成本	$63,450	$205,440	$268,890
約當產量	129,600	129,600	
單位成本	$0.4896	$1.5852	$2.0748

成本分配

期初在製品本期完成：			
期初成本	$24,600		
本期投入(12,000 × 70% × $2.0748)	17,428	$ 42,028	
本期投入且完成		197,922	
製成品成本			$239,950
期末在製品：			
原　料(18,000 × 90% × $0.4896)		$ 7,932	
加工成本(18,000 × 90% × $1.5852)		25,680	33,612
總成本			$273,562

2.

安立公司
第二部門
生產成本報告
12月份

數量資料

		約當產量	
	實際單位	直接原料	加工成本
期初在製品	7,500	(7,500)	(3,750)
本月份生產投入	46,500		
合　計	54,000		
期末在製品	5,250	5,250	2,625
本期完成轉出	48,750	48,750	48,750
合　計	54,000		
約當產量合計		46,500	47,625

成本資料

	前部成本	原料成本	加工成本	合　計
期初在製品	$ 15,375	$1,200	$ 3,562.5	$ 20,137.5
本期成本	239,950	7,488	44,859.0	290,702.0
總成本	$255,325	$8,688	$48,421.5	$310,839.5
約當產量	46,500	46,500	47,625	
單位成本	$5.4909	$0.1868	$0.9419	$6.6196

成本分配

期初在製品本期完成：			
期初成本	$20,137.5		
本期投入成本(3,750 × $0.9419)	3,532.1	$ 23,669.6	
本期投入且完成		256,941.1	
製成品成本			$280,610.7
期末在製品：			
前部成本(5,250 × $5.4909)		$ 28,827.2	
原料成本(5,250 × $0.1868)		980.7	
加工成本(2,625 × $0.9419)		2,472.5	32,280.4
總成本			$312,891.1

A 5-7 計算生產成本

光華公司於本年度生產訂單No. 101（4,000個職業用棒球）及No. 102（8,000個教學用棒球），二個訂單均於11月份開始並完成，本期無期初及期末在製品。11月份的成本如下：

直接原料：訂單No. 101為$84,000（其中包含包裝原料成本$5,000），訂單No. 102為$90,000。

加工成本：準備部門每單位預計分攤率為$15；
完成部門每單位預計分攤率為$12；
包裝部門每單位預計分攤率為$1，但只有訂單No. 101才須經過包裝部門的處理。

試作：

1. 計算11月份此二訂單的產品單位成本。
2. 寫出本年度11月份成本流程的分錄。

解：

1.

	訂單No. 101（職業用）	訂單No. 102（教學用）
直接原料	$21	$11.25
加工成本：		
準備部門	15	15
完成部門	12	12
包裝部門	1	0
單位成本	$49	$38.25

2. 分錄：

(1)在製品存貨——準備部門	79,000	
原料存貨		79,000
$84,000 – $5,000 = $79,000		

	借	貸
(2)在製品存貨——準備部門	90,000	
原料存貨		90,000
(3)在製品存貨——準備部門	180,000	
應付各項費用		180,000

$15 × 12,000 = $180,000

	借	貸
(4)在製品——完成部門	349,000	
在製品存貨——準備部門		349,000

$79,000 + $90,000 + $180,000 = $349,000

	借	貸
(5)在製品——完成部門	144,000	
應付各項費用		144,000

12,000 × $12 = $144,000

	借	貸
(6)在製品存貨——包裝部門	187,000	
製成品存貨	306,000	
在製品存貨——完成部門		493,000

訂單NO. 101：$79,000 + (4,000 × $15) + (4,000 × $12) = $187,000

訂單NO. 102：$90,000 + (8,000 × $15) + (8,000 × $12) = $306,000

	借	貸
(7)在製品存貨——包裝部門	9,000	
原料成本		5,000
應付各項費用		4,000
(8)製成品存貨	196,000	
在製品存貨——包裝部門		196,000

$187,000 + $9,000 = $196,000

A 5-8 生產成本報告——無期初存貨

下列為中正公司10月份產品的生產資料如下，該公司原料係於剛生產時即投入，而加工成本是隨生產過程而平均發生。

期初在製品存貨	0單位
10月份的生產數	208,000單位

直接原料成本	$676,000
直接人工成本	$889,000
製造費用	$281,000
期末在製品存貨（完工程度40%）	41,600單位

試編製中正公司10月份的生產成本報告。

解:

中正公司
生產成本報告
10月份

數量資料

	實際單位	加工程度	約當產量 直接原料	約當產量 加工成本
期初在製品	0			
本期投入	208,000			
合　計	208,000			
本期完成轉入次部	166,400	100%	166,400	166,400
期末在製品	41,600	40%	41,600	16,640
合　計	208,000			
約當產量合計			208,000	183,040

成本資料

	直接原料	加工成本	合　計
期初在製品成本	$ 0	$ 0	$ 0
本期投入成本	676,000	1,170,000	1,846,000
成本總額	$676,000	$1,170,000	$1,846,000
約當產量	208,000	183,040	
單位成本	$3.25	$6.392	$9.642

成本分配

本期完成轉入次部成本(166,400 × $9.642)		$1,604,437*
期末在製品成本：		
直接原料(41,600 × 100% × $3.25)	$135,200	
加工成本(41,600 × 40% × $6.392)	106,363*	241,563
		$1,846,000

*含小數點尾數調整

A 5-9 後續部門增投原料

奈兒香水公司經由製造過程生產香水，其香味在混合部門藉由混合幾種化學藥品而成。混合部門的液體再轉入完成部門，完成部門將其他的化學藥品投入以使這些混合物稀釋，稀釋後的混合物裝罐，轉入完成品存貨等待出售。該公司採用分步成本制及先進先出成本流動假設。公司為各生產部門設計在製品帳戶，下列為有關8月份資料：

	混合部門	完成部門
期初存貨單位數：		
混合部門（90%材料，60%人工，30%製造費用）	600	
完成部門（50%材料，20%人工，20%製造費用）		1,000
本期混合部門開始投入的單位數	3,000	
本期混合部門至完成部門的單位數	3,100	3,100
本期混合部門增加的單位數		3,100
本期從完成部門轉入完成品的單位數		6,400
期末存貨單位數：		
混合部門（60%材料，40%人工及製造費用）	500	
完成部門（100%材料，60%人工及製造費用）		800

假設移轉至完成部門總成本為$11,098，完成部門當期投入成本：材料$1,407，人工$2,004，製造費用$2,672。

試作：完成部門8月份本期投入之單位成本。

解：

本期投入之約當單位計算如下：

	前部成本	材 料	人 工	製造費用
期初存貨加工之約當單位	0	500	800	800
本期投入並完工之約當單位	5,400	5,400	5,400	5,400
期末存貨約當單位	800	800	480	480
總約當單位	6,200	6,700	6,680	6,680

本期投入成本：

	總成本	約當單位	單位成本
前部轉入成本	$11,098	6,200	$1.79
材　料	1,407	6,700	0.21
人　工	2,004	6,680	0.30
製造費用	2,672	6,680	0.40
			$2.70

A 5-10　作業成本法

萬泰公司在桃園觀音廠生產許多不同種類的玻璃製品，在甲部門生產單色玻璃，其中部分產品視為製成品直接出售；其他轉入乙部門，並加入金屬氧化物繼續加工成彩色玻璃，其中部分產品即出售；部分產品在丙部門繼續進行蝕刻加工，然後再出售。該公司一向採用作業成本法(Operation Costing)。

公司5月份產品成本分攤情形詳如下表：（5月份均無期初或期末在製品）

成本類別	部門 甲	乙	丙
直接原料	$540,000	$86,400	–
直接人工	45,600	26,400	$42,000
製造費用	276,000	81,600	88,800

產　品	單　位	直接原料成本 甲部門	乙部門
甲部門出售之單色玻璃	13,200	$297,000	–
乙部門出售之彩色玻璃	4,800	108,000	$38,400
丙部門出售之蝕刻後彩色玻璃	6,000	135,000	48,000

在作業過程中每片玻璃所需之程序均相同。

試作：計算下列各項：

1. 甲部門之單位加工成本。
2. 乙部門之單位加工成本。
3. 每一片單色玻璃的成本。

4. 每一片彩色玻璃的成本。

5. 每一片蝕刻後彩色玻璃的成本。

解：

1. 甲部門之單位加工成本 $= \dfrac{\text{直接人工} + \text{製造費用}}{\text{生產單位}}$

$$= \frac{\$45,600 + \$276,000}{13,200 + 4,800 + 6,000}$$

$= \$13.4$ / 單位

2. 乙部門之單位加工成本 $= \dfrac{\text{直接人工} + \text{製造費用}}{\text{生產單位}}$

$$= \frac{\$26,400 + \$81,600}{4,800 + 6,000}$$

$= \$10$ / 單位

3. 每片單色玻璃成本 = 甲部門直接原料成本 + 甲部門加工成本

$$= \frac{\$540,000}{24,000} + \$13.4$$

$= \$35.9$ / 片

4. 每片彩色玻璃成本 = 每片單色玻璃成本 + 乙部門直接原料成本 + 乙部門加工成本

$$= \$35.9 + \frac{\$86,400}{10,800} + \$10$$

$= \$53.9$ / 片

5. 每片蝕刻後彩色玻璃成本 = 每片彩色玻璃成本 + 丙部門加工成本

$$= \$53.9 + \frac{\$42,000 + \$88,800}{6,000}$$

$= \$75.7$ / 片

參、自我評量

5.1 分步成本法的介紹

1. 下列何者不適合採取分步成本法?
   A. 保險公司的保費處理。
   B. 水泥業。
   C. 訂單家具生產。
   D. 食品加工業。

解:C

詳解:A, B, D三者都屬於連續生產類型,是能按照標準流程製造,故適用於分步成本法,C是按特定訂單來生產家具,故不適用分步成本法,應採取分批成本法來計算。

2. 下列何者為分步成本法的特性?
   A. 適用於按標準規格製造產品的行業。
   B. 只有一個在製品帳戶。
   C. 成本按工作批次來累積。
   D. 適用於廣告公司。

解:A

詳解:分步成本法的特性:適用於按標準規格製造產品的行業、每一個製造部門都有在製品帳戶、由每一製造部門或成本中心來累積成本資料。廣告公司適用分批成本法。

5.2 約當產量的觀念

1. 在計算約當產量前,會計人員需先估計各部門在製品的數量,再估計其完工進度,才能計算各成本要素的約當產量。

解:○

2. 在分步成本法下,在製品的原料、人工與製造費用經常是處於相同的完工階段。

解：×

詳解：在分步成本法下，在製品的原料、人工與製造費用經常是處於不同的完工階段。

5.3 各項成本的會計處理程序

1. 在分步成本法下，人工成本是按部門來認列，可免除按批次累積人工成本的繁瑣工作。

解：○

2. 分步成本法下，製造費用是由各部門按預定分攤率來共同負擔。

解：○

5.4 生產成本報告

1. 下列關於先進先出法的敘述何者錯誤？

A. 確定實際生產數量時，應將完成後轉入次部的單位，區分為由期初在製品完成和本期投入且完成兩部分，以便於約當產量及單位成本的計算。

B. 約當產量的計算，應將期初在製品之約當產量扣除。

C. 期初在製品成本，不併入本期投入產品的單位成本計算中，故需按成本要素以單獨列示。

D. 完成轉入次部的成本不需分為兩部分計算，只需將完成單位數乘以平均單位成本，即可求得完成轉入次部的成本。

解：D

詳解：D在先進先出法下，完成轉入次部的產品，應劃分為在製品完成部分，及本期投入生產且完成的部分，二者分別計算成本。

2. 假設大發公司其期初在製品為3,000單位（加工程度40%）；本期投入52,000單位；本期完成轉入次部的50,000單位，已100%完工；期末在製品5,000單位，加工程度為50%，請計算其在加權平均法下的約當產量。

解：

	實際單位	加工程度	約當產量 直接原料	 加工成本
期初在製品	3,000	40%		
本期投入	52,000			
	55,000			
本期完成轉入次部	50,000	100%	50,000	50,000
期末在製品	5,000	50%	5,000	2,500
	55,000		55,000	52,500

因此計入期末在製品，直接原料的約當產量為5,000單位，加工成本的約當產量是期末在製品5,000單位的50%為2,500單位。

3. 承2，若其是採取先進先出法時，請計算其約當產量。

解：

	實際單位	加工程度	約當產量 直接原料	 加工成本
期初在製品	3,000	40%		
本期投入	52,000			
	55,000			
本期完成轉入次部	50,000	100%	50,000	50,000
期末在製品	5,000	50%	5,000	2,500
			55,000	52,500
減：期初在製品的約當產量			3,000	1,200
當期約當產量			52,000	51,300

5.5 後續部門增投原料

1. 後續部門增投原料時，對於生產中的單位與成本，可能會有不增加產出單位與會增加產出單位兩種情形。

解：○

2. 若後續部門增投的原料為所製造產品的一部分，則其並不會增加最終產出的單位數，僅會使單位成本增加。

解：○

5.6 作業成本法

1. 在作業成本法下，其原料成本的計算是採用分步成本法。

解：×

詳解：在作業成本法下，其原料成本的計算是採用分批成本法；加工成本的計算才是採用分步成本法。

2. 請計算以下的單位成本：

原料成本：		
籃球鞋（800雙）	$160,000	
慢跑鞋（2,000雙）	300,000	
總原料成本		$460,000
加工成本：		
皮革處理部門	$168,000	
切割部門	84,000	
縫製部門	224,000	$476,000
產品總成本		$936,000

解：

單位成本：

原料成本：	籃球鞋	$160,000 ÷ 800 = $200
	慢跑鞋	$300,000 ÷ 2,000 = $150
加工成本：	皮革處理部門	$168,000 ÷ 2,800 = $60
	切割部門	$84,000 ÷ 2,800 = $30
	縫製部門	$224,000 ÷ 2,800 = $80

第二篇

管理會計的規劃功能

第6章
成本習性與估計

壹、作業解答

一、選擇題

1. 成本習性型態包括數種型態，除了下列何者以外?

   A. 變動成本。

   B. 固定成本。

   C. 期間成本。

   D. 混合成本。

解：C

2. 在何種假設下分析成本習性型態才有意義?

   A. 攸關範圍。

   B. 生產期間。

   C. 損益表。

   D. 財務年度。

解：A

3. 下列哪種方法不能用來發展成本估計方程式?

   A. 散布圖法。

   B. 最小平方法。

   C. 高低點法。

   D. 以上所有方法皆可使用。

解：D

4.高低點法的第一步驟是:

A.找出總成本的固定部分。

B.計算每單位變動成本。

C.找出最高點和最低點的資料。

D.決定損益平衡點。

解: C

5.攸關範圍外之營運:

A.大部分公司可良好控制成本。

B.總固定成本隨著活動水準改變而仍維持不變。

C.變動成本將不會隨著活動水準改變而呈比例的持續改變。

D.所有成本總是呈遞減性。

解: C

二、問答題

1.何謂成本習性?

解: 所謂成本習性(Cost Behavior)係指營運活動發生變動時,成本有所因應的改變。

2.分析成本估計、成本習性及成本預測之間的關係。

解: 成本估計、成本習性和成本預測之間的關係如下:

(1)成本估計是用來決定某一特定成本習性的過程。

(2)成本預測是利用成本習性分析的結果來預測在攸關範圍其他產能水準下的成本金額。

3.簡單繪出變動成本、逐步變動成本、固定成本、逐步固定成本、半變動成本和曲線成本之成本習性圖形。

解：(1)變動成本　　(2)逐步變動成本　　(3)固定成本

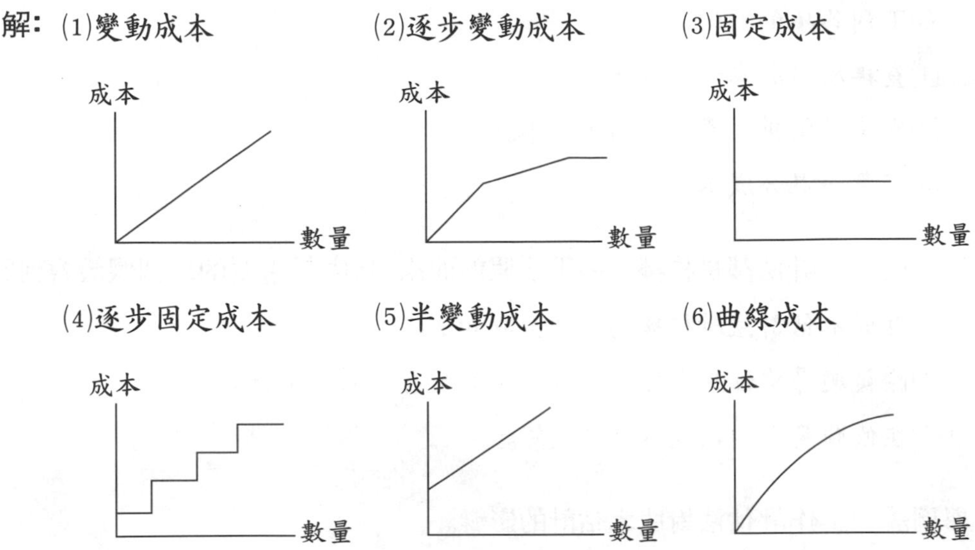

(4)逐步固定成本　　(5)半變動成本　　(6)曲線成本

成本
數量
成本
數量
成本
數量

4.說明攸關範圍對於成本習性型態的重要性。

解：(1)只有在攸關範圍內，成本關係的型態才會穩定。

(2)在攸關範圍外，單位變動成本與固定成本沒有維持一定，分析就會失去意義。

5.試比較散布圖法與高低點法的優缺點。

解：(1)散布圖法：

①優點：計算過程簡單。

②缺點：缺乏客觀性，因為兩位不同的成本分析人員，會對同一種資料得到不同的答案。

(2)高低點法：

①優點：較散布圖法更具客觀性，因為兩位不同的成本分析人員若採用同一組資料，會得到相同答案。

②缺點：還是不夠精確，因為最高點與最低點的資料特性，不一定能代表其他各點的資料型態。

6.舉例說明帳戶分析法。

解：帳戶分析法為會計人員對組織活動及成本之認知所判斷的成本型態。例如下列各項的判斷：

⑴直接原料成本→變動成本。

⑵廠房設備折舊費用→固定成本。

⑶電費→混合成本。

7.所有成本估計法都是根據一些重要假設而來，其中最重要的二個假設為何？

解：所有成本估計法所根據的二個假設如下：

⑴除複迴歸線性模式外，所有的變數間有一對一的關係。

⑵在攸關範圍內，成本線為直線。

8.舉例說明工作評估法對成本估計的影響。

解：在第3章曾提及工作評估法，並且運用此方法來判斷成本動因，以找出對成本估計的變數。

貳、習　題

一、基礎題

B 6–1　成本習性

臺北電視臺是由臺北大學經營的電視臺，電臺播放時間是根據學校是否上課而變動，7月份及9月份，電臺工作人員及監督人員的薪資費用如下：

成本項目	月　份	成本習性	成本金額	播放時數
工作人員	7	變動成本	$5,000	200
	9		8,000	320
監督人員	7	固定成本	5,000	200
	9		5,000	320

試作：

1.計算7月及9月每一成本項目，其每播放小時的成本。

2. 若12月時，電臺活動將有 250 個播放小時，則各成本項目的總金額為何？

3. 在12月時，各成本項目的單位成本為何？

解：

1. 工作人員成本：

7月：$\frac{\$5,000}{200} = \$25$ / 播放小時

9月：$\frac{\$8,000}{320} = \$25$ / 播放小時

監督人員成本：

7月：$\frac{\$5,000}{200} = \$25$ / 播放小時

9月：$\frac{\$5,000}{320} = \$15.625$ / 播放小時

2. 工作人員：$250 \times \$25 = \$6,250$

監督人員：$5,000

3. 工作人員：$25 / 播放小時

監督人員：$\frac{\$5,000}{250} = \$20$ / 播放小時

B 6-2　成本習性圖形

配合題：將下列各項找出與其相配合的圖形。

1. 直線法折舊。
2. 輪值監管者的薪資，每一位主管負責督導10名工人。
3. 一食品罐頭工廠平時從附近農家購進蔬菜的成本，當購買量增加很大時，該食品罐頭工廠就需從較遠的地方買進蔬菜，而產生較高的運輸成本。
4. 銷貨商品的銷售佣金。

5. 在攸關範圍內的混合成本。

6. Y = a + bX，此時a與b均非為0。

7. 水費計價，其中包括超過基本量後，加收的水費。

8. 在超過3,000小時使用時間後，該公司的單位成本將降低。

9. 該採購成本在購買數量增加時，會得到更高比例的折扣。

圖形：

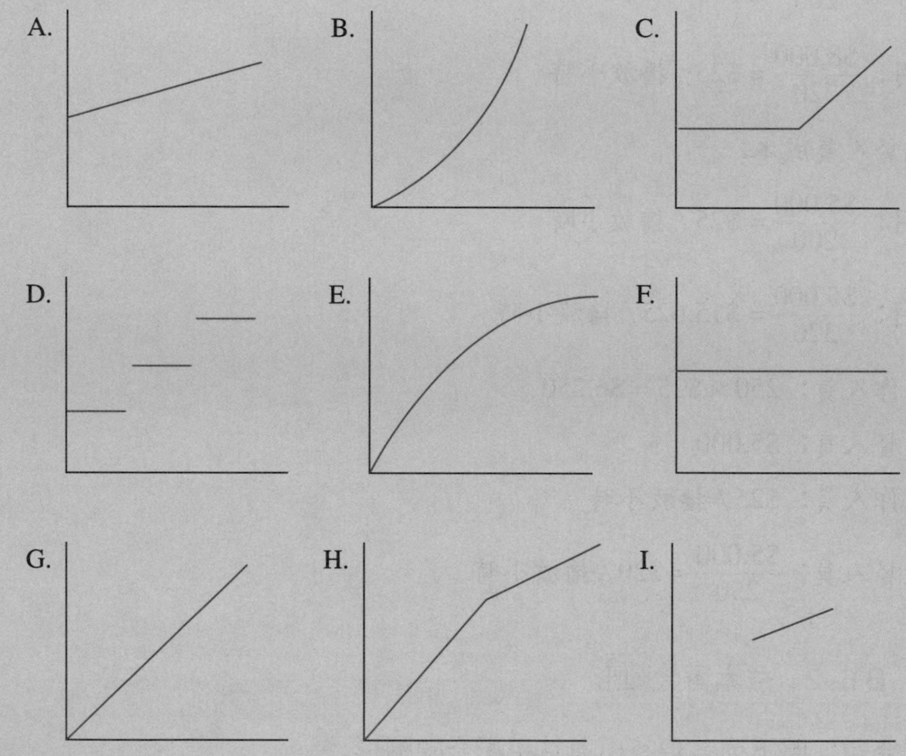

A.　B.　C.

D.　E.　F.

G.　H.　I.

解：

1. F；　2. D；　3. B；　4. G；　5. I；　6. A；　7. C；　8. H；　9. E。

B 6-3　成本習性的分類

唐氏肉品公司生產的熱狗是北部最著名的熱狗之一。該公司會計長係利用帳戶分類法編列下列資訊：

a. 折舊表顯示每個月的建築物和設備的折舊費用為$9,500。

b. 檢查幾張肉品包裝業者的發票之後發現，每生產一磅熱狗的肉品成本為$2.2。

c. 工資記錄顯示每生產一磅熱狗所需的生產人工工資是$1.4。

d. 薪資記錄顯示監督人員成本是每個月$5,000。

e. 水電費帳單顯示該公司每個月會發生$2,000水電成本，外加每生產一磅熱狗$0.4。

試作：

1. 把每一項成本區分為固定、變動或半變動成本。
2. 該公司的生產成本的習性用成本公式表示（利用 Y = a + bX 的形式，其中Y表生產成本，而X表生產之熱狗磅數）。

解：

1.

項　目	固　定	變　動	半變動
a.	✓		
b.		✓	
c.		✓	
d.	✓		
e.			✓

2. Y = a + bX

　= $16,500 + $4X

a = $9,500 + $5,000 + $2,000

b = $2.2 + $1.4 + $0.4

B 6-4　混合成本的計算

弘翔公司90年1月至12月成本資料如下：

月　份	乘客數	成　本
1	1,400	$11,350
2	1,200	11,350
3	1,100	11,050
4	2,600	12,120
5	1,800	11,400
6	2,000	12,000
7	2,400	12,550
8	2,200	11,100
9	1,000	10,200
10	1,300	11,250
11	1,600	11,300
12	1,800	11,700

試作:

1. 繪製散布圖並估計該公司成本習性模式中的變動成本及固定成本。
2. 利用1估計值，列出代表該部門成本習性的方程式。

解:

1.

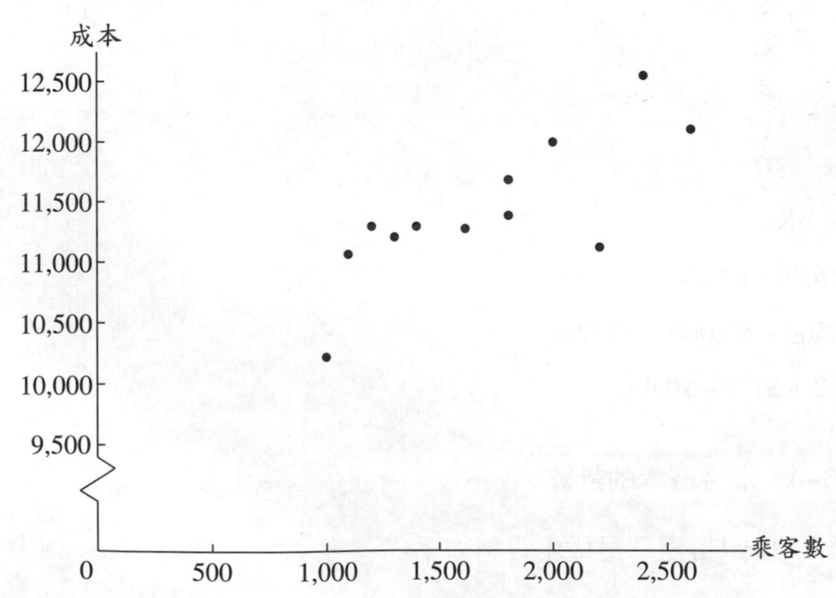

固定成本 = $9,700

估計變動成本之部分，選擇任2點

乘客數	成　本
0	$ 9,700
2,000	11,700

$$單位變動成本 = \frac{\$11,700 - \$9,700}{2,000 - 0} = \$1.00$$

2. X表乘客數

總成本 = $9,700 + $1.00X

B 6–5　帳戶分類

長島食品公司生產一種香腸，公司的會計人員採用帳戶分類法來編列下列的資料：

1. 由肉品供應公司所開的發票得知，在公司所生產的每磅香腸產品中，肉類成本為$1.00。
2. 折舊表中顯示廠房及設備每月的折舊費用為$20,000。
3. 工資記錄中顯示生產線上的員工，其工資為每磅香腸$0.80。
4. 薪資帳戶中說明管理人員薪資總額為每月$8,000。
5. 由電費帳單得知，公司每月所花的電費為$4,000加上每生產一磅香腸$0.20。

試作：

1. 將每個成本項目區分為變動成本、固定成本、半變動成本。
2. 列出成本公式來表示公司生產成本的成本習性（使用 Y = a + bX 的形式，Y表生產成本，X表生產香腸的磅數）。

解：

1.

項　目	變動成本	固定成本	半變動成本
1.	✓		
2.		✓	
3.	✓		
4.		✓	
5.			✓

2. Y = ($20,000 + $8,000 + $4,000) + ($1.00 + $0.80 + $0.20)X

   Y = $32,000 + $2.00X

B 6-6 高低點法

貝樂汽車旅遊社在上半年產生的汽車維修成本如下：

月　份	汽車行駛公里數	成　本
1	8,000	$27,500
2	8,500	28,500
3	10,600	29,000
4	12,700	29,250
5	15,000	30,000
6	20,000	30,500

試作：

1. 利用高低點法來估計每行駛一公里的變動成本及每月的固定成本。
2. 列出成本習性的方程式。
3. 當行駛22,000公里時，預估其維修成本為何？

解：

1. 每公里變動成本 $= \dfrac{\$30,500 - \$27,500}{20,000 - 8,000} = \$0.25$ / 公里

   固定成本 = $30,500 − 20,000 × $0.25 = $25,500

2. 總維修成本 = \$25,500 + \$0.25 × 每月行駛公里數

3. 不能預估維修成本為何，蓋因22,000公里已超過高低點法所得的方程式之攸關範圍8,000～20,000公里之間，所以原預測模式不能適用。但若22,000公里的成本習性仍相同，則成本為\$31,000 (= \$25,500 + 22,000 × \$0.25)。

B 6–7　攸關範圍及成本估計

三峽公司租賃了一套設備，運用於公司的營運中，租借合約中明示設備每月若使用時數少於40個小時，則租金為\$2,000；如果使用時數超過40個小時，則租金為\$2,000外加超過40小時部分，每一小時為\$10。

試作：

1. 繪圖表示三峽公司每個月從0～100小時，所應支付的租金。
2. 如果三峽公司預計每月使用該設備為20～30小時，則他們應如何決定這個租金成本習性？試繪圖表示之。
3. 假設三峽公司預計每月使用該設備為70～100小時，在70小時的使用量及100小時的使用量的租金成本各為何?試使用高低點法來分析成本習性，求出成本方程式，並繪圖表示之。

解：

1.

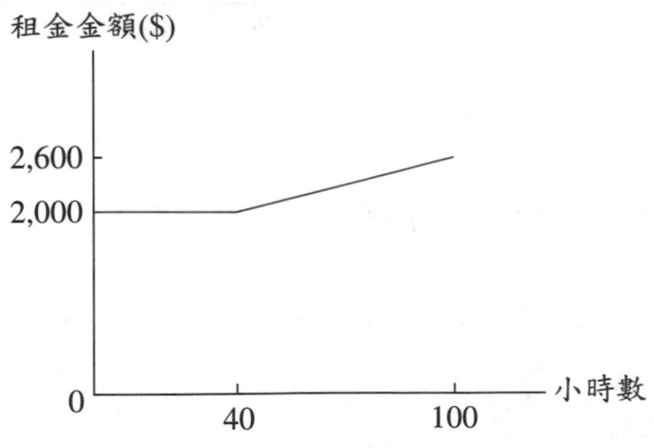

2. 在此假設中，應將租金成本分類為固定成本。

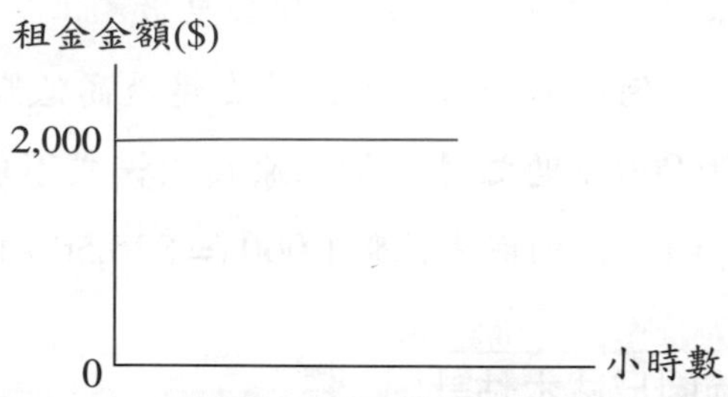

3. 使用量70小時：租金成本 = $\$2,000 + (70 - 40) \times \$10 = \$2,300$

使用量100小時：租金成本 = $\$2,000 + (100 - 40) \times \$10 = \$2,600$

利用高低點法 $Y = a + bX$

每小時變動成本 $b = \dfrac{\$2,600 - \$2,300}{100 - 70} = \$10$

固定成本 $a = \$2,600 - 100 \times \$10 = \$1,600$

$Y = \$1,600 + \$10X$

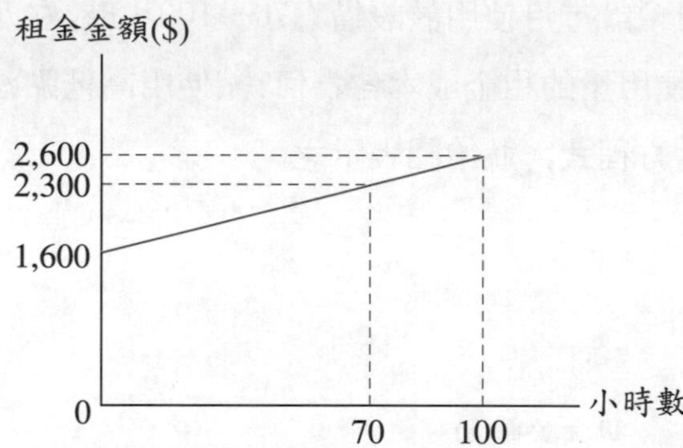

B 6-8 高低點法

泰恩公司蒐集過去8個月來的製造成本如下：

月　份	數　量	總成本
1	220	$ 42,000
2	310	51,000
3	560	74,000
4	170	37,000
5	630	83,000

6	810	101,000
7	505	70,500
8	300	50,000

試利用高低點法求出固定成本及單位變動成本。

解:

設方程式為 Y = a + bX（Y為總成本，X為數量）

$$b = \frac{\$101,000 - \$37,000}{810 - 170} = \$100$$

$$a = \$101,000 - \$100 \times 810 = \$20,000$$

或

$$a = \$37,000 - \$100 \times 170 = \$20,000$$

固定成本為 $20,000

單位變動成本 $100/ 單位

B 6-9 圖形分析

貝蒂公司成本會計人員蒐集近10個月的資料如下：

月　份	直接人工小時	物料費用
1	450	$600
2	475	700
3	500	750
4	550	650
5	725	900
6	750	800
7	675	825
8	525	725
9	600	775
10	625	850

試作：將上述資料繪製成圖，並計算物料費用中固定及變動的部分。

解:

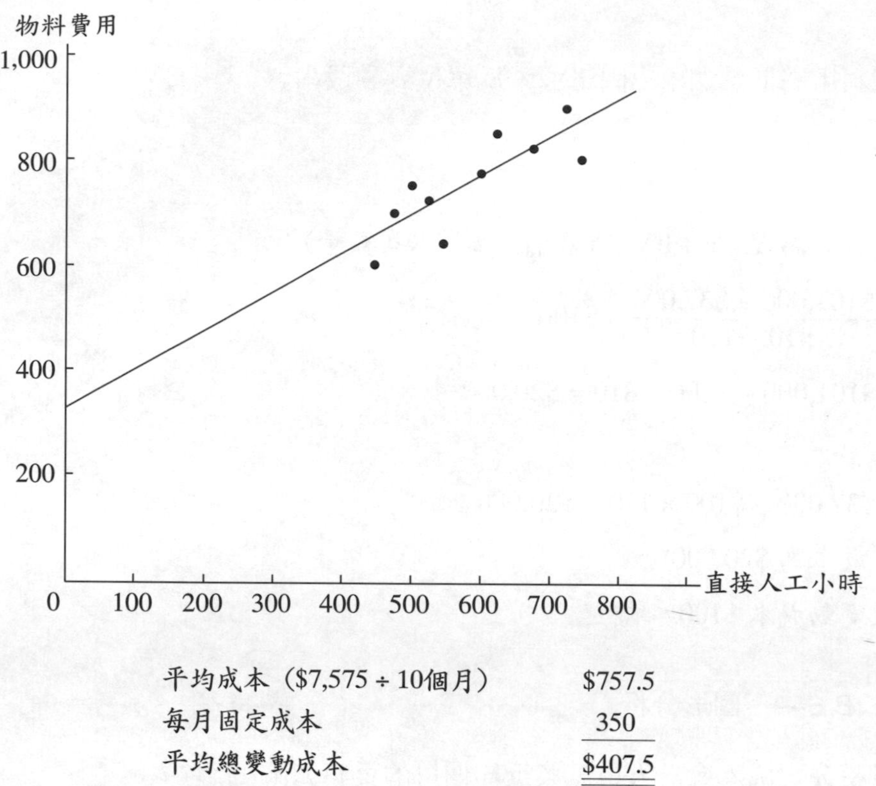

平均成本（$7,575 ÷ 10個月）	$757.5
每月固定成本	350
平均總變動成本	$407.5

$$每直接人工小時之變動成本 = \frac{平均總變動成本}{總直接人工小時 \div 總月份}$$

$$= \frac{\$407.5}{5,875 \div 10}$$

$$= \$0.6936$$

B 6-10 迴歸分析的信賴區間

朝陽公司以統計迴歸方法估計工廠保養費用，其分析結果如下:

係　數(b)	$693.56
截　距(a)	$82,824.25
r^2	0.9805
每小時平均成本	$900.625

係數之標準差(S_b)	30.97
迴歸式之標準差(S_e)	8,802.86
$t_{0.025}$	2.23

試作：b的信賴區間？

解：

$693.56 \pm 2.23 \times 30.97$

$= 693.56 \pm 69.0631$

$= 762.6231 \sim 624.4969$

B 6-11 迴歸分析的信賴區間

科技公司90年7月至12月其相關資料如下：

月份	直接人工小時	製造費用（千元）
7	3,600	$3,100
8	4,500	3,300
9	3,000	2,900
10	2,500	2,800
11	5,000	3,500
12	5,400	3,800

b = 0.321752

$(X平均差)^2$ 為6,620,000

$(估計差)^2$ 為28,001.01

試作：b 之信賴區間為何？（$t_{0.025} = 2.776$）

解：

$$S_b = \sqrt{\frac{28,001.01}{6-2}} \times \frac{1}{\sqrt{6,620,000}} = 0.03252$$

$0.321752 \pm 0.03252 \times 2.776$

$= 0.231481 \sim 0.41202$

b信賴區間為 0.231481～0.41202

二、進階題

A 6-1 不同方案的成本取捨

你正在計畫去租一輛卡車來搬家，而使用時間只需一天，你問了兩家卡車租賃公司，兩家公司都只願出租來回行程；換句話說，你必須將卡車開還到租賃公司。

甲公司提供你每天租金$45，加上每公里$0.15；而乙公司提供你每天租金$35，外加每公里$0.25。

試作：

1. 如果你預期行程為110公里，則為了支付最低租金，你應該選哪一家？
2. 如果你預期行程為65公里，則為了支付最低租金，你應該選哪一家？
3. 多少公里的行程會使得向甲公司租借成本等於向乙公司租借的成本？
4. 如果你開的公里數超過了問題3所得之公里數時，則你應該向哪一家公司租借？為什麼？

解：

1. 甲公司租借成本 = $45 + $0.15 × 110 = $61.5

   乙公司租借成本 = $35 + $0.25 × 110 = $62.5

   ∴應向甲公司租借成本會較低

2. 甲公司租借成本 = $45 + $0.15 × 65 = $54.75

   乙公司租借成本 = $35 + $0.25 × 65 = $51.25

   ∴應向乙公司租借成本會較低

3. 設M為應開的公里數

   $45 + $0.15 × M = $35 + $0.25 × M

   M = 100公里

   故在 100 公里時，向二家公司租借的成本將會相同。

4. 如果超過100公里，則應向甲公司租借。因為在100公里時，二公司的總成本相同，但一旦超過100公里，如果向甲公司租借，則每多一公里就增加$0.15，若向乙公司租借，則每多一公里就增加$0.25。

A 6-2　成本習性分析

試將下列各成本項目分為變動成本、固定成本、半變動成本或階梯成本。

1. 生產所使用的原料成本。
2. 製造部門管理者的薪資。
3. 採購部門專職採購人員的薪資，但每位採購人員的業務量有一定的限度，當業務增加時，則需增加人員。
4. 設備以直線法提列折舊費用。
5. 根據使用量來計算的電腦服務成本。
6. 根據電腦資料處理預算的預定百分比，來計算的電腦服務成本。
7. 廠房地區安全人員的薪資。
8. 廠房及設備的保險費。
9. 設備維修成本。
10. 銷售佣金。
11. 驗收部門驗收員的薪資。
12. 公司的電費，在一定使用量內需支付最低基本費，再加上超過此限制後每一瓦特再加價。

解:

1. 變動成本。
2. 固定成本。一般而言，管理者的薪資是固定的，然而產量擴充至某一點時，可能就需要再多一位管理者。在攸關範圍及既定的情況下，此成本習性應為固定的。
3. 階梯成本。當產量增加時，則需要較多的專職採購人員。此成本不同於管理者薪水。小規模生產的增加會使更多原料及組成分子的採購增加。因此，在生產活動的攸關範圍內，對於所需採購人員的人數，會有較大幅度的改變。

4. 固定成本。

5. 變動成本。使用電腦服務部門的電腦成本，就像是變動成本，使用量愈大，需支付的價格愈高。對於電腦成本本身來說，可能是變動成本、半變動成本或固定成本，因為電腦成本包括設備租借、薪資、配件等，但是對該服務的內部使用者而言，若根據使用量來計算，此成本則視為變動成本。

6. 固定成本。電腦資源的使用方式之另一種，是以百分比的基礎來分配預算，當在編製電腦服務部門預算時，則會估計每一個使用部門，將會使用多少電腦服務。因此，不論各使用者使用了多少電腦服務，所分配的成本是固定的。

7. 固定成本。安全人員的人數不會隨著生產活動水準的改變而改變，所以產出數量變成二倍時，安全人員人數仍可能不變。不過如果安全人員的工作是作臨檢服務，如在進出口處，則此成本可能成為階梯成本。

8. 固定成本。

9. 混合成本。基本維修成本總是必需的，混合成本中的變動部分是指用於維修活動中所需的零件，而固定部分則是如專職維修人員的薪資。

10. 變動成本。

11. 階梯成本。

12. 半變動成本或混合成本。固定成本是基本價格，然而變動部分則是指超過的部分，由於廠房使用電力的活動不一定與產量有關，所以使用的瓦特數不一定會隨著產量而變動。如果沒有更多的資訊，此成本可能有許多不同的型態。

A 6-3 成本習性圖形

請繪出下列的每一種成本習性的圖形，以病人住院天數為橫軸，成本為縱軸。

1. 每月管理幕僚人員的薪資及其他津貼之成本，總額為$120,000。

2. 飲食成本隨著病人住院天數而正比例變動，在1月時，醫院提供3,000工作天的醫療服務，而飲食成本為$240,000。
3. 醫院的實驗成本包括二部分：(1)每月實驗室員工的報酬及設備折舊之和為$80,000；(2)每一病人天數需要$20，用來作為試驗的化學及其他原料的成本。
4. 電費是視每一個月中使用的瓦特數所計得，若每月少於 2,000 個病人天數，則使用2瓦特，會產生$40,000 的電費；若多於2,000個病人天數，則當作使用3瓦特，產生$60,000 的電費。
5. 醫院中的許多護士都是兼差職員，因此所提供的護理醫療時數可依所需特殊時間而作調整。至於護士的薪資及其他津貼預估為每多提供200個病人天數的看護可多得$2,500，也就是說，看護成本在1至200個病人天數內為$2,500，201個至400個病人天數則為$5,000，401個至600個病人天數則為$7,500，以此類推。

解：

1. 管理幕僚的薪資及其他紅利之成本：

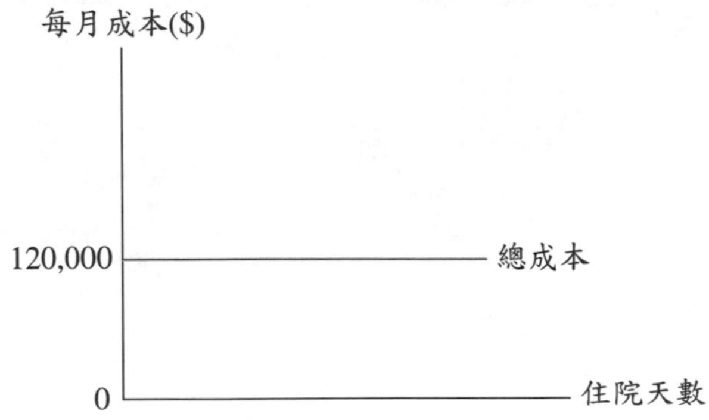

2. 飲食成本：

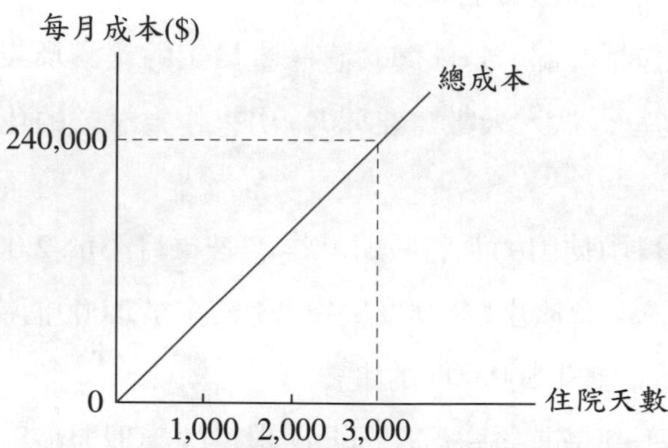

3. 實驗成本：

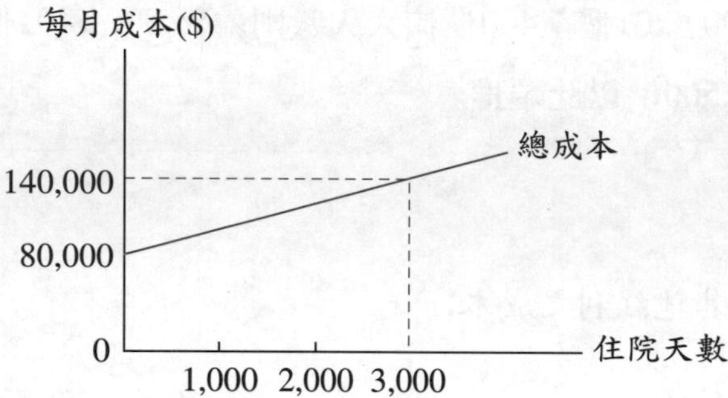

4. 電費：

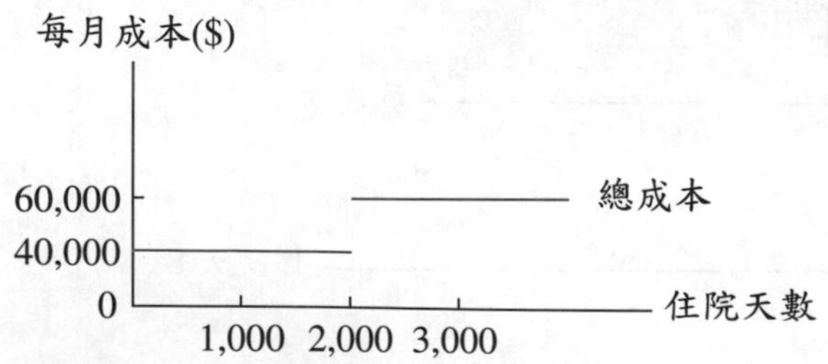

5. 醫療成本：

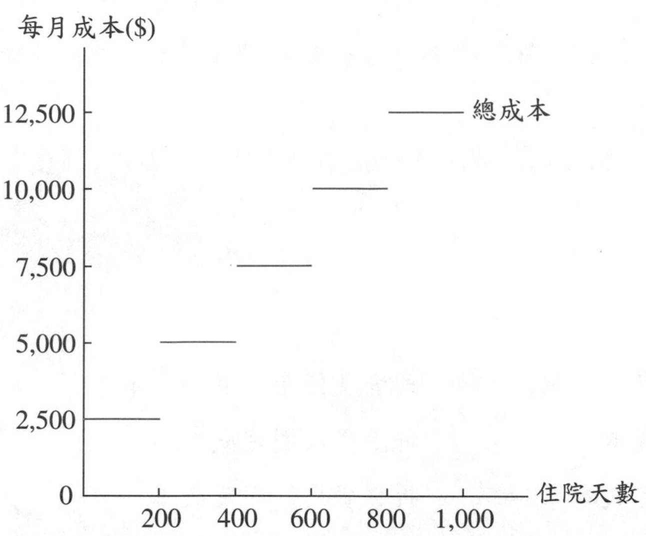

A 6-4　高低點法

安仕公司為一製造公司，擁有自己的工廠，同時也是一種強勢產品的獨家代理經銷商，公司過去三年內的損益列示如下：

安仕公司
部分損益表
90年、91年及92年度

	90年度	91年度	92年度
銷售數量	600	750	900
銷貨收入	$504,000	$630,000	$756,000
銷貨成本	(201,600)	(252,000)	(302,400)
銷貨毛利	$302,400	$378,000	$453,600
銷管費用：			
運　費	$ 66,000	$ 75,000	$ 84,000
廣告費	80,000	80,000	80,000
薪資及佣金	128,400	150,000	171,600
保險費	12,000	12,000	12,000
折舊費用	45,000	45,000	45,000
總銷管費用	$331,400	$362,000	$392,600
淨　利（損）	$ (29,000)	$ 16,000	$ 61,000

試作：

1. 將公司的每種成本費用歸類為變動成本、固定成本或混合成本。
2. 使用高低點法，將混合成本分為變動成本、固定成本，並將每一混合成本列示。
3. 將800單位銷售量代入成本方程式中計出各成本費用，並重新編製安仕公司的損益表。

解：

1. 銷貨成本：變動成本　　薪資及佣金：混合成本
   運費：混合成本　　保險費：固定成本
   廣告費：固定成本　　折舊費用：固定成本

2. (1)運費：

$$單位變動運費 = \frac{\$84,000 - \$66,000}{900 - 600} = \$60/單位$$

$$固定運費 = \$84,000 - 900 \times \$60 = \$30,000$$

(2)薪資及佣金：

$$單位變動薪資 = \frac{\$171,600 - \$128,400}{900 - 600} = \$144/單位$$

$$固定薪資 = \$171,600 - 900 \times \$144 = \$42,000$$

3.

安仕公司
損益表
××年度

銷售數量		800
銷貨收入		$ 672,000
銷貨成本		(268,800)
銷貨毛利		$ 403,200
銷管費用：		
運　費($30,000 + $60 × 800)	$ 78,000	
廣告費	80,000	
薪資及佣金($42,000 + $144 × 800)	157,200	

保險費	12,000	
折舊費用	45,000	
總銷管費用		372,200
淨　利		$ 31,000

A 6–5　科技成本的成本效益衡量

艾迪製造商是一家戶外運動器材零售商，目前正考慮使用自動化訂購程序，二種不同方法之估計成本如下：

	方法一	方法二
每年固定成本	$150,000	$300,000
單位變動成本	$5	$2.50
預期訂購數量	70,000	70,000

在預期訂購數量下，哪一種方法的成本較低？多少訂單量可達損益平衡？而此訂購水準的意義為何？

解：

此問題牽涉到短期決策與資本預算的章節，此題省略稅捐、投資成本及貨幣的時間價值等因素。

	方法一	方法二
每訂單的變動成本	$5.00	$2.50
預期訂購數量	70,000	70,000
每年變動成本	$350,000	$175,000
每年固定成本	150,000	300,000
每年總成本	$500,000	$475,000

因此，方法二較方法一少$25,000。

設X為損益平衡時的訂購量，則

方法一的成本 = 方法二的成本

$150,000 +$ 5X = $300,000 +$ 2.5X

$\$2.5X = \$150{,}000$

$X = 60{,}000$

當數量為60,000時，二種方法其成本是相同的，如果訂購水準預期會低於60,000時，則方法一由於有較低的固定成本則成本會較低；但若訂購水準預期會高於60,000，則方法二因為其變動成本較低，所以有較低的成本。

A 6-6 迴歸分析法

青青公司蒐集的資料如下：

月　份	產　量	生產成本
7	8,000	$10,195
8	6,000	10,216
9	3,000	10,157
10	2,000	10,138
11	10,000	10,290

試利用迴歸分析法，求出單位變動成本及每月固定成本。

解：

$Y = a + bX$

月　份	生產單位(X)	製造成本(Y)	X^2	XY
7	8,000	$10,195	64,000,000	$ 81,560,000
8	6,000	10,216	36,000,000	61,296,000
9	3,000	10,157	9,000,000	30,471,000
10	2,000	10,138	4,000,000	20,276,000
11	10,000	10,290	100,000,000	102,900,000
	29,000	$50,996	213,000,000	$296,503,000

$$b = \frac{n\Sigma XY - (\Sigma X)(\Sigma Y)}{n\Sigma X^2 - (\Sigma X)^2}$$

$$= \frac{5 \times \$296{,}503{,}000 - 29{,}000 \times \$50{,}996}{5 \times 213{,}000{,}000 - (29{,}000)^2}$$

$= \$0.0162$

$$a = \frac{(\Sigma Y)(\Sigma X^2) - (\Sigma X)(\Sigma XY)}{n\Sigma X^2 - (\Sigma X)^2}$$

$$= \frac{\$50,996 \times 213,000,000 - 29,000 \times \$296,503,000}{5 \times 213,000,000 - (29,000)^2}$$

$\fallingdotseq \$10,105$

單位變動成本 = $0.0162

每月固定成本 = $10,105

A 6-7　評估成本習性

清奇公司的生產經理正在分析用於冷卻廠房機器的水所耗用的成本，今年度前10個月的資料如下：

月　份	機器小時	用水成本
1	2,400	$ 3,000
2	2,600	3,240
3	2,200	2,520
4	1,800	2,280
5	1,600	2,160
6	2,000	2,400
7	1,800	2,280
8	2,200	2,400
9	1,600	2,160
10	1,800	2,520
	20,000	$24,960

試作：

1. 使用下列二種方法計算用水的固定成本及變動成本，並列示成本方程式。
   (1)迴歸分析模式。
   (2)高低點法。
2. 如果下個月機器將使用2,500小時，則利用上題二種方式所計得的成本各為何?

解:

1.(1)

月　份	X	Y	X^2	XY
1	2,400	$ 3,000	5,760,000	$ 7,200,000
2	2,600	3,240	6,760,000	8,424,000
3	2,200	2,520	4,840,000	5,544,000
4	1,800	2,280	3,240,000	4,104,000
5	1,600	2,160	2,560,000	3,456,000
6	2,000	2,400	4,000,000	4,800,000
7	1,800	2,280	3,240,000	4,104,000
8	2,200	2,400	4,840,000	5,280,000
9	1,600	2,160	2,560,000	3,456,000
10	1,800	2,520	3,240,000	4,536,000
	20,000	$24,960	41,040,000	$50,904,000

$$a = \frac{(\Sigma Y)(\Sigma X^2) - (\Sigma X)(\Sigma XY)}{n\Sigma X^2 - (\Sigma X)^2}$$

$$= \frac{\$24,960 \times 41,040,000 - 20,000 \times \$50,904,000}{10 \times 41,040,000 - (20,000)^2}$$

$$= \$604$$

$$b = \frac{n\Sigma XY - (\Sigma X)(\Sigma Y)}{n\Sigma X^2 - (\Sigma X)^2}$$

$$= \frac{10 \times \$50,904,000 - 20,000 \times \$24,960}{10,400,000}$$

$$= \$0.946$$

$$Y = \$604 + \$0.946X$$

(2) $$b = \frac{\$3,240 - \$2,160}{2,600 - 1,600} = \$1.08$$

$$a = \$3,240 - 2,600 \times \$1.08 = \$432$$

$$Y = \$432 + \$1.08X$$

2.(1)成本 = \$604 + \$0.946 × 2,500 = \$2,969

(2)成本 = \$432 + \$1.08 × 2,500 = \$3,132

A 6-8　迴歸分析

大西洋航線近幾個月的機上服務成本列示如下：

月　份	乘　客	機上服務成本
1	15,000	\$27,000
2	18,000	30,000
3	17,000	28,500
4	16,000	27,000
5	17,000	27,000
6	16,000	28,500

試作：

1. 用最小平方法來估計航線機上服務的成本習性，並寫出該迴歸方程式。
2. 計算迴歸方程式的r^2。

解：

1.

月　份	X	Y	X^2	XY
1	15,000	\$ 27,000	225,000,000	\$ 405,000,000
2	18,000	30,000	324,000,000	540,000,000
3	17,000	28,500	289,000,000	484,500,000
4	16,000	27,000	256,000,000	432,000,000
5	17,000	27,000	289,000,000	459,000,000
6	16,000	28,500	256,000,000	456,000,000
	99,000	\$168,000	1,639,000,000	\$2,776,500,000

$$a = \frac{(\Sigma Y)(\Sigma X^2) - (\Sigma X)(\Sigma XY)}{n\Sigma X^2 - (\Sigma X)^2}$$

$$= \frac{\$168,000 \times 1,639,000,000 - 99,000 \times \$2,776,500,000}{6 \times 1,639,000,000 - (99,000)^2}$$

$= \$14,500$

$$b = \frac{n\Sigma XY - (\Sigma X)(\Sigma Y)}{n\Sigma X^2 - (\Sigma X)^2}$$

$$= \frac{6 \times \$2,776,500,000 - 99,000 \times \$168,000}{6 \times 1,639,000,000 - (99,000)^2}$$

$$= \frac{\$9}{11} \fallingdotseq \$0.818$$

$$Y = \$14,500 + \frac{\$9}{11}X$$

2. $r^2 = 1 - \dfrac{\Sigma(Y - \hat{Y})^2}{\Sigma(Y - \bar{Y})^2}$

月　份	Y	$\hat{Y}$	$(Y - \hat{Y})^2$	$(Y - \bar{Y})^2$
1	\$ 27,000	\$26,773	\$ 51,529	\$1,000,000
2	30,000	29,227	597,529	4,000,000
3	28,500	28,409	8,281	250,000
4	27,000	27,591	349,281	1,000,000
5	27,000	28,409	1,985,281	1,000,000
6	28,500	27,591	826,281	250,000
	\$168,000		\$3,818,182	\$7,500,000

$$\bar{Y} = \frac{\$168,000}{6} = \$28,000$$

$$r^2 = 1 - \frac{\$3,818,182}{\$7,500,000} = 0.49$$

參、自我評量

6.1 成本習性的意義

1. 成本習性是指營運活動發生變動時，成本有所因應的改變。

解：○

2. 成本習性分析之目的，是為了使管理者便於決策制定、規劃及控制。

解：○

6.2 成本習性的分類

1. 下列何者不是成本習性型態？

A. 固定成本。

B. 混合成本。

C. 變動成本。

D. 直接成本。

解：D

詳解：成本習性型態為：固定成本、混合成本、變動成本。

2. 與公司所擁有的廠房、設備及基本組織有關的成本是：

A. 混合成本。

B. 變動成本。

C. 既定成本。

D. 任意成本。

解：C

詳解：D任意成本也稱為計畫成本或支配成本，此類成本在性質上屬於固定成本，但由管理者作支出決策。

6.3 攸關範圍

1. 在攸關範圍內，當產量增加時：

A. 總固定成本增加。

B. 總變動成本正比例增加。

C. 單位變動成本正比例增加。

D. 單位固定成本不變。

解：B

詳解：在攸關範圍內，當產量增加時，總固定成本不變、總變動成本正比例增加、單位變動成本會先遞減而漸趨固定、單位固定成本則會遞減。

2. 成本和成本動因在攸關範圍內，其關係是一定的。

解：○

6.4 成本估計

1. 利用高低點法求出下列資料的單位變動成本：

月	生產量(X)	間接製造成本(Y)
1	38	$ 387
2	40	402
3	24	249
4	26	268
5	45	453
6	28	282
7	35	351
8	42	427
9	34	343
10	36	365
11	41	412
12	32	328
合　計	421	$4,267

解：高點：(45, 453)

低點：(24, 249)

單位變動成本：($453 − $249) ÷ (45 − 24) = $9.7

2. 下列何者不是成本估計時常用的方法？

A. 高低點法。

B. 散布圖法。

C. 帳戶分類法。

D. 安全邊際法。

解：D

6.5 迴歸分析

1. 迴歸分析的基本假設：

A. 誤差項符合常態分配。

B. 誤差項之間具相關性。

C. 自變數與依變數間無直線關係。

D. 誤差項的期望值為1。

解：A

詳解：迴歸分析：誤差項符合常態分配、誤差項之間具獨立性、自變數與依變數間為直線關係、誤差項的期望值為0。

2. 請用迴歸分析的方式來估計下列資料的成本模式：

月	生產量(X)	間接製造成本(Y)
1	38	$ 387
2	40	402
3	24	249
4	26	268
5	45	453
6	28	282
7	35	351
8	42	427
9	34	343
10	36	365
11	41	412
12	32	328
合　計	421	$4,267

解：

月	生產量(X)	間接製造成本(Y)	X^2	XY
1	38	$ 387	1,444	$ 14,706
2	40	402	1,600	16,080
3	24	249	576	5,976
4	26	268	676	6,968

5	45	453	2,025	20,385
6	28	282	784	7,896
7	35	351	1,225	12,285
8	42	427	1,764	17,934
9	34	343	1,156	11,662
10	36	365	1,296	13,140
11	41	412	1,681	16,892
12	32	328	1,024	10,496
合 計	421	$4,267	15,251	$154,420

Y = a + bX

a = [($4,267)(15,251) − (421)($154,420)] ÷ 12(15,251) − (421)(421) = $11.30

b = [12($154,420) − (421)($4,267)] ÷ [12(15,251) − (421)(421)] = $9.81

Y = $11.3 + $9.81X

第7章

成本一數量一利潤分析

壹、作業解答

一、選擇題

1. 適用於成本一數量一利潤分析的損益表，通常包括哪個項目?

   A. 邊際貢獻。

   B. 損益平衡單位銷售。

   C. 損益平衡金額銷售。

   D. 目標淨利。

解：A

2. 公司一般較偏愛高水準的營運槓桿，它代表的意義是：

   A. 較少數量，且每單位有較高的固定費用和較低的變動費用。

   B. 較多數量，且每單位有較高的固定費用和較低的變動費用。

   C. 較少數量，且每單位有較低的固定費用和較高的變動費用。

   D. 較多數量，且每單位有較低的固定費用和較高的變動費用。

解：A

3. 在基本的成本一數量一利潤分析方程式中，不需要下列哪一項變數?

   A. 單位售價。

   B. 單位變動費用。

   C. 總固定費用。

   D. 銷貨收入。

解：D

4.在方程式$Q = \frac{F}{P - V}$中，如果每次只更改一個變數，則下列哪一種情形正確？

A.當F增加時，Q會減少。

B.當P增加時，Q會增加。

C.當V增加時，Q會增加。

D.當V增加時，Q會減少。

解：C

5.下列各項關於損益平衡分析的敘述，除了何者以外，其他都正確？

A.固定成本改變，將會改變損益平衡點，但不會影響邊際貢獻。

B.同時改變固定與變動成本，將會造成損益平衡點的變動。

C.固定成本的改變，將會改變邊際貢獻，但不會影響損益平衡點。

D.每單位變動成本的改變，將會改變邊際貢獻率。

解：C

6.關於「安全邊際」，何者是會計人員必須謹記在心的？

A.銷貨收入超過變動成本的部分。

B.預算或實際銷貨收入超過固定成本的部分。

C.實際或預算銷貨量超過損益平衡銷貨量的部分。

D.以上皆非。

解：C

二、問答題

1.何謂損益平衡點分析？

解：損益平衡點分析的意義如下：

(1)所謂損益平衡點分析(Break-Even-Point Analysis)是成本－數量－利潤分析中令利潤為零的一種分析方法。

(2)所謂損益平衡點，係指總收入等於總成本（利潤為零）時的銷售數量或銷售額。

(3)經由損益平衡點分析，可瞭解當銷貨數量超過某一定量時會有利潤的產生；反之，當銷貨數量低於某一定量時會發生損失。

2. 試列出公式並舉例說明計算損益平衡點的三種方法，即方程式法、邊際貢獻法及圖解法。

解：中興公司產銷兒童零食，其中以糖果為主。糖果一包變動成本為$4，售價為$10，每月的固定成本為$12,000，試問該公司每月的損益平衡點。

⑴方程式法：

①公式：（單位售價 × 銷售數量）－〔（單位變動成本 × 銷售數量）＋固定成本〕＝0

②釋例解答：設銷售數量為Q

$(\$10 \times Q) - (\$4 \times Q + \$12{,}000) = \$0$

銷售數量：Q = 2,000（包）

銷售金額：2,000 × $10 = $20,000

⑵邊際貢獻法：

①公式：

$$損益平衡點的銷售數量 = \frac{固定成本}{單位邊際貢獻}$$

$$損益平衡點的銷售金額 = \frac{固定成本}{邊際貢獻率}$$

②釋例解答：

單位邊際貢獻 = $10 − $4 = $6

$$損益平衡點的銷售數量 = \frac{\$12{,}000}{\$6} = 2{,}000（包）$$

$$邊際貢獻率 = \frac{\$6}{\$10} = 60\%$$

$$損益平衡點的銷售金額 = \frac{\$12{,}000}{60\%} = \$20{,}000$$

⑶圖解法：

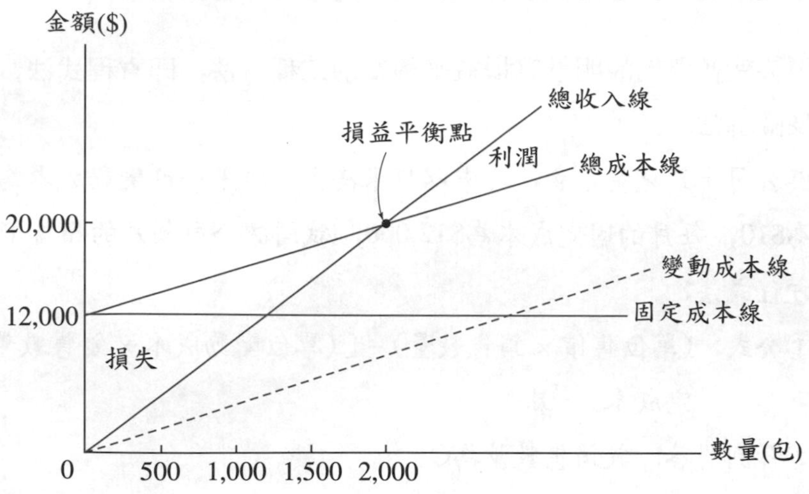

3.何謂目標利潤?

解:所謂目標利潤,就是公司企業所欲達成的特定利潤水準。企業訂定目標利潤水準,有助於績效的提升和缺失的糾正。

4.試以方程式法與邊際貢獻法列出公式,說明稅前目標利潤與稅後目標利潤。

解:⑴稅前目標利潤:

①方程式法:

(單位售價×銷售數量)-(單位變動成本×銷售數量+固定成本)=稅前目標利潤

②邊際貢獻法:

$$特定目標利潤的銷售數量=\frac{固定成本+目標利潤}{單位邊際貢獻}$$

⑵稅後目標利潤:

①方程式法:

〔(單位售價×銷售數量)-(單位變動成本×銷售數量+固定成本)〕×(1-稅率)=稅後目標利潤

②邊際貢獻法:

$$特定稅後目標利潤的銷貨數量 = \frac{固定成本 + \dfrac{稅後目標利潤}{1 - 稅率}}{單位邊際貢獻}$$

5. 試比較利量圖與成本一數量一利潤圖的優缺點。

解：利量圖和成本一數量一利潤圖的優缺點分別敘述如下：

(1)利量圖：可直接看出每一個銷貨水準下的損益，但無法瞭解該銷貨水準下的成本金額。

(2)成本一數量一利潤圖：除可瞭解在每一個銷貨水準下，總收入與總成本的成本金額，亦可將總收入減去總成本後，得知損益金額。

6. 何謂安全邊際？試列出安全邊際的公式。

解：(1)安全邊際可定義為銷售金額（或銷售數量）超過損益平衡點的部分。

(2)安全邊際的公式可以下列二種方式來表示：

①安全邊際 = 預計銷售金額（或數量）－損益平衡點銷售金額（或數量）

②安全邊際 = 實際銷售金額（或數量）－損益平衡點銷售金額（或數量）

7. 試舉例說明當單位售價改變，而其他條件不變時，損益平衡點之敏感度分析。

解：當只改變單位售價時，損益平衡點的敏感度分析如下：

	單位售價	
	高	低
利　潤	高	低
邊際貢獻	高	低
利量圖中淨利線	陡	平
損益平衡點銷貨金額	低	高

8. 試舉例說明當單位售價與銷售數量同時改變，而其他條件不變時，損益平衡點之敏感度分析。

解：在某些情況下，降低價格增加銷售量可能為企業帶來較大的利潤。但究竟何種的價量關係對企業最為有利，需視產品的需求彈性而定。

9.何謂成本結構？無差異銷售點的意義又為何？

解：⑴所謂成本結構(Cost Structure)是指總成本中固定成本與變動成本所占的相對比重。

⑵對於兩種不同成本結構的產品，而有相同利潤的銷貨水準。

10.說明營運槓桿的定義及主要目的。

解：營運槓桿的定義及主要目的如下：

⑴定義：衡量企業組織使用固定資產的程度，稱為營運槓桿。

⑵主要目的：衡量企業成本結構中，固定成本運用的程度。

11.試述營運槓桿係數所代表的意義。

解：在不同的銷貨水準，其營運槓桿係數亦不相同，當銷貨水準愈接近損益平衡點時，營運槓桿係數的絕對值愈大。

12.成本—數量—利潤分析模式主要的假設為何？

解：成本—數量—利潤分析模式的主要假設如下：

⑴銷貨數量是影響銷貨收入與變動成本的唯一因素，且在攸關範圍(Relevant Range)內，銷貨收入和變動成本與銷貨數量呈線性關係。

⑵企業所發生的成本可區分為變動及固定兩部分。

⑶固定成本在攸關範圍內總數維持不變，亦即成本—數量—利潤分析係在某一特定產能水準下進行分析。

⑷銷貨的產品組合比例不變。

⑸本期生產數量等於本期銷售數量，亦即無存貨或存貨水準不變。

貳、習　題

一、基礎題

B 7-1　損益平衡點分析

人人公司銷售量與價的關係式如下：Q = 2,000 – 4P（Q = 每年銷售量，P = 單位售價），每年製造及銷管成本如下：

變動成本：製造$75 / 單位
　　　　　銷管$25 / 單位
固定成本：製造$24,000 / 年
　　　　　銷管$6,000 / 年

試作：損益兩平點。

解：

總收入TR = P × Q，Q = 2,000 – 4P，$P = 500 - \frac{Q}{4}$

$$TR = (\$500 - \frac{Q}{4}) \times Q = \$500Q - \frac{Q^2}{4}$$

總成本TC = $24,000 + $6,000 + ($75 + $25) × Q = $30,000 + $100Q

TC = TR 實為損益兩平

$$500Q - \frac{Q^2}{4} = 30{,}000 + 100Q$$

$$Q^2 - 1{,}600Q + 120{,}000 = 0$$

Q約為1,521或79單位

B 7-2　損益平衡點分析

某公司其產銷量為400,000及500,000單位時之正常損益如下：

	400,000單位	500,000單位
銷貨收入	$20,000,000	$25,000,000
銷管成本	17,000,000	20,000,000
營業淨利	$ 3,000,000	$ 5,000,000

試作：

1. 計算每單位產品之邊際貢獻。
2. 計算損益兩平點之銷售額。
3. 當銷貨500,000單位時，求安全邊際率。
4. 計算營業淨利4,500,000時之銷售量。

解：

1. ($5,000,000 − $3,000,000) ÷ (500,000 − 400,000) = $20
2. 單位售價 = $20,000,000 ÷ 400,000 = $50

   單位變動成本 = $50 − $20 = $30

   固定成本 = $17,000,000 − $30 × 400,000 = $5,000,000

   損益兩平點之銷售額 = ($5,000,000 ÷ $20) × $50 = $12,500,000
3. 安全邊際率 = ($25,000,000 − $12,500,000) ÷ $25,000,000 = 50%
4. ($4,500,000 + $5,000,000) ÷ $20 = 475,000（單位）

B 7-3 目標利潤

成功公司生產甲產品，每單位售價$20，固定成本總額$250,000，單位變動成本估計如下：

產銷量	0～20,000	20,001～40,000	40,001以上
單位變動成本	$12	$11	$10

（稅率40%）

試作：

1. 計算稅前損益兩平銷售量。

2.欲獲得稅後純益$120,000應銷售若干單位?

解:

1.

攸關範圍	目標銷售量	結　果
0～20,000	\$250,000 ÷ (\$20 − \$12) = 31,250	不符合
20,001～40,000	\$250,000 ÷ (\$20 − \$11) = 27,778	符　合
40,001以上	\$250,000 ÷ (\$20 − \$30) = 25,000	不符合

故損益兩平銷售量為27,778單位

2.

攸關範圍	目標銷售量	結　果
0～20,000	(\$250,000 + \$120,000 ÷ 0.6) ÷ (\$20 − \$12) = 56,250	不符合
20,001～40,000	(\$250,000 + \$120,000 ÷ 0.6) ÷ (\$20 − \$11) = 50,000	符　合
40,001以上	(\$250,000 + \$120,000 ÷ 0.6) ÷ (\$20 − \$10) = 45,000	不符合

故損益兩平銷售量為45,000單位

B 7–4　成本—數量—利潤分析，利量圖

新化公司以每單位$150為產品售價，每單位變動成本為$60，新化公司全年固定成本為$4,500，而新化公司之最大產能為200單位。

試作:

1. 畫出新化公司之成本—數量—利潤圖，請標明損益平衡點之銷售數量及銷售金額，並指出固定成本。
2. 畫出新化公司之利量圖，標明本公司之最大可能損失及損益平衡點。
3. 根據前二題之圖表，請計算若產量為12單位時，該公司的淨利或淨損為何?
4. 承上題，產量為150單位時，淨利或淨損為何?

解:

1. $損益平衡點 = \frac{固定成本}{單位售價 - 單位變動成本} = \frac{\$4,500}{\$150 - \$60} = 50$（單位）

損益平衡點之銷售金額 = 50 × $150 = $7,500

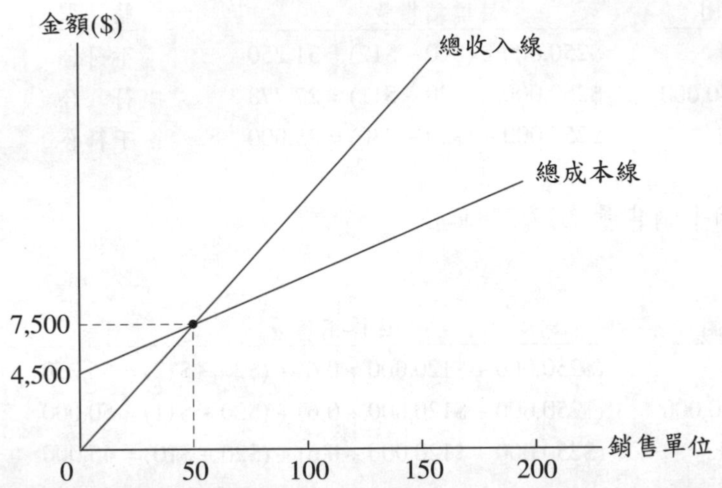

2.

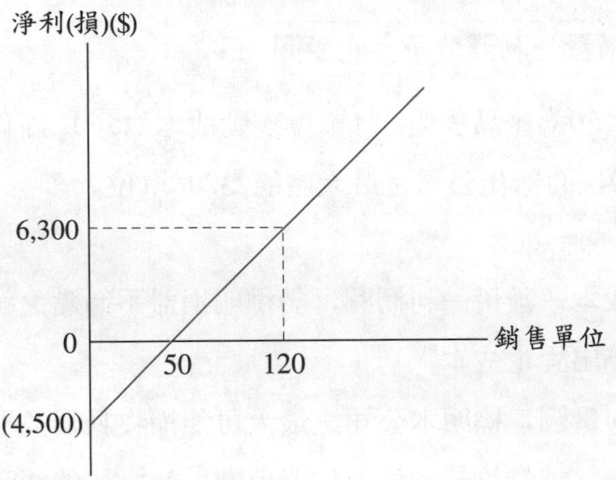

3. 銷售12單位之淨損 = $150 × 12 − $60 × 12 − $4,500

= $(3,420)

4. 銷售150單位之淨利 = $150 × 150 − $60 × 150 − $4,500

= $9,000

B 7-5 損益平衡與安全邊際

新格公司銷售一種名為「王者」的產品，每單位的「王者」售價為$30，變動成本為$18，新格公司的全年固定成本為$60,000，所得稅率為25%。

試作:

1. 計算新格公司之損益平衡點。
2. 新格公司之目標稅後淨利是$24,000，新格公司必須銷售多少單位的產品才能達到此目標?
3. 若新格公司之銷售數量恰等於第2題之數量，試求本公司之安全邊際及安全邊際率。

解:

1. $\text{損益平衡點} = \dfrac{\text{固定成本}}{\text{單位售價} - \text{單位變動成本}} = \dfrac{\$60{,}000}{\$30 - \$18} = 5{,}000$（單位）

2. $\text{銷售量} = \dfrac{\text{固定成本} + \text{稅前淨利}}{\text{單位售價} - \text{單位變動成本}} = \dfrac{\$60{,}000 + \dfrac{\$24{,}000}{1 - 0.25}}{\$30 - \$18} = 7{,}667$（單位）

3. 安全邊際 = 實際銷售量 − 損益平衡點之銷售量

   = 7,667 − 5,000 = 2,667（單位）

   $\text{安全邊際率} = \dfrac{\text{安全邊際}}{\text{實際銷售量}} = \dfrac{2{,}667}{7{,}667} = 34.78\%$

B 7-6 損益平衡與安全邊際

三福公司之經理希望該公司能夠擁有30%之安全邊際，預期之產品售價為每單位$30，每單位之變動成本為$24，總固定成本為$11,400。

試作：計算三福公司之銷售金額應為何，才能達到30%之安全邊際率。

解:

$\text{損益平衡點} = \dfrac{\text{固定成本}}{\text{單位售價} - \text{單位變動成本}} = \dfrac{\$11{,}400}{\$30 - \$24} = 1{,}900$（單位）

$$安全邊際率 = \frac{實際銷售量 - 損益平衡點銷售量}{實際銷售量}$$

設銷售數量為S

$$30\% = \frac{S - 1,900}{S}$$

S = 2,715單位

銷售金額 = 2,715 × $30 = $81,450

B 7–7 成本一數量一利潤分析

下列是仁武公司90年度之損益表：

仁武公司
損益表
90年度

銷貨收入		$300,000
銷貨成本（均為變動成本）		150,000
銷貨毛利		$150,000
銷管費用：		
變　動	$ 75,000	
固　定	120,000	195,000
淨　利（損）		$(45,000)

仁武公司預計91年度各項產品銷貨比例、售價及成本結構和90年度相同，若仁武公司在91年度必須納稅，則預期稅率為25%。

試作：

1. 銷貨需達多少金額時，仁武公司才能在91年度達到損益平衡點？
2. 若仁武公司之稅後淨利為$35,000，則其實際之銷售金額為何？
3. 承上題，此時之安全邊際及安全邊際率為何？

解:

1. $\text{損益平衡點} = \dfrac{\text{固定成本}}{1-\text{變動成本率}} = \dfrac{\$120{,}000}{1-\dfrac{\$150{,}000+\$75{,}000}{\$300{,}000}} = \$480{,}000$

2. $\text{銷售金額} = \dfrac{\text{固定成本}+\text{稅前淨利}}{1-\text{變動成本率}} = \dfrac{\$120{,}000+\dfrac{\$35{,}000}{1-25\%}}{1-0.75} = \$666{,}667$

3. 安全邊際 = 預計銷售金額 − 損益平衡點之銷售金額

= \$666,667 − \$480,000 = \$186,667

$\text{安全邊際率} = \dfrac{\$186{,}667}{\$666{,}667} = 28\%$

B 7-8　營運槓桿及安全邊際

瓦特公司之行銷副總裁發現本公司之邊際貢獻率為40%，但固定成本全年高達\$1,000,000。在本年度中，銷貨淨額為\$3,000,000，稅前淨利僅\$200,000。他認為明年的銷貨可能會增加至\$3,150,000，但相對於如此高的固定成本，銷貨的小幅度成長對於公司淨利的增加幫助不大。

試作:

1. 假設明年的銷貨收入為\$3,150,000，計算今年及明年的營運槓桿。
2. 為何銷貨收入的小幅成長能夠使淨利大幅增加?
3. 假設明年的銷貨收入為\$3,150,000，計算今年及明年的安全邊際。

解:

1.

	今　年	明　年
銷貨收入	\$3,000,000	\$3,150,000
邊際貢獻率	40%	40%
邊際貢獻	\$1,200,000	\$1,260,000
固定成本	1,000,000	1,000,000
淨　利	\$ 200,000	\$ 260,000
邊際貢獻	\$1,200,000	\$1,260,000
淨　利	\$ 200,000	\$ 260,000
營運槓桿	6.0	4.85

2. 在本題中，銷貨收入的小幅成長能使淨利大幅增加的原因是，在過了損益平衡點後，每增加$1的銷貨收入就可使淨利增加$0.4，由於此相對較高的貢獻率，致使小幅度增加的銷貨收入能使淨利大幅增加。

3. 安全邊際：

今年：$\frac{\$1{,}000{,}000}{40\%} = \$2{,}500{,}000$

$\frac{\$3{,}000{,}000 - \$2{,}500{,}000}{\$3{,}000{,}000} = 16.67\%$

明年：$\frac{\$3{,}150{,}000 - \$2{,}500{,}000}{\$3{,}150{,}000} = 20.6\%$

B 7–9 單位售價、變動成本、固定成本的改變

利利公司90年第1季各月損益表如下：

	1月份	2月份	3月份
生產量（單位）	10,000	10,500	9,600
銷售量（單位）	10,000	10,000	10,000
銷貨收入	$400,000	$400,000	$400,000
銷貨成本	280,000	280,000	280,000
銷貨毛利	$120,000	$120,000	$120,000
銷管費用	70,000	70,000	70,000
淨　利	$ 50,000	$ 50,000	$ 50,000
數量差異	0	4,000	(3,200)
淨　利（實際）	$ 50,000	$ 54,000	$ 46,800

試作：

1. 採變動成本法編製90年第1季之月損益表。
2. 若固定成本增加$15,000，則為使損益兩平點不變動，每單位變動成本應減少若干？
3. 若將目前售價減低10%，試問欲達損益兩平，銷貨量應增加若干百分比？

解:

1.

利利公司
損益表
90年第1季

	1月份	2月份	3月份
銷　貨	$400,000	$400,000	$400,000
變動銷貨成本*	200,000	200,000	200,000
邊際貢獻	$200,000	$200,000	$200,000
固定製造費用	$ 80,000	$ 80,000	$ 80,000
固定銷管費用	70,000	70,000	70,000
	$150,000	$150,000	$150,000
本期淨利	$ 50,000	$ 50,000	$ 50,000

*單位變動銷貨成本 = $280,000 ÷ 10,000 − $4,000 ÷ 500 = $20
變動銷貨成本 = $20 × 10,000 = $200,000

2. 目前每個月損益兩平銷售 = $150,000 ÷ $20 = 7,500（單位）
設固定成本增加後，單位變動成本應減少$X
($150,000 + $15,000) ÷ ($20 + $X) = 7,500
X = 2

3. 原來之單位邊際貢獻 = $40 − $20 = $20
降價後之單位邊際貢獻 = $40 × (1 − 10%) − $20 = $16
銷貨量應增加百分比 = ($20 − $16) ÷ $16 = 25%

B 7-10　公司營運之改變與營運槓桿

就下列公司營運計畫之改變中，試指出其營運槓桿的增減變動。

1. 由於行銷策略之改變，而使業務員的佣金減少，但廣告費用增加。
2. 由資本密集生產改為勞力密集生產。
3. 印刷機之維修工作，由外包方式改為由內部維修部門自行維修。外包方式之維修計價方式，是以維修之機器小時為計價標準。
4. 零售賣場的租約改變，舊有合約是以賣場坪數之大小來核定租金，但新租約將固定租金降低，再依營業額之多寡，加收一定成數之金額。

5. 更換商品的供應商，新供應商所要求的單位價格較低，但要求較多的廣告促銷費用。
6. 將公司的專用飛機出售，所有經理人員改乘一般民航機。
7. 修改設備的維修時間表，降低維修的頻率。
8. 淘汰舊機器而代換以新機器營運，新機器可使生產過程中的原料耗用率降低。

解:

項　目	增　加	減　少
1.	✓	
2.		✓
3.	✓	
4.		✓
5.	✓	
6.		✓
7.		✓
8.	✓	

B 7-11　成本結構與營運槓桿

下列是新銳酒店的損益表（以下不考慮所得稅影響）：

營業收入	$250,000
變動成本	150,000
邊際貢獻	$100,000
固定成本	75,000
淨　利	$ 25,000

試作：

1. 由損益表上之各項資料求出該酒店的成本結構。
2. 若本酒店之營業收入減少10%，請由邊際貢獻率求淨利減少數。

3. 若本酒店之營業收入為$250,000，求其營運槓桿。

4. 若營業收入增加6%，請由營運槓桿計算淨利增加率。

解：

1.

	金　額	百分比(%)
營業收入	$250,000	100
變動成本	150,000	60
邊際貢獻	$100,000	40
固定成本	75,000	30
淨　利	$ 25,000	10

2. 營業收入減少 × 邊際貢獻率 = 淨利減少數

$$(\$250,000 \times 10\%) \times \frac{\$100,000}{\$250,000} = \$10,000$$

3. $營運槓桿 = \frac{邊際貢獻}{淨利} = \frac{\$100,000}{\$25,000} = 4$

4. 營業收入增加 × 營運槓桿 = 淨利增加率

$6\% \times 4 = 24\%$

二、進階題

A 7–1　損益平衡分析

在下列八個個案中，計算已遺失的資料，每個個案均互相獨立。

1. 下列四個個案中，均只出售一種產品：

個　案	銷售單位	銷售金額	變動成本	單位邊際貢獻	固定成本	淨利（損）
1	4,500	$135,000	$ 81,000	$A	$45,000	$ B
2	C	175,000	D	7.5	85,000	20,000
3	10,000	E	140,000	3	F	17,500
4	2,500	80,000	G	H	41,000	(6,000)

2. 下列四個個案中，均出售多種產品：

個　案	銷貨收入	變動成本	邊際貢獻率(%)	固定成本	淨利（損）
1	$225,000	$　I	20	$　J	$32,500
2	100,000	65,000	K	30,000	L
3	M	N	40	235,000	45,000
4	150,000	45,000	O	P	(7,500)

解：

A. $\dfrac{\$135,000 - \$81,000}{4,500} = \$12$

B. $135,000 − $81,000 − $45,000 = $9,000

C. 邊際貢獻：$20,000 + $85,000 = $105,000

銷售單位數 $= \dfrac{\$105,000}{\$7.5} = 14,000$（單位）

D. $175,000 − $105,000 = $70,000

E. $140,000 + $3 × 10,000 = $170,000

F. $170,000 − $140,000 − $17,500 = $12,500

G. 邊際貢獻：$41,000 − $6,000 = $35,000

變動成本：$80,000 − $35,000 = $45,000

H. $\dfrac{\$35,000}{2,500} = \$14$

I. $225,000 × (1 − 20%) = $180,000

J. $225,000 × 20% − $32,500 = $12,500

K. $\dfrac{\$100,000 - \$65,000}{\$100,000} = 35\%$

L. ($100,000 − $65,000) − $30,000 = $5,000

M. 邊際貢獻：$45,000 + $235,000 = $280,000

銷貨收入：$280,000 ÷ 40% = $700,000

N. $700,000 × (1 − 40%) = $420,000

O. $\dfrac{\$150,000-\$45,000}{\$150,000}\times 100\%=70\%$

P. $\$150,000-\$45,000+\$7,500=\$112,500$

A 7–2 多種產品的成本—數量—利潤分析

大中公司產銷甲、乙兩種產品，90年度預計之銷售量為甲產品50,000件，乙產品100,000件，預計90年之損益表如下：

	甲產品		乙產品		
	總 額	每單位	總 額	每單位	合 計
銷貨收入	$600,000	$24	$800,000	$16	$2,800,000
生產成本:					
原 料	150,000	6	200,000	4	700,000
直接人工	100,000	4	200,000	4	600,000
變動製造費用	50,000	2	100,000	2	300,000
固定製造費用	100,000	4	100,000	2	400,000
總生產成本	$400,000	$16	$600,000	$12	$2,000,000
銷貨毛利	$200,000	$ 8	200,000	$ 4	$ 800,000
固定銷管費用					320,000
稅前淨利					$ 480,000
所得稅(25%)					120,000
本期淨利					$ 360,000

擬自90年度起，將甲產品之售價自目前之每件$24降為$20，並增加廣告費用$72,000。在此行銷策略下，預計91年度甲產品銷貨總額占總銷貨額之比例將可大幅提升至60%。

另外91年度起甲產品原料成本將降為每件$4.6，乙產品原料成本降為每件$2.8，而兩者之直接人工成本均增加10%，固定及變動製造費用分攤率維持不變。

試作：

1. 設90年度甲、乙之銷售比率為1：2，計算90年度損益兩平點下各產品之銷售量。

2. 91年度欲達成淨利率15%之目標，銷貨額至少為若干？

3. 設甲產品之銷貨額占總銷貨額比例為60%，計算91年度損益兩平點下各產品之銷售量。

解：

1. 單位邊際貢獻：

甲產品 = $24 − $6 − $4 − $2 = $12

乙產品 = $16 − $4 − $4 − $2 = $6

損益兩平銷售量 = ($400,000 + $320,000) ÷ ($12 × $\frac{1}{3}$ + $6 × $\frac{2}{3}$)

= 90,000單位

甲產品 = 90,000 × $\frac{1}{3}$ = 30,000（單位）

乙產品 = 90,000 × $\frac{2}{3}$ = 60,000（單位）

2. 邊際貢獻率：

甲產品 = ($20 − $4.6 − $4.4 − $2) ÷ $20 = 45%

乙產品 = ($16 − $2.8 − $4.4 − $2) ÷ $16 = 42.5%

$$淨利率15\%之銷貨額 = \frac{(\$400{,}000 + \$320{,}000 + \$72{,}000)}{(45\% \times 60\% + 42.5\% \times 40\%) - 15\% \div (1 - 25\%)}$$

= $3,300,000

3. 損益兩平銷貨額 = ($400,000 + $320,000 + $72,000) ÷ (45% × 60% + 42.5% × 40%)

= $1,800,000

損益兩平點之銷售量：

甲產品 = $1,800,000 × 60% ÷ $20 = 54,000（單位）

乙產品 = $1,800,000 × 40% ÷ $16 = 45,000（單位）

A 7–3 營運槓桿，成本—數量—利潤分析

西屯機器公司民國90年度之損益表如下：

西屯機器公司
損益表
90年度

銷貨收入		$150,000
銷貨成本（均為變動成本）		90,000
銷貨毛利		$ 60,000
銷管費用：		
變動成本	$45,000	
固定成本	10,000	55,000
稅前淨利		$ 5,000
所得稅(25%)		1,250
稅後淨利		$ 3,750

試作：

1. 計算西屯機器公司之損益平衡點。
2. 西屯機器公司之經理收到一張新供應商的估價單，該供應商的單位價格為西屯機器公司機器原售價的55%（現原供應商為60%），但該供應商要求西屯機器公司必須額外為該產品支出$27,500的廣告，若西屯機器公司接受此新供應商之貨品，則損益平衡金額為何？
3. 當銷售額為何時，不論向新、舊任何一家供應商進貨，其稅前淨利均相等？
4. 承上題，則在各方案下稅前淨利為何？
5. 若西屯機器公司經理預期在未來幾年中，公司之營業額將每年穩定成長10%，則本公司應選擇哪一家供應商？

解：

1. 變動成本率 $= \dfrac{\$90,000 + \$45,000}{\$150,000} = 0.90$

$$損益平衡點 = \frac{固定成本}{1 - 變動成本率} = \frac{\$10,000}{1 - 0.90} = \$100,000$$

2. $$變動成本率 = 0.55 + \frac{變動行銷及廣告費用}{銷貨金額}$$

$$= 0.55 + \frac{45,000}{150,000} = 0.55 + 0.30 = 0.85$$

$$損益平衡點 = \frac{固定成本}{1 - 變動成本率} = \frac{\$10,000 + \$27,500}{1 - 0.85} = \$250,000$$

3. 設此時銷售額為S

$S(1 - 0.90) - \$10,000 = S(1 - 0.85) - \$37,500$

$S = \$550,000$

4. 稅前淨利 = (1 − 變動成本率) × 銷售金額 − 固定成本

= (1 − 0.90) × \$550,000 − \$10,000 = \$45,000

或

稅前淨利 = (1 − 0.85) × \$550,000 − \$37,500 = \$45,000

5. 選擇新的供應商。既然西屯機器公司預測每年成長10%，則明年銷售金額必定超過\$550,000，而銷售額在\$550,000時，不論採用哪一家供應商會有相同淨利。在新供應商供貨時，會有較高的邊際貢獻。因此，若實際銷售額的成長與預估值相同，則應由新供應商進貨會使淨利增加較快。

A 7-4 多種產品的成本—數量—利潤分析

晴天公司代理甲與乙兩種產品，已知90年銷售組合是3 : 1，90年資料如下：

銷貨收入	\$3,000,000
銷貨成本及費用	2,648,000
稅前淨利	\$ 352,000

甲、乙兩種產品之邊際貢獻資料如下：

	甲產品	乙產品
單位售價	\$200	\$400
變動成本及費用	80	320
邊際貢獻	\$120	\$ 80

根據上述資料試作：

1. 計算91年晴天公司損益兩平時，甲、乙兩種產品之銷貨收入。
2. 假設對甲產品作促銷活動，預計投入\$200,000廣告費，銷售組合將改變為甲產品占銷貨收入的75%，乙產品占銷貨收入的25%，若91年欲獲得稅前淨利\$400,000，則甲、乙兩種產品之銷售量各為多少？
3. 假設92年甲、乙兩種產品之變動成本各降10%，若銷售組合不變，固定成本及費用與90年相同。若兩種產品各降10%，則欲獲得稅前淨利\$352,000，產品之銷售量各應若干？此項決策公司是否有利？

解：

1.

產　品	組合單位	銷　貨	邊際貢獻
甲	3	\$ 600	\$360
乙	1	400	80
	4	\$1,000	\$440

每組平均邊際貢獻率 = \$440 ÷ \$1,000 = 44%

全年總固定成本 = \$2,648,000 − \$3,000,000 × (1 − 44%) = \$968,000

損益兩平銷售額 = \$968,000 ÷ 44% = \$2,200,000

甲產品之損益兩平銷售額 = $\$2,200,000 \times \frac{3}{5} = \$1,320,000$

乙產品之損益兩平銷售額 = $\$2,200,000 \times \frac{2}{5} = \$880,000$

2. 每組平均邊際貢獻率 = (\$120 ÷ \$200) × 0.75 + (\$80 ÷ \$400) × 0.25 = 0.5

(\$968,000 + \$200,000 + \$400,000) ÷ 50% = \$3,136,000

甲 = $3,136,000 × 75% ÷ $200 = 11,760（單位）

乙 = $3,136,000 × 25% ÷ $400 = 1,960（單位）

3. 每單位邊際貢獻：

甲 = $120 × (1 − 10%) = $108

乙 = $80 × (1 − 10%) = $72

每組平均邊際貢獻 = $108 × $\frac{3}{4}$ + $72 × $\frac{1}{4}$ = $99

($968,000 + $352,000) ÷ $99 = 13,333（組）

甲 = 13,333 × $\frac{3}{4}$ = 10,000（單位）

乙 = 13,333 × $\frac{1}{4}$ = 3,333（單位）

若降價後，銷售量大於13,333組以上，則對公司有利，若銷售量僅13,333組，則對公司不利。

A 7–5 損益平衡分析

下列是林園公司90年度的損益表，在過去的一年中，林園公司出售了900噸的產品，而本公司之最大產能為1,500噸。

林園公司
損益表
90年度

銷貨收入		$450,000
變動成本：		
製造費用	$157,500	
行銷費用	90,000	247,500
邊際貢獻		$202,500
固定成本：		
製造費用	$ 45,000	
行銷費用	56,250	
廣告費用	22,500	123,750
營業淨利（稅前）		$ 78,750

試作：（下列各問題均各自獨立）

1. 計算90年度損益平衡點之銷貨有多少噸？
2. 若下年度之銷貨數量預計為1,050噸，而售價及成本均不改變，則林園公司91年度之營業淨利為何？
3. 有一個外國客戶願以$460的單價向林園公司購買750噸的產品，設林園公司每單位變動成本及全年固定成本均與90年度相同，若林園公司接受此國外訂單及750噸的內銷訂單（因受限於1,500噸的產能），營業利益為何？
4. 林園公司計畫將產品推廣至一新區域，而公司估計此計畫要額外支出每年$30,750的廣告費，銷售人員的佣金每噸增加$25，問林園公司需在此新的區域出售多少噸的產品，才能維持原有$78,750的營業利益？
5. 林園公司計畫實施全廠自動化，預估此計畫將使每年固定費用增加$29,250，而變動成本每噸降低$25，則新計畫的損益平衡點為多少噸？

解：

1. 損益平衡點 $= \dfrac{\$123{,}750}{\dfrac{\$202{,}500}{900}} = 550$噸

2. 91年之營業淨利：

邊際貢獻(1,050 × $225)	$ 236,250
固定成本	(123,750)
營業淨利	$ 112,500

3. 營業利益：

銷貨收入：		
一般內銷	$375,000	
外　銷	345,000	$720,000
變動成本		412,500
邊際貢獻		$307,500

固定成本	123,750
營業淨利	$183,750

4. 林園公司的新損益平衡點 = $\dfrac{\$30,750}{\$225 - \$25}$ = 153.75（噸）

新區域只要出售153.75噸的產品，即可維持公司原有的利潤。

5. 新的損益平衡點 = $\dfrac{\$123,750 + \$29,250}{\$225 + \$25}$ = 612（噸）

A 7-6 兩種營運策略之成本—數量—利潤

你正在計畫創設一家新公司，而必須選擇某種訂價模式來作為生產的依據。在第一種高價模式之下，每單位售價為$40，由於售價較高，因此必須負擔較高之行銷費用，變動成本每單位為$34，每個月之固定成本為$9,000。在第二種低價模式之下，每單位售價為$30，變動成本為每單位$26，而每個月之固定成本為$4,000。

假設在二種訂價模式之下，市場需求量均相同。

試作：

1. 若損益平衡點之銷售數量愈少愈好，則你會採取何種訂價模式？
2. 在銷售數量為多少單位時，不論採取何種訂價模式，淨利均為相同？
3. 若每月預期銷售量介於3,200～3,500單位，你會採取何種訂價模式？
4. 若每月預期銷售量介於1,800～2,200單位，你會採取何種訂價模式？

解：

1. 採用高價模式：

損益平衡點 = $\dfrac{\text{固定成本}}{\text{單位售價} - \text{單位變動成本}} = \dfrac{\$9,000}{\$40 - \$34}$ = 1,500（單位）

採用低價模式：

損益平衡點 = $\dfrac{\text{固定成本}}{\text{單位售價} - \text{單位變動成本}} = \dfrac{\$4,000}{\$30 - \$26}$ = 1,000（單位）

採用低價模式。

2. 設銷售數量為Q，淨利相同。

($40 – $34)Q – $9,000 = ($30 – $26)Q – $4,000

Q = 2,500（單位）

3. 採用高價模式。銷售量在2,500單位時，不論採用何種訂價模式其淨利均相等，因此銷售量在高於2,500單位時，高的邊際貢獻會創造較高的淨利。

4. 採用低價模式。銷售量低於2,500單位時，較低的固定成本會創造較高的淨利。

A 7–7 損益平衡點、目標利潤

正平公司總經理提出兩個不同之生產方案。

提案A

產品名稱	該產品銷售額占總銷售額之百分比	單位變動成本（呎）	單位售價（呎）
甲	50%	40元	50元
乙	50%	45元	75元

提案B

產品名稱	該產品銷售額占總銷售額之百分比	單位變動成本（呎）	單位售價（呎）
丙	40%	45元	50元
丁	60%	50元	100元

無論選擇提案A或是提案B，工廠之固定成本皆為$210,000。總經理選擇提案之準則是看哪一個提案達到損益兩平點(Breakeven Point)所需要的總銷售額較低。

試作：

1. 請計算分析以決定選擇提案A或提案B較佳。（必須明確算出兩種提案損益兩平衡之總銷售額。）
2. 要達到該公司稅前盈餘$250,000之目標，銷售額應為多少？

3. 根據 1 你所選擇之提案，如果單位變動成本上漲10%，固定成本下降10%，試問新的損益兩平點為多少?

解:

1. 平均邊際貢獻率:

提案A = ($50 − $40) ÷ $50 × 50% + ($75 − $45) ÷ $75 × 50% = 30%

提案B = ($50 − $45) ÷ $50 × 40% + ($100 − $50) ÷ $100 × 60% = 34%

損益兩平銷售額:

提案A = $210,000 ÷ 30% = $700,000

提案B = $210,000 ÷ 34% = $617,647

所以選擇提案B較佳。

2. ($210,000 + $250,000) ÷ 34% = $1,352,941

3. 新損益兩平銷售額 = 〔$210,000 × (1 − 10%)〕 ÷ 27.4% = $689,781

平均邊際貢獻率 = ($50 − $49.5) ÷ $50 × 40% + ($100 − $55) ÷ $100 × 60%

= 27.4%

A 7-8 多種產品之成本一數量一利潤分析

臺北公司銷售三種產品，下表是各種產品之成本資料:

產品別	單位售價	單位變動成本
遊　龍	$40	$30
天　龍	25	17
神　龍	36	22

臺北公司的經理人員預期之產品銷售比例為遊龍20%、天龍30%及神龍50%，該公司固定成本為$114,000，預期之所得稅率為25%。

試作:

1. 計算臺北公司在損益平衡點時各項產品之銷售數量。
2. 若本公司之營運目標為稅後淨利$128,250， 則此三種產品共需銷售多少單位?

3. 雖然臺北公司已達到第2小題中之預期銷售量,但各項產品數量之比例卻與預期值不盡相同,實際出售比例為遊龍20%、天龍40%及神龍40%,試求其實際之稅後淨利。

解:

1.

產品別	銷售百分比	單位邊際貢獻	加權平均單位邊際貢獻
遊　龍	20%	\$40 − \$30 = \$10	\$ 2.0
天　龍	30%	\$25 − \$17 = \$ 8	2.4
神　龍	50%	\$36 − \$22 = \$14	7.0
平均單位邊際貢獻			\$11.4

$$\text{損益平衡點之銷售數量} = \frac{\text{固定成本}}{\text{平均單位邊際貢獻}} = \frac{\$114{,}000}{\$11.4} = 10{,}000\text{單位}$$

遊龍: $10{,}000 \times 20\% = 2{,}000$

天龍: $10{,}000 \times 30\% = 3{,}000$

神龍: $10{,}000 \times 50\% = 5{,}000$

2. $$\text{稅前淨利} = \frac{\text{稅後淨利}}{1-\text{稅率}} = \frac{\$128{,}250}{1-0.25} = \$171{,}000$$

$$\text{銷售數量} = \frac{\text{固定成本}+\text{稅前淨利}}{\text{平均單位邊際貢獻}} = \frac{\$114{,}000+\$171{,}000}{\$11.4} = 25{,}000\text{單位}$$

3.

產品別	實際銷售數量	單位邊際貢獻	邊際貢獻
遊　龍	0.2 × 25,000單位 = 5,000單位	\$10	\$ 50,000
天　龍	0.4 × 25,000單位 =10,000單位	8	80,000
神　龍	0.4 × 25,000單位 =10,000單位	14	140,000
			\$270,000

邊際貢獻	\$270,000
固定成本	114,000
稅前淨利	\$156,000

所得稅 (\$156,000 × 0.25)	(39,000)
稅後淨利	\$117,000

A 7-9 損益平衡分析

文揚彬最近開設一間美體公司，這是一間專售各式新潮襪子的個性商店，文先生剛在學校修完管理會計的學分，他認為應該可以把學校所學的理論應用到商場的實務經驗。因此，他決定用成本一數量一利潤分析作為決策的依據，文先生所作的分析如下：

每雙襪子的售價	\$3.0
每雙襪子之變動成本	1.2
每雙襪子的邊際貢獻	\$1.8
每年的固定成本：	
店面租金	\$18,000
設備折舊	4,500
行銷成本	45,000
廣告費用	22,500
總固定成本	\$90,000

試作：

1. 計算必須售出多少雙襪子才能達到損益平衡點？若以售價計算，相當於多少金額？
2. 畫出這家商店的成本一數量一利潤圖，同時並在圖上標明該公司的損益平衡點。
3. 若第一年的營業目標為稅前淨利\$13,500，則必須售出多少雙才可達成此目標？
4. 文揚彬現在雇用了一名全職人員及一名兼職人員，若要將兼職人員改上全職班，則每年需多花費\$12,000的薪資費用，但也會相對使每年銷售增加\$30,000，根據上述資料，文先生應該將兼職人員改為全職人員嗎？試以增額成本法計算之。

5. 該公司第一年實際經營成果如下：

銷貨收入	$187,500
減：變動成本	75,000
邊際貢獻	$112,500
減：固定成本	90,000
淨　利	$ 22,500

(1)本公司營運槓桿為何？

(2)文先生認為若經過再次的全力衝刺，下年度的銷貨可增加30%，若是如此，下年度淨利會增加幾個百分比？試以營運槓桿的觀念計算之。

解：

1. $\dfrac{\text{固定成本}}{\text{單位邊際貢獻}} = \dfrac{\$90,000}{\$1.8} = 50,000$（雙）

$\dfrac{\text{固定成本}}{\text{邊際貢獻率}} = \dfrac{\$90,000}{0.6} = \$150,000$

2.

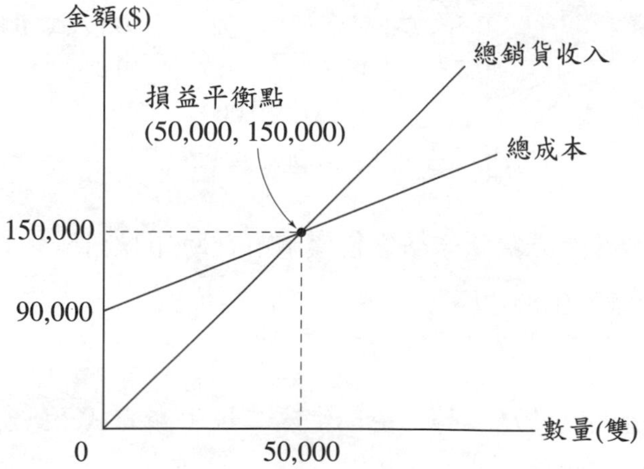

金額($)
總銷貨收入
損益平衡點
(50,000, 150,000)
總成本
150,000
90,000
0
50,000
數量(雙)

3. $\dfrac{\text{固定成本} + \text{目標淨利}}{\text{單位邊際貢獻}} = \dfrac{\$90,000 + \$13,500}{\$1.8} = 57,500$（雙）

4.

增加的邊際貢獻($30,000 × 60%)	$18,000
減：增加的固定薪資費用	12,000
淨利增加	$ 6,000

因為將兼職人員改為全職人員，會增加淨利$6,000，故此項改變有益。

5.(1) $\frac{\text{邊際貢獻}}{\text{淨利}} = \frac{\$112,500}{\$22,500} = 5$

(2)營運槓桿 × 銷貨增加百分比 = 淨利增加百分比

5 × 30% = 150%

故淨利將由$22,500增加$33,750 (= $22,500 × 150%)變為$56,250。

A 7-10　損益平衡分析之新製造環境

凱汶公司計畫生產一種新產品，該產品可用電腦輔助製造系統(CAM)來生產，也可以用勞力密集方式來生產，但不論以何種方式生產，均不會影響產品品質，下表是兩種不同生產方法下的成本分析：

	電腦輔助製造		勞力密集生產	
直接原料單位成本		$2.5		$2.8
直接人工單位成本	0.5人工小時@$6	3.0	0.8人工小時@$4.5	3.6
變動製造費用	0.5人工小時@$3	1.5	0.8人工小時@$3	2.4
固定製造費用*		$1,220,000		$660,000

*此項成本可直接追溯到新的生產線上，若新產品未生產，則此項費用也不會發生。

本公司之市調部門認為新產品之售價應訂在每單位$15，銷售費用估計為每年固定成本$250,000以及每售出一單位再加$1。(本題不考慮所得稅)

試作：

1. 在(1)電腦輔助製造及(2)勞力密集生產二種生產方式下，分別計算損益平衡點之銷售數量。
2. 在生產多少數量的此種新產品時，上述二種生產方式的總成本會相同？
3. 在決定採用何種方式生產時，考慮的因素之一是營運槓桿。何謂營運槓桿？營運槓桿對凱汶公司之決策有何影響？

4. 在何種情況下，凱汶公司會採電腦輔助製造方式或勞力密集生產方式？

5. 除了營運槓桿外，尚有哪些商業上的因素是在作決策前所必須考慮的？

解：

1. 損益平衡點之生產數量 $= \dfrac{\text{固定成本}}{\text{單位邊際貢獻}}$

單位邊際貢獻的計算：

	電腦輔助製造		勞力密集生產	
售　價		$15.0		$15.0
變動成本：				
直接原料	$2.5		$2.8	
直接人工	3.0		3.6	
變動製造費用	1.5		2.4	
變動銷售費用	1.0	8.0	1.0	9.8
單位邊際貢獻		$ 7.0		$ 5.2

(1)電腦輔助製造的損益平衡點 $= \dfrac{\$1{,}220{,}000 + \$250{,}000}{\$7}$

$= 210{,}000$（單位）

(2)勞力密集生產的損益平衡點 $= \dfrac{\$660{,}000 + \$250{,}000}{\$5.2}$

$= 175{,}000$（單位）

2. 設凱汶公司生產Q單位時，二種生產方式的總成本會相同

$\$8Q + \$1{,}470{,}000 = \$9.8Q + \$910{,}000$

$\$1.8Q = \$560{,}000$

$Q = 311{,}111$（單位）（四捨五入至個位數）

3. 營運槓桿是指在一個企業的營運過程中，其固定成本所占的比重，固定成本的比重愈大，則營運槓桿的值愈大。故凱汶公司若採用電腦輔助製造的生產方法，會有較大的營運槓桿。營運槓桿的值愈大，則銷售數量所引起

營業收益（損失）變動的幅度愈大。

4.(1)預期每年銷售量超過311,111單位時，應採用電腦輔助製造方式。

(2)預期每年銷售量低於311,111單位時，應採用勞力密集生產方式。

5.應考慮的因素列舉如下：

(1)市場需求量及售價的變動性及不確定性。

(2)新產品之生產速度、行銷能力。

(3)在新產品發生虧損時，停產、停止行銷之決策及應變能力，虧損之承受能力。

參、自我評量

7.1 損益平衡點分析

1.大發公司擬銷售新型隨身聽，該新型隨身聽之單位售價為$800，單位變動成本為$300，每年的固定成本$450,000，請問大發公司每年必須出售多少臺隨身聽才能達成損益平衡？（請用方程式法）

解：（單位售價 × 銷售數量）－〔（單位變動成本 × 銷售數量）＋固定成本〕= 0

($800 × Q) − ($300 × Q + $450,000) = $0

Q = 900（臺）

2.同上例，請用邊際貢獻法計算。

解：損益平衡點的銷售數量 = 固定成本 ÷ 單位邊際貢獻

單位邊際貢獻 = $800 − $300 = $500

損益平衡點的銷售數量 = $450,000 ÷ $500 = 900（臺）

7.2 目標利潤

1.大發公司擬銷售新型隨身聽，該新型隨身聽之單位售價為$800，單位變動成本為$300，每年的固定成本$450,000，若管理當局想賺得每年稅前利潤為$60,000時，應銷售多少臺隨身聽？（請用方程式法及邊際貢獻法）

解：方程式法：

($800 × Q) − 〔($300 × Q) + $450,000〕= $60,000

Q = 1,020（臺）

邊際貢獻法：

($450,000 + $60,000) ÷ $500 = 1,020（臺）

2. 同上例，假設所得稅率為25%時，若大發公司想賺得每年稅後利潤目標$60,000時，應銷售多少臺隨身聽？（請用方程式法及邊際貢獻法）

解：方程式法：

($800 − $300) × Q − $450,000 = $60,000 ÷ (1 − 25%)

Q = 1,060（臺）

邊際貢獻法：

Q = $450,000 + 〔$60,000 ÷ (1 − 25%)〕÷ ($800 − $300) = 1,060（臺）

7.3 利量圖

1. 利量圖是一種表現成本—數量—利潤分析的圖形。

解：○

2. 利量圖中淨利線的斜率為利量率等於邊際貢獻率。

解：○

7.4 安全邊際

1. 安全邊際是指銷售金額（或銷售數量）低於損益平衡點的部分。

解：×

詳解：安全邊際是指銷售金額（或銷售數量）超過損益平衡點的部分。

2. 大發公司擬銷售新型隨身聽，該新型隨身聽之單位售價為$800，單位變動成本為$300，每年的固定成本$450,000，若預計銷售金額為$1,000,000，請計算出該公司的安全邊際。

解：損益平衡點銷售金額：

($800 × Q) − ($300 × Q + $450,000) = $0

Q = 900（臺）

900 × $800 = $720,000

安全邊際:

$1,000,000 − $720,000 = $280,000

7.5 敏感度分析

1. 大城公司為一專門從事玩具製造的廠商，該公司只生產一種產品。以下是大城公司90年度的損益表（該公司90年共銷售500個機器狗）。請計算出當單位售價改變為$650及$560時，對公司利潤的影響。

大城公司
損益表
90年度

銷貨收入		$ 300,000
銷貨成本:		
變　動	$160,000	
固　定	50,000	(210,000)
銷貨毛利		$ 90,000
銷管費用:		
變　動	$ 40,000	
固　定	25,000	(65,000)
		$ 25,000

解: 由上述大城公司損益表，可以得到下列的資料:

(1)單位售價 = $300,000 ÷ 500 = $600

(2)單位變動成本 = ($160,000 + $40,000) ÷ 500 = $400

(3)固定成本 = $75,000

(4)損益平衡點銷貨金額 = $\frac{\$75,000}{(\$600 - \$400)} \times \$600 = \$225,000$

	@$650	@$600	@$560
銷貨收入	$ 325,000	$ 300,000	$ 280,000
變動成本	(200,000)	(200,000)	(200,000)
邊際貢獻	$ 150,000	$ 100,000	$ 80,000
固定成本	(75,000)	(75,000)	(75,000)
利　潤	$ 75,000	$ 25,000	$ 5,000
損益平衡點銷貨金額	$ 195,000	$ 225,000	$ 262,500

2. 同上例，若單位售價與銷售數量分別改變為單位售價$580、銷貨數量600；單位售價$600、銷貨數量650；單位售價$610、銷貨數量550時，對公司的影響。

解：

	單位售價$580 銷貨數量 600	單位售價$600 銷貨數量 650	單位售價$610 銷貨數量 550
銷貨收入	$348,000	$390,000	$335,500
變動成本	240,000	260,000	220,000
邊際貢獻	$108,000	$130,000	$115,500
固定成本	75,000	75,000	75,000
利　潤	$ 33,000	$ 55,000	$ 40,500
損益平衡點銷貨金額	$241,667	$225,000	$217,857

7.6　多種產品的成本一數量一利潤分析

1. 華建公司為一運動鞋製造商，生產球鞋與慢跑鞋兩種產品，其資料如下：

	球　鞋	慢跑鞋
單位售價	$ 600	$ 400
單位變動成本	(300)	(200)
單位邊際貢獻	$ 300	$ 200

華建公司每月的固定成本為$324,000，預計91年1月可銷售2,500雙女運動鞋（包括球鞋與慢跑鞋），其銷貨數量組合，球鞋與慢跑鞋之比為2 : 3。試問在此情形下，華建公司的損益平衡點銷貨數量為何？又91年1月的預計損益

金額是多少？

解：計算每銷售一單位產品所產生的加權平均單位邊際貢獻：

	球　鞋	慢跑鞋
單位售價	$ 600	$ 400
單位變動成本	(300)	(200)
單位邊際貢獻	$ 300	$ 200
產品組合比例	2　：	3

加權平均單位邊際貢獻 $= \$300 \times \frac{2}{5} + \$200 \times \frac{3}{5} = \$240$

損益平衡點銷貨數量＝固定成本÷加權平均單位邊際貢獻

$= \$324,000 \div \$240 = 1,350$（雙）

球鞋 $= 1,350 \times \frac{2}{5} = 540$（雙）

慢跑鞋 $= 1,350 \times \frac{3}{5} = 810$（雙）

估計的損益情形如下：

	球　鞋	慢跑鞋	合　計
銷售數量	1,000（雙）	1,500（雙）	2,500（雙）
銷售收入	$ 600,000	$ 600,000	$1,200,000
變動成本	(300,000)	(300,000)	(600,000)
邊際貢獻	$ 300,000	$ 300,000	$ 600,000
固定成本			(324,000)
淨　利			$ 276,000

2. 承上例，若華建公司的球鞋與慢跑鞋的產品數量組合比例分別為1 : 1；3 : 2；4 : 1時，請求出其產品組合利潤分析。

解：華建公司的產品組合利潤分析（單位千元）：

	球　鞋	慢跑鞋	合　計	球　鞋	慢跑鞋	合　計	球　鞋	慢跑鞋	合　計
	1 : 1			3 : 2			4 : 1		
產品組合									
銷貨數量	1,250	1,250	2,500	1,500	1,000	2,500	2,000	500	2,500

銷貨收入	$ 750	$ 500	$1,250	$ 900	$ 400	$1,300	$1,200	$ 200	$1,400
變動成本	(375)	(250)	(625)	(450)	(200)	(650)	(600)	(100)	(700)
邊際貢獻	$ 375	$ 250	$ 625	$ 450	$ 200	$ 650	$ 600	$ 100	$ 700
固定成本			(324)			(324)			(324)
淨　利			$ 301			$ 326			$ 376

7.7 成本結構與營運槓桿

1. 成本結構是指總成本中固定成本與變動成本所占的相對比重。

解：○

2. 營運槓桿係數是指在某一銷貨水準下，變動成本與固定成本的比例。

解：×

詳解：營運槓桿係數是指在某一銷貨水準下，邊際貢獻與淨利的比例。

7.8 成本一數量一利潤的假設

1. 成本一數量一利潤分析模式的主要假設：

A. 每期的存貨水準不固定。

B. 銷貨的產品組合比例會隨時變動。

C. 銷貨數量是影響銷貨收入與變動成本的唯一因素。

D. 企業所發生的成本只有變動成本。

解：C

詳解：成本一數量一利潤分析模式的主要假設為無存貨或存貨水準固定、銷貨的產品組合比例不變、銷貨數量是影響銷貨收入與變動成本的唯一因素、企業所發生的成本可區分為變動及固定兩部分。

2. 在成本一數量一利潤分析模式中，企業的固定成本在攸關範圍內總數維持不變。

解：○

第8章
全部成本法與直接成本法

壹、作業解答

一、選擇題

1. 全部成本法與直接成本法的主要差異,在於兩種方法對何種成本處置不同?
   A. 直接原料成本。
   B. 固定製造費用。
   C. 直接人工成本。
   D. 管理費用。

解：B

2. 全部成本法下的損益表與直接成本法下的損益表，除了哪個項目外，皆有不同的值?
   A. 高估或低估製造費用。
   B. 期初製成品存貨。
   C. 淨利。
   D. 銷貨收入。

解：D

3. 最適合管理人員使用成本－數量－利潤分析的產品成本法是:
   A. 全部成本法。
   B. 聯合成本法。
   C. 直接成本法。
   D. 分步成本法。

解：C

4. 下列敘述何者為非？

A. 在直接成本法下的損益平衡點只有一個。

B. 在直接成本法下，營業利益是銷貨收入的函數。

C. 在全部成本法下的損益平衡點只有一個。

D. 在全部成本法下，營業利益是銷售數量與生產數量的共同函數。

解：C

5. 下列何者不是直接成本法的缺點？

A. 產品訂價困難。

B. 不符合對外財務報導的要求及稅法之規定。

C. 在實務上很難明確將成本劃分為變動與固定成本。

D. 若存貨成本僅含變動生產成本，將傷害企業長期之利潤。

解：A

二、問答題

1. 說明全部成本法與直接成本法的意義。

解：(1)全部成本法：全部成本法的由來是因為產品成本的計算包括全部的製造成本，由直接原料成本、直接人工成本、變動製造費用和固定製造費用四項要素所組成。其中前三項成本屬於變動成本，會隨著產量的增加而正比例變化，在產品未出售之前稱為存貨成本，在產品出售之後則稱為銷貨成本。這三種變動成本在生產停頓時則不會發生，可說是與生產活動有直接的關係。反觀固定製造費用的成本習性，無論生產水準為何，每段期間的固定製造費用自然產生。在全部成本法下，固定製造費用當作產品成本的組成元素之一。

(2)直接成本法：在直接成本法下，損益表的編製方式是依成本習性來排列，銷貨收入減銷貨成本，此部分的銷貨成本應該是屬於變動的銷貨成本，結果得到產品邊際貢獻。接著再減去期間內成本的變動非製造成本，即得到邊際貢獻，也可說是對固定成本和利潤的貢獻。如果邊際貢獻大於固定成本即產生利潤的情況，反之則為損失的產生。直接成本法下的損益表，也可稱為貢獻式的損益表(Contribution Income Statement)。

2. 比較全部成本法與直接成本法的差異。

解：全部成本法與直接成本法的主要差異，乃在於兩種方法對固定製造費用的處理不同。

⑴全部成本法：全部成本法主張所有的製造費用，不論其為固定或變動成本，皆列入產品成本計算中，因其認為固定製造費用是製造產品的必要支出。

⑵直接成本法：在直接成本法下，認為即使沒有發生生產活動，固定製造費用都會發生，因此認為固定製造費用是一種隨時間經過而發生的期間成本，沒有任何的未來經濟效益，所以不應將其列為存貨成本。

3. 試舉例簡單說明全部成本法與直接成本法下，損益表的不同。

解：如果在某段期間內，沒有期初存貨和期末存貨，則在全部成本法和直接成本法兩種方法下，只是科目的排列順序不同，但所得的最後損益數相同。

如果只有期末存貨，則全部成本法下的利潤較高，因為當期有部分固定成本隨著期末存貨而遞延到下期。

如果只有期初存貨，則全部成本法下的利潤較低，因為上期的部分固定成本列入本期成本。

如果期初存貨和期末存貨都存在，則要看此二者間的變化，才能知道哪一種方法下所得的利潤較高。

4. 全部成本法與直接成本法，存貨計算有何不同?

解：在全部成本法下，存貨成本包括了產品成本的變動成本和固定成本，也就是涵蓋了直接原料、直接人工和製造費用三種成本要素。

相對的，在直接成本法下，存貨成本只指產品成本的變動成本，也就是直接原料、直接人工和變動製造費用三種。

5. 試列出全部成本法與直接成本法下的損益平衡點的計算公式，並說明其差異處。

解：(1)計算公式如下：

①全部成本法：

$$損益平衡點（單位）= \frac{某段期間的總固定成本+〔固定製造費用率 \times（損益平衡點的銷售單位-生產單位數）〕}{單位邊際貢獻}$$

②直接成本法：

$$損益平衡點（單位）= \frac{某段期間的總固定成本}{單位邊際貢獻}$$

(2)差異說明如下：

①全部成本法：在全部成本法下，由於營業利益乃是銷售數量及生產數量的共同函數，所以生產水準的改變，會影響損益，亦即損益平衡點將不是唯一的，其隨著生產水準不同而不同。

②直接成本法：在直接成本法下，由於營業利益是銷貨收入的函數，即銷貨收入增加，營業利益便增加，反之亦然。因此，在直接成本法下的損益平衡點只有一個。

6. 試述直接成本法的優缺點。

解：(1)直接成本法的優點：

①營運規劃：直接成本法與彈性預算、標準成本等成本控制方法相結合，有利於管理者作利潤規劃。

②利量分析或損益平衡分析：直接成本法的觀念與成本—數量—利潤分析相符合，使管理者易獲取分析損益平衡的資料。

③管理決策：直接成本法將變動與固定成本作一適當分類，有助於管理者瞭解與評估資料，進而幫助其判定決策。

④產品訂價：瞭解邊際貢獻的計算乃是銷售部門制定價格決策的首要

步驟，而直接成本法恰能提供此一訊息。

⑤管理控制：直接成本法之報表較能反映出與當期利潤目標及預算的配合度，且其有助於組織單位責任的劃分。

⑵直接成本法的缺點：

①外部報導：直接成本法最大的缺點，就是不符對外財務報導的要求及稅法之規定。

②將成本明確劃分為變動與固定成本，在實務上有其困難。

③就長期觀點而言，若存貨成本僅含變動生產成本，將會影響企業長期的利潤。

7.說明全部成本法的優缺點。

解：⑴全部成本法的優點：

①符合對外財務報導的要求及稅法的規定。

②無劃分固定與變動成本的困擾。

③就長期而言，將固定製造費用分攤至產品成本中，將有助於長期生產成本的衡量，利於長期訂價政策。

⑵全部成本法的缺點：

①不符合彈性預算觀念。

②將固定成本武斷分攤，將使報告所表示的績效不明確。

③全部成本法較不能直接提供管理人員所需要的資料。

8.何謂作業基礎成本法？

解：所謂作業基礎成本法，就是將成本依其特性，歸屬至各種不同作業的成本庫，然後根據各項作業的性質分析成本產生之各項成本動因，再依不同的成本動因分配至各項標的。

9.作業基礎成本法的優點為何？

解：作業基礎成本法的優點如下：

⑴管理者可以很明確瞭解費用支出對利潤的影響。

⑵要減少浪費，必須將無附加價值的成本降至最低，才容易達到效果。

如果企業能把無附加價值的成本明確找出並加以控制，則有助於利潤的提升。

貳、習　題

一、基礎題

B 8-1　損益分析與比較

嵐嵐公司在帳務處理上採用標準成本法。91年初，經理收到財務部門之預算資料，估計91年之盈餘為$63,200，較去年成長15%。91年底，嵐嵐公司之損益表顯示，在91年度公司之盈餘較預算低11%，但銷貨收入卻超出預算10%，而本年度也只有因材料短缺，導致公司只使用了16,000標準機器小時（預算為20,000機器小時），造成少分攤製造費用$24,000，其餘皆與預算相同，經理對此現象感到非常困惑。下列為該公司91年度實際與預計之損益表。

損益表

	預　計	實　際
銷貨收入	$1,072,000	$1,179,200
標準銷貨成本	848,000	932,800
標準銷貨毛利	$ 224,000	$ 246,400
減：少分攤製造費用	–	24,000
實際銷貨毛利	$ 224,000	$ 222,400
行銷費用	53,600	58,960
管理費用	107,200	107,200
營業費用合計	$ 160,800	$ 166,160
營業淨利	$ 73,200	$ 56,240

試作：分析並解釋在銷貨收入增加及成本控制良好情況下，實際盈餘卻下降之原因。

解：

銷貨收入增加數		$107,200
標準銷貨成本增加數		84,800
標準銷貨毛利增加數		$ 22,400
減：數量差異	$24,000	
行銷費用增加數	5,360	29,360
營業淨利減少數		$ (6,960)

B 8-2　全部成本法與直接成本法

麥斯公司製造並銷售一種新產品，下列是公司91年度的成本，而該年度是公司第一年的營業。

每單位的變動成本：

生產成本：

直接原料	$9
直接人工	4
變動製造費用	1
銷管費用	3

每年固定成本：

製造費用	$80,000
銷管費用	55,000

在91年度中，公司共生產10,000單位並出售8,000單位，每單位售價為$50。

試作：

1. 若公司採用全部成本法：
   (1)計算每單位生產成本。
   (2)編製91年度的損益表。
2. 若公司採用直接成本法：
   (1)計算每單位生產成本。
   (2)編製91年度的損益表。

解:

1.(1)每單位成本:

直接原料	$ 9
直接人工	4
變動製造費用	1
總變動成本	$14
固定製造費用	8
每單位生產成本	$22

(2)全部成本法之損益表:

麥斯公司
損益表
91年度

銷貨收入		$400,000(a)
減:銷貨成本:		
期初存貨	$ 0	
本期製造成本	220,000(b)	
可供銷售成本	$220,000	
期末存貨	(44,000)(c)	(176,000)
銷貨毛利		$224,000
減:銷管費用		(79,000)(d)
淨 利		$145,000

補充計算:(a) $50 × 8,000 = $400,000
(b) $22 × 10,000 = $220,000
(c) $22 × 2,000 = $44,000
(d) $3 × 8,000 + $55,000 = $79,000

2.(1)每單位成本:

直接原料	$ 9
直接人工	4
變動製造費用	1
總變動成本	$14

(2)直接成本法之損益表：

麥斯公司
損益表
91年度

銷售收入			$400,000
減：變動成本			
變動銷貨成本			
期初存貨	$　　0		
變動製造成本	140,000		
可供銷貨商品	$140,000		
期末存貨	(28,000)	$112,000	
變動銷售費用		24,000	$(136,000)
邊際貢獻		24,000	$ 264,000
減：固定成本			
固定製造費用		$ 80,000	
固定銷管費用		55,000	(135,000)
淨　利			$ 129,000

B 8-3　全部及直接成本法的成本—數量—利潤分析

大業公司在91年初開始營業，生產一種產品，該公司採標準全部成本制度，公司計畫生產量為100,000單位，在第一年經營期間內沒有差異產生，也沒有發生固定銷管費用，期末存貨單位為20,000單位，而91年度淨利為$240,000。

試作：

1. 若大業公司採直接成本法，其淨利為$220,000，請計算在直接成本法之損益平衡點。
2. 請繪出大業公司的利量圖（假設採直接成本法）。

解：

1. 因為該公司第一年沒有差異，也就沒有數量差異，計畫生產量為100,000單位，實際生產量也是100,000單位。

期初存貨	0 單位
生產量	100,000 單位
期末存貨	(20,000)單位
銷售數量	80,000 單位

因為當年度存貨增加，所以全部成本法下的淨利會較高。

淨利差異數 = 存貨變動數量 × 每單位固定製造費用

$$\$20{,}000 = 20{,}000 \times \frac{\text{固定製造費用}}{100{,}000\text{單位}}$$

固定製造費用 = \$100,000

邊際貢獻的計算：

直接成本法之淨利	\$220,000
固定製造費用	100,000
總邊際貢獻	\$320,000

$$\text{每單位邊際貢獻} = \frac{\text{總邊際貢獻}}{\text{銷售單位}} = \frac{\$320{,}000}{80{,}000\text{單位}} = \$4 / \text{每單位}$$

$$\text{損益平衡單位} = \frac{\text{固定製造費用}}{\text{單位邊際貢獻}} = \frac{\$100{,}000}{\$4} = 25{,}000\text{（單位）}$$

2.

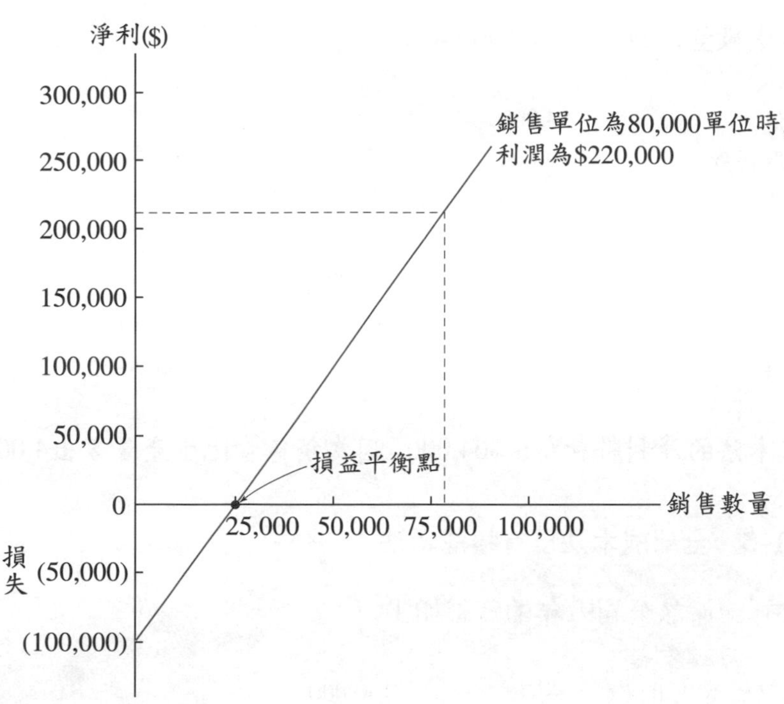

B 8-4　全部成本法與直接成本法的比較

哈佛公司將全部成本法用在對外財務報表上，而以直接成本法用來作管理的規劃及控制，在91年期末時，公司彙集了下列資料：

	單　位	直接成本法單位成本	全部成本法單位成本
期初存貨	24,000	$16	$22
期末存貨	20,000	20	24

在91年間共賣了84,000單位。

試作：

1. 91年度共生產了多少單位？
2. 在比較全部成本法及直接成本法時，其淨利之差異為多少？
3. 何種方法所產生的淨利較大？

解：

1. 存貨減少數量：24,000 − 20,000 = 4,000

出售單位	84,000
從存貨取得數	4,000
生產單位	80,000

2.

期初存貨的固定成本	24,000 × ($22 − $16) =	$144,000
期末存貨的固定成本	20,000 × ($24 − $20) =	80,000
淨利差異		$ 64,000

3. 直接成本法的淨利將會高出$64,000，因為銷售量比生產量多出4,000單位。

B 8–5 全部成本法及直接成本法

奇技公司記載該公司91年的資料如下：

直接原料耗用成本	$150,000
直接人工成本	50,000
變動製造費用	25,000
固定製造費用	40,000
變動銷管費用	20,000
固定銷管費用	10,000

試作：

1. 假設奇技公司採直接成本法，請計算當年度的存貨成本。
2. 計算當年度全部成本法下的存貨成本。

解：

1. 存貨成本——直接成本法：

直接原料耗用成本	$150,000
直接人工成本	50,000
變動製造費用	25,000
總　額	$225,000

2. 存貨成本——全部成本法：

直接原料耗用成本	$150,000
直接人工成本	50,000
變動製造費用	25,000
固定製造費用	40,000
總　額	$265,000

B 8–6　直接成本法與全部成本法的比較

下列為肯恩公司在91年12月31日的會計資料：

生產單位	20,000單位
銷售單位	18,000單位
直接原料耗用成本	$80,000
直接人工成本	40,000
固定製造費用	50,000
變動製造費用	24,000
固定銷管費用	60,000
變動銷管費用	9,000
製成品存貨，91/1/1	無

試作：

1. 計算製成品存貨的價格，若採用
   (1)直接成本法。
   (2)全部成本法。
2. 計算直接成本法及全部成本法的淨利差異。

解：

1. 製成品價值：

	直接成本法	全部成本法
直接原料	$4.00	$4.00
直接人工	2.00	2.00
製造費用：		

變　動	1.20	1.20
固　定	0	2.50
總單位成本	$7.20	$9.70
期末存貨數量	× 2,000	× 2,000
製成品期末存貨	$14,400	$19,400

2. 淨利差異：

期末存貨數量	2,000
期初存貨數量	0
存貨改變數量	2,000
固定製造費用每單位成本	× $2.5
全部成本法淨利超過直接成本法之淨利金額	$5,000

B 8-7　作業基礎成本法

某公司生產絨毛玩具，其90年1月份之相關資料如下：

製造費用種類	製造費用預算	成本動因	成本動因之預算標準
原料處理	$ 250,000	原料使用量	10,000磅
車　縫	1,000,000	人工小時	1,000小時
充　填	350,000	產　量	5,000個
檢　驗	160,000	檢驗次數	1,000次
包　裝	240,000	產　量	5,000個

該公司1月份共生產了1,200個玩具，其所需之生產要件如下：

原料使用量	2,500磅
機器小時	400小時
檢驗次數	400次

試作：假設該公司使用作業基礎成本制來分攤製造費用，請計算1月份損益表內的製造費用總額。

解:

製造費用種類	分攤率	成本動因	小　計
原料處理	$　25	2,500	$ 62,500
車　縫	1,000	400	400,000
充　填	70	1,200	84,000
檢　驗	160	400	64,000
包　裝	48	1,200	57,600
			$668,100

B 8-8　作業基礎成本法

炎炎公司生產某產品，其製程主要可分五項作業，相關資料如下:

作業項目	成本動因	預計分攤率
原料清洗	原料磅數	$6 / 每磅
機器運轉	機器小時	$300 / 機器小時
產品組裝	裝配次數	$100 / 每次
產品篩檢	檢驗產品數	$24 / 每單位產品
產品包裝	包裝批次	$200 / 每批

假設已完工200單位，每單位需要120磅原料及2個機器小時。每單位產品的直接原料成本為$10,000。產品裝配次數為20次，包裝批次為10批，產品檢驗的數量即完工單位數。

試計算作業基礎成本制下損益表內該產品之總製造成本。

解:

作業基礎成本制下，產品成本計算如下:

直接原料($10,000 × 200)	$2,000,000
加工成本:	
原料處理($6 × 120 × 200)	144,000
機器運轉($300 × 2 × 200)	120,000
產品裝配($100 × 20)	2,000
產品檢驗($24 × 200)	4,800

產品包裝($200 × 10)	2,000
總製造成本	$ 272,800

二、進階題

A 8-1 直接成本法及全部成本法的比較

利偉公司在90年1月1日開始營業，資產有現金$100,000，而權益類有股本$100,000，在90年度生產一些製造成本為$50,000，包括$10,000的工廠租金及其他變動製造費用。在91年度沒有製造產品，但賣了一半的存貨，得到$34,000的現金。在92年度期間仍然沒有生產，但將另一半存貨賣掉，也賣得$34,000現金。在91年及92年度均無固定費用，除上所述該公司沒有其他任何交易。

試作：編製90年度、91年度、92年度的資產負債表和損益表，採：

1. 全部成本法。
2. 直接成本法。

解：

1. 全部成本法：

利偉公司
資產負債表
90年12月31日

現　金	$ 50,000	股　本	$100,000
存　貨	50,000		
合　計	$100,000	合　計	$100,000

利偉公司
損益表
90年度

沒有淨利

91年12月31日

現　金	$ 84,000	股　本	$100,000
存　貨	25,000	保留盈餘	9,000
合　計	$109,000	合　計	$109,000

91年度

收　入	$ 34,000
費　用	(25,000)
淨　利	$ 9,000

92年12月31日

現　金	$118,000	股　本	$100,000
存　貨	0	保留盈餘	18,000
合　計	$118,000	合　計	$118,000

92年度

收　入	$ 34,000
費　用	(25,000)
淨　利	$ 9,000

2. 直接成本法:

利偉公司
資產負債表
90年12月31日

現　金	$50,000	股　本	$100,000
存　貨	40,000	保留盈餘	(10,000)
合　計	$90,000	合　計	$ 90,000

利偉公司
損益表
90年度

收　入	$ 0
費　用	(10,000)
淨　損	$(10,000)

91年12月31日

現　金	$ 84,000	股　本	$100,000
存　貨	20,000	保留盈餘	4,000
合　計	$104,000	合　計	$104,000

91年度

收　入	$ 34,000
費　用	(20,000)
淨　利	$ 14,000

92年12月31日

現　金	$118,000	股　本	$100,000
存　貨	0	保留盈餘	18,000
合　計	$118,000	合　計	$118,000

92年度

收　入	$ 34,000
費　用	(20,000)
淨　利	$ 14,000

A 8-2　直接和全部成本法之損益表

凱利公司在91年度開始生產並銷售一種新產品，下列是新產品在第一年的銷售情形:

單　位:	
生產量	16,000
銷售量	14,500
每單位售價	$12
變動成本:	
直接原料	$44,000
直接人工	36,000

製造費用	16,000
銷管費用	12,000
固定成本:	
製造費用	$40,000
銷管費用	20,000

試作:

1. 編製直接成本法的損益表。
2. 編製全部成本法的損益表。
3. 編製二種方法的利潤調節表。

解:

1.

凱利公司
損益表
91年度

銷貨收入			$174,000
變動成本			
製造成本:			
直接原料	$44,000		
直接人工	36,000		
製造費用	16,000		
總製造成本	$96,000		
減:期末存貨	9,000	$87,000	
銷管費用		12,000	99,000
邊際貢獻			$ 75,000
固定成本:			
製造成本		$40,000	
銷管費用		20,000	60,000
稅前淨利			$ 15,000

2.

凱利公司
損益表
91年度

銷貨收入		$174,000
銷貨成本：		
直接原料	$ 44,000	
直接人工	36,000	
製造費用	56,000	
減：期末存貨(44,000 + 36,000 + 56,000) × $\frac{1,500}{16,000}$	(12,750)	123,250
銷貨毛利		$ 50,750
銷管費用：		
變動費用	$ 12,000	
固定費用	20,000	32,000
稅前淨利		$ 18,750

3. 二種方法之調節表：

期初存貨單位	0
期末存貨單位	1,500
變更之存貨單位	1,500
固定成本率	$2.5
利潤差異數	$ 3,750
直接成本法利潤	15,000
全部成本法利潤	$18,750

A 8–3　全部成本法及直接成本法

美加公司生產一種特殊的自行車零件，每單位零件售價為$40，公司全年的正常產銷量是500,000單位，以下是去年的成本資料：

直接原料	$6 / 每單位
直接人工	$5 / 每單位
製造費用	$2 / 每單位，另加全年固定成本$3,500,000
銷管費用	$4 / 每單位，另加全年固定成本$1,500,000

試作：

1. 如果公司生產500,000單位零件並出售450,000單位，請編製全部成本法和直接成本法下的損益表。
2. 解釋問題1所求出淨利差異的原因。

解：

1.(1)全部成本法：

美加公司
損益表
××年度

銷貨收入($40 × 450,000)	$18,000,000
銷貨成本($20 × 450,000)	9,000,000(a)
銷貨毛利	$ 9,000,000
銷管費用	3,300,000(b)
淨　利	$ 5,700,000

補充計算：(a)固定製造費用率 $= \frac{\$3,500,000}{500,000} = \$7$

每單位生產成本 = \$6 + \$5 + \$2 + \$7 = \$20

(b) \$4 × 450,000 + \$1,500,000 = \$3,300,000

(2)直接成本法：

美加公司
損益表
××年度

銷貨收入($40 × 450,000)		$18,000,000
銷貨成本($13 × 450,000)		(5,850,000)(c)
變動銷管費用($4 × 450,000)		(1,800,000)
邊際貢獻		$10,350,000
固定成本：		
製造費用	$3,500,000	
銷管費用	1,500,000	5,000,000
淨　利		$ 5,350,000

補充計算：(c)每單位變動生產成本 = $6 + $5 + $2 = $13

2. 存貨增加數 × 固定成本率 = 淨利差異數

50,000 × $7 = $350,000 = $5,700,000 − $5,350,000

生產量超過銷售量50,000單位，每單位有$7的固定製造費用。在全部成本法中，這50,000單位的商品會增加在期末存貨中，因此會有$350,000的存貨金額延後承認在損益表。相反地，在直接成本法中，$350,000的固定製造費用包含在損益表中。

A 8–4　直接成本法及全部成本法的損益平衡點分析

龍安用品公司董事長非常驚訝，因為公司在90年度的銷售單位僅達損益平衡點，但編出的損益表卻還有少量的利潤。

在編列90年度預算時，董事長曾被告知，這將是一個情況很糟的一年，我們只能預期銷售量達損益平衡點206,000單位，但是以預算的售價和成本所編出的損益表卻仍有少量的利潤，這是非常令人不能理解的。

90年的預算資料如下：

$$損益平衡點 = \frac{\$3,090,000}{\$15} = 206,000單位$$

單位售價	$35
單位變動成本	20
單位邊際貢獻	$15

固定生產成本以一年正常生產量600,000單位，每單位應分配$5。90年期初存貨為30,000單位，而期末存貨為80,000單位，銷管費用的固定成本$90,000，所得稅率為25%。

試作：

1. 編製90年度全部成本法之損益表。
2. 編製90年度直接成本法之損益表。
3. 請向董事長說明為何銷貨收入在損益平衡點時，以全部成本法所編製的損益表會有少量利潤出現。

4. 說明全部成本法編製的損益表及直接成本法的損益表，哪一種較為實際有用。

解:

1.

龍安用品公司
損益表
90年度

銷貨收入($35 × 206,000)		$7,210,000
銷貨成本:		
期初存貨($20 + $5) × 30,000	$ 750,000	
生產成本:		
變動成本($20 × 256,000)	5,120,000	
固定成本	3,000,000	
可供銷貨成本	$8,870,000	
期末存貨($25 × 80,000)	2,000,000	6,870,000
銷貨毛利		$ 340,000
銷管費用		90,000
稅前淨利		$ 250,000
所得稅		62,500
稅後淨利		$ 187,500

2.

龍安用品公司
損益表
90年度

銷貨收入		$7,210,000
變動成本:		
期初存貨	$ 600,000	
生產成本——變動	5,120,000	
可供銷貨成本	$5,720,000	
期末存貨	1,600,000	4,120,000
邊際貢獻		$3,090,000

固定成本：		
生產成本	$3,000,000	
銷管費用	90,000	3,090,000
淨　損		$　　　0

3. 在損益平衡點時，公司還會有少量利潤，是由於期末存貨增加50,000單位的關係，因為50,000單位的存貨將會使$250,000 (= $5 × 50,000)的固定成本從90年度轉至91年度。
4. 以財務報導的立場來看，採用何種損益表較為實際已爭吵多年，但以內部決策及控制的目的來看，直接成本法似較為妥當。因為全部成本法可由產量水準的選擇，操縱公司的損益。

A 8–5　全部成本法及變動成本法

欣民公司今年起，將該公司的存貨計價方式由全部成本法改為變動成本法。以下是年度的相關資料。

該公司所產生的產品每單位售價$40，原料於生產開始時即加入，人工及製造費用則在生產過程中平均發生。

每單位產品的標準成本如下：

原料（2磅，@$3）	$ 6.00
人　工	12.00
變動製造費用	2.00
固定製造費用	2.20
單位成本合計	$22.2

欣民公司之分步成本制採用標準成本，標準成本之差異全部轉入銷貨成本。當年度的存貨資料如下：

	1/1	12/31
原　料	50,000磅	40,000磅
在製品：		
40%完工	10,000單位	

$\frac{1}{3}$完工		15,000單位
製成品	20,000單位	12,000單位

當年度購買原料220,000磅，轉入在製品存貨的原料共計230,000磅，另有110,000單位之在製品轉入製成品存貨。該年度實際發生之固定成本與預算數相同，實際單位變動成本等於預計單位變動成本。

試作：

1. 該年度材料、人工與製造費用之約當產量。
2. 該年度銷售數量。
3. 在變動成本法與全部成本法下之標準單位成本。
4. 該年度之多分攤或少分攤固定製造費用。

解：

1. 約當產量：

		約當單位	
	實體單位	材　料	人工及製造費用
期初存貨本期轉出	10,000	0	6,000
本期投入本期轉出	1,000,000	100,000	100,000
期末在製品	15,000	15,000	5,000
合　計		115,000	111,000

2. 銷售數量：

轉入製成品數量	110,000
加：製成品期初存貨	20,000
可銷售數量	130,000
減：製成品期末存貨	(12,000)
銷售數量	118,000

3. 標準單位成本：

	變動成本法	全部成本法
原　料（2磅 × $1.5）	$ 6.0	$ 6.0
人　工	12.0	12.0
變動製造費用	2.0	2.0
固定製造費用	–	2.2
總標準單位成本	$20.0	$22.2

4. 多分攤或少分攤固定製造費用：

實際固定製造費用(110,000×$2.2)		$242,000
已分攤固定製造費用		244,200
多分攤固定製造費用		$ (2,200)
註：本期製造費用約當產量	111,000	
標準單位固定製造費用	× $2.2	
已分攤固定製造費用	$244,200	

A 8-6　全部成本法及直接成本法的比較

寶利公司的單一產品售價為每單位$30，變動製造成本每單位為$16，變動銷管費用每單位為$6，總固定製造成本是每年$50,000，而總固定銷管費用每年$30,000。當年度無期初存貨，總共生產12,500，共銷售10,000單位。

試作：

1. 根據下列假設，請計算期末存貨成本：
   (1)直接成本法。
   (2)全部成本法。
2. 根據下列假設，請計算全年度固定成本總額：
   (1)直接成本法。
   (2)全部成本法。
3. 根據下列假設，請編製當年度損益表：
   (1)直接成本法。

(2)全部成本法。

解:

1.(1)期末存貨 = $16 × 2,500 = $40,000

(2)期末存貨 = ($16 + $4*) × 2,500 = $50,000

*固定成本率 = $\frac{\$50,000}{12,500}$ = $4

2.(1)固定成本 = $50,000 + $30,000 = $80,000

(2)固定成本 = $50,000 × 80%* + $30,000 = $70,000

*存貨出售比率 = $\frac{10,000}{12,500}$ = 80%

3.(1)

寶利公司
損益表
××年度

銷貨收入		$300,000
變動成本:		
製造成本($16 × 10,000)	$160,000	
銷管費用($6 × 10,000)	60,000	220,000
邊際貢獻		$ 80,000
固定成本:		
製造成本	$ 50,000	
銷管費用	30,000	80,000
淨　利		$ 0

(2)

寶利公司
損益表
××年度

銷貨收入		$300,000
銷貨成本:		
期初存貨	$ 0	
生產成本	250,000	
期末存貨	(50,000)	200,000

銷貨毛利	$100,000
銷管費用	90,000
淨 利	$ 10,000

A 8-7 全部成本法和直接成本法

愛美公司生產並銷售某種單一產品，下列是有關其生產及銷售的成本資料：

每單位變動成本：	
直接原料	$15.0
直接人工	7.5
變動製造費用	3.0
變動銷管費用	6.0
每年固定成本：	
製造費用	$135,000
銷管費用	450,000

在去年度，共生產45,000單位，而其中已有37,500單位出售，在期末製成品存貨中有7,500單位，而金額是$191,250。

試作：

1. 請說明公司是採用全部成本法或直接成本法下的單位成本計算為何？列出其計算內容。
2. 假設公司要編製當年度財務報表給股東：
   (1)如將$191,250的製成品期末存貨金額表現在對外報表上是否正確？
   (2)在對外報表上7,500單位的期末製成品存貨應以多少金額表示？

解：

1. 公司是採直接成本法：

	直接成本法	全部成本法
直接原料	$15.0	$15.0
直接人工	7.5	7.5

變動製造費用：	3.0	3.0
固定製造費用	–	3.0
每單位成本	$25.5	$28.5
7,500單位的總成本	$191,250	$213,750

2.(1)不正確，直接成本法的損益表不能作為對外財務報表，因此，不宜將$191,250之金額列記在報表上。

(2)製成品存貨金額應為$213,750，所增加的差額是$22,500，為固定製造費用；也就是說，對外的財務報表應採全部成本法才正確。

A 8–8　全部成本法和直接成本法的損益表及成本—數量—利潤分析

利美公司很有計畫的安排其產品之生產，所以該公司沒有任何期初及期末存貨，公司的管理部門提供了90年度該公司以全部成本法編製的損益表。

利美公司
損益表
90年度

銷貨收入		$100,000
銷貨成本		54,000
銷貨毛利		$ 46,000
銷售費用	$19,000	
管理費用	14,240	33,240
淨　利（稅前）		$ 12,760

他們也提供了91年度直接成本法損益表。

利美公司
損益表
91年度

銷貨收入		$100,000
變動銷貨成本	$33,000	
變動銷售費用	11,000	44,000
邊際貢獻		$ 56,000

固定製造費用	$22,000	
固定銷售費用	9,000	
固定管理費用	13,996	44,996
淨　利（稅前）		$ 11,004

利美公司管理部門非常好奇有關90年度和91年度的損益平衡點的銷貨收入。

試作：

1. 決定該公司90年度、91年度的損益平衡點的銷貨收入。下面是有關資料：

   (1)製造費用在90年度及91年度都沒有多分攤或少分攤。

   (2)固定製造費用是銷貨成本的$\frac{23}{54}$。

   (3)變動銷售費用在90年度是銷貨收入的11%。

   (4)在90年和91年沒有變動管理費用。

2. 請問哪一張損益表較容易計算出損益平衡點的銷貨收入？

解：

1. 90年度：

固定製造費用 $= \$54,000 \times \frac{23}{54} = \$23,000$

變動製造費用 $= \$54,000 - \$23,000 = \$31,000$

變動銷售費用 $= \$100,000 \times 11\% = \$11,000$

固定銷售費用 $= \$19,000 - \$11,000 = \$8,000$

固定費用 $= \$23,000 + \$8,000 + \$14,240 = \$45,240$

變動成本率 $= \frac{\$31,000 + \$11,000}{\$100,000} = 0.42$

損益平衡點 $= \frac{\$45,240}{1 - 0.42} = \$78,000$

91年度：

$$變動成本率 = \frac{\$44,000}{\$100,000} = 0.44$$

$$損益平衡點 = \frac{\$44,996}{1 - 0.44} = \$80,350$$

2. 從直接成本法的損益表較容易算出損益平衡的銷貨收入。

A 8–9 編製損益表

某公司生產甲、乙、丙三種產品，公司採用作業基礎制度分攤間接成本，90年1月份的廠務成本為$2,000,000，其他相關資訊如下：

	甲	乙	丙	合 計
產銷量	1,000單位	3,000單位	12,000單位	16,000單位
單價／每單位	$400	$500	$1,000	
直接成本／每單位	$175	$225	$ 375	
間接成本：				
單位相關成本	?	?	?	$2,400,000
批次相關成本	?	?	?	1,440,000
產品相關成本	?	?	?	960,000
檢驗次數	90次	105次	105次	300次
維修小時	500小時	700小時	800小時	2,000小時

該公司的單位相關成本依直接成本的比率分攤；批次相關成本依檢驗次數比率分攤；產品相關成本則依機器維修小時比率分攤。

試作：請編製該公司90年1月份成本動因形式的損益表。

解：

××公司
損益表
90年1月份

	甲	乙	丙	合 計
銷貨收入	$ 400,000	$1,500,000	$12,000,000	$13,900,000
銷貨成本：				

直接成本	(175,000)	(675,000)	(4,500,000)	(5,350,000)
單位相關成本	(541,935)	(696,775)	(1,161,290)	(2,400,000)
批次相關成本	(432,000)	(504,000)	(504,000)	(1,440,000)
產品相關成本	(240,000)	(336,000)	(384,000)	(960,000)
銷貨毛利（損）	$(988,935)	$(711,775)	$ 5,450,710	$ 3,750,000
廠務成本				(2,000,000)
淨　利				$ 1,750,000

參、自我評量

8.1 全部成本法與直接成本法的介紹

1. 全部成本法下的製造成本組成分子不包括：

A. 變動製造費用。

B. 直接人工成本。

C. 直接原料成本。

D. 間接原料成本。

解：D

詳解：全部成本法下的製造成本組成分子為變動製造費用、直接人工成本、直接原料成本、固定製造費用。

2. 直接成本法下的損益表，也可稱為貢獻式的損益表。

解：○

3. 直接成本法下的製造成本組成分子不包括：

A. 直接原料成本。

B. 直接人工成本。

C. 固定製造費用。

D. 變動製造費用。

解：C

詳解：直接成本法下的製造成本組成分子為直接原料成本、直接人工成本、變動製造費用。

8.2 損益表的編製與損益比較

1. 直接成本法的損益差異分析：

A. 所有的變動費用會先從銷貨收入中扣除。

B. 會將固定製造費用分攤至產品成本中。

C. 會有生產數量差異發生。

D. 以上皆是。

解：A

詳解：直接成本法下，所有的變動費用會先從銷貨收入中扣除，沒有將固定製造費用分攤至產品成本中，沒有生產數量差異發生。

2. 在直接成本法下，是以銷貨毛利為重點，固定製造費用是包含在銷貨成本中。

解：×

詳解：在直接成本法下，固定的製造成本並沒有包含在銷貨成本中；在全部成本法下，固定製造費用才是包含在銷貨成本中。

8.3 存貨變化對損益的影響

1. 在全部成本法下：

A. 當生產量多於銷售量時，利潤較直接成本法低。

B. 當生產量多於銷售量時，利潤較直接成本法高。

C. 當生產量等於銷售量時，利潤較直接成本法低。

D. 當生產量少於銷售量時，兩種成本法所得的損益相同。

解：B

詳解：在全部成本法下，當生產量多於銷售量時，利潤較直接成本法高；當生產量等於銷售量時，兩種成本法所得的損益相同；當生產量少於銷售量時，利潤較直接成本法低。

2. 在直接成本法與全部成本法下，造成利潤差異數的原因，主要是由於存貨成本的差異而造成。

解：○

8.4 損益平衡分析

1. 在全部成本法下，損益平衡點的計算方式為：

$$損益平衡點（單位）= \frac{某段期間的總固定成本}{單位邊際貢獻}$$

解：×

詳解：上式為直接成本法下的算法；在全部成本法下的計算方式為：

$$損益平衡點（單位）= \frac{某段期間的總固定成本 +〔固定製造費用率 \times（損益平衡點的銷售單位 - 生產單位數）〕}{單位邊際貢獻}$$

2. 軒亞公司生產CD唱盤，其固定製造費用率為$2，總固定成本為$38,250，生產單位數9,000，單位邊際貢獻$15，試求其損益平衡點。（請分別用直接成本法與全部成本法計算）

解：直接成本法：

$38,250 ÷ $15 = 2,550（單位）

全部成本法：

BV = $38,250 +〔$2 × (BV − 9,000)〕÷ $15

BV = 1,558（單位）

8.5 全部成本法與直接成本法的評估

1. 全部成本法的優點：

A. 使管理者易獲得損益平衡分析的資料。

B. 較能反應當期利潤目標及預算的配合度。

C. 有助於管理者作利潤規劃。

D. 無劃分固定與變動成本的困擾。

解：D

詳解：A, B, C三者為直接成本法的優點。

2. 直接成本法的缺點：

A. 不能直接提供管理人員所需的資料。

B. 將固定成本武斷分攤，會造成報告的績效不明確。

C. 明確劃分變動與固定成本，在實務上有困難。

D. 不符合彈性預算的觀念。

解：C

8.6 作業基礎成本法下的損益表

1. 作業基礎成本法是一種較切合現代製造環境的成本分攤及計算方法。

解：○

2. 作業基礎成本法，是將成本依其特性，歸屬至各項不同作業的成本庫，而後根據各項作業的性質分析成本產生之各項成本動因，再依不同的成本動因分配至各成本標的。

解：○

第9章

預算的概念與編製

壹、作業解答

一、選擇題

1. 預算制度的功能為:

A. 資源分配。

B. 績效評估。

C. 營運規劃。

D. 以上皆是。

解: D

2. 財務預算的內容包括:

A. 銷售預算。

B. 現金預算。

C. 生產預算。

D. 製造費用預算。

解: B

3. 有關設計計畫預算制度(PPBS)的敘述，下列何者為真?

A. 強調的是計畫的投入面而非產出面。

B. 實施的第一步驟是分析計畫的目標。

C. 實施的第二步驟是分析各種可行的方案。

D. 通常用於營利事業組織。

解: B

4. 參與式預算的一個特殊優點是：

A. 這過程使員工對企業預算目標較有認同感。

B. 這過程使組織部分有良好的溝通。

C. 這過程使組織部分的計畫有所協調。

D. 公司可朝著中期目標評估它的過程。

解：A

5. 零基預算：

A. 著重於每年計畫收入之間的關係。

B. 不提供每年支出的計畫。

C. 是一種特別針對計畫預算的方法。

D. 包括從成本或利益透視圖來作每一種成本的成分覆核，使新舊計畫在年度開始時，評估的基礎相同。

解：D

二、問答題

1. 何謂預算？其特性為何？

解：⑴意義：預算(Budget)是指在未來的某一特定期間內，資金如何取得與運用的一種詳細計畫。

⑵特性：

①必須依循企業的經營目標來編製營運計畫。

②強調企業的整體性，亦即組織內各部門或各單位所編製的預算，須以企業整體目標為依歸。

③盡量以數量化資料為營運計畫的主要內容。

2. 試以圖解說明預算與規劃和控制的關係。

解：

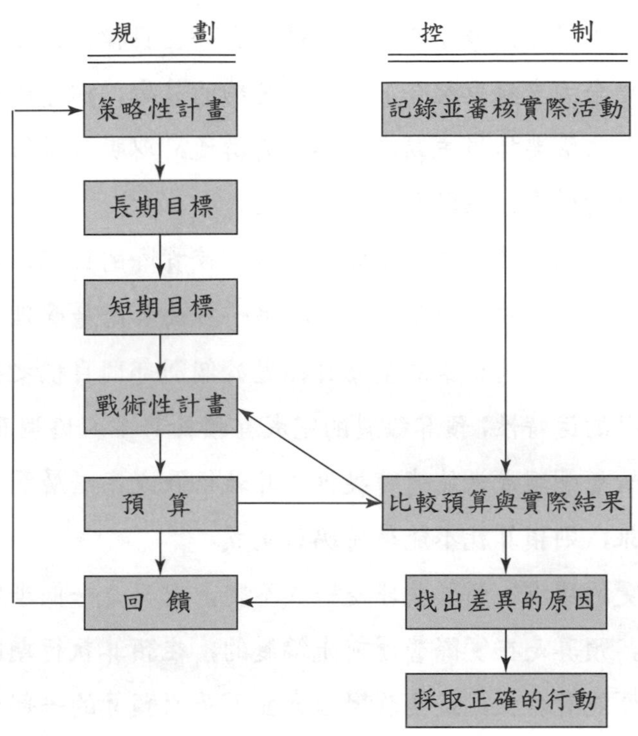

3. 試簡單說明預算編製的基本原則。

解：預算編製的基本原則如下：

(1)建立企業的長期目標：預算編製人員必須能夠知道高階層管理人員的長期目標。

(2)確認短期目標：有了長期目標之後，接著需將短期目標明確訂定為每年的營運計畫，以促進長期目標的達成。

(3)決定預算執行長：在有效的預算制度中，需要一位良好的預算執行長，此人必須能與企業各層級中的管理者溝通。

(4)確認預算編製的所有參與者：預算制度若想成功，需在企業組織中，從高階層到低階層所有相關人員親自且誠心的參與。預算編製過程中，所有參與者都應瞭解他們的責任，這種確認過程係由高階層管理者開始。高階層主管需確認在其監督範圍內低階管理者的責任，各階層管理者再將他們負責的主要活動的資訊傳達給高階層主管。

⑸獲得高階主管的全力支持與主動溝通：高階層管理者不能只是傳達組織目標給各階層，命令其實行目標。有一些目標是很難達成的，高階層主管要全力支持與配合，給屬下足夠的鼓勵，以達成目標。另一方面，高階主管要採用主動方式與部屬溝通，以瞭解進行的情況，並且瞭解問題的所在，協助部屬解決問題。

⑹預算需符合真實性：高階主管必須擬訂較實際的目標，若所訂目標太低容易達成，則缺乏激勵的作用。另一方面各階層管理者必須提供真實的資料，不應將企業的整體目標置於個別部門目標之後。

⑺預算資料的適時性：預算編製的完成有賴於許多人協調而成，若有一、二位低階層管理者未能適時提供預算執行長或高階層管理者與預算相關的資訊，則預算就不能準時編製完成。

⑻適應多變的環境：預算並非是一成不變，它只是一個準則，並非絕對的正確。預算是在實際營運前先編製的，在預算執行期間，不可預期的因素可能會發生，這些改變因素並不是原預算的一部分，所以管理人員應機動調整預算。

⑼追蹤原則：預算執行後的追蹤和資訊的回饋是預算控制的一部分。預算本身是種估計，隨環境的改變需有適度的修正，因為預算有錯誤就不能視為一個基準。組織內各部門的預期結果可能會與實際結果不同，透過績效評估報告就能顯示出差異。這樣的績效報告除了可作為實際結果的審核報告，也可以作為下次預算的依據。

4. 請簡述何謂整體預算及其組成內容。

解：整體預算(Master Budget)又稱總體預算，有時亦稱為利潤計畫(Profit Plan)。一個預算制度的主要產品就是整體預算，它是由企業對未來某一特定期間的許多營運活動所作的各項預算來構成。

組成內容包括：

⑴營業預算：指企業在未來期間收入和費用交易行為的預期結果之彙總，以金額單位來表示。

(2)財務預算：是一種對於企業如何取得使用資金的計畫，包含了現金收入預算、現金支出預算和現金預算等。

5.生產預算是銷售預算加上存貨水準變動的調整而得，請問需考慮哪些成本？

解：還需考慮因生產過剩所產生的儲存成本和供不應求而引起的缺貨成本。

6.現金支出預算包括哪些項目？試至少舉5個項目。

解：現金支出預算包括下列幾項：

(1)購買原料。

(2)直接人工的薪資給付。

(3)製造費用。

(4)銷管費用。

(5)股利的支付。

(6)購買設備。

(7)所得稅的支付。

7.何謂預算鬆弛？其產生的主要原因為何？

解：(1)意義：預算鬆弛(Budgetary Slack)又稱填塞預算(Padding the Budget)，通常發生在參與式預算的編製過程中，故意的高估費用或低估收入，讓預算執行者以較少努力即能達到目標。

(2)產生主要原因：

①人們直覺這種方式所訂定的目標較容易達成，績效評估的成果較好。

②預算鬆弛對於不確定性情況的發生較容易應付。

③各部門所估列的預算常遭到上司的刪減，因此就刻意的高估或低估讓管理當局刪減。

8.何謂零基預算？何謂決策包？

解：(1)零基預算(Zero-based Budgeting)：管理者編製預算的基礎由零開始，每次預算編製就像第一次編製預算。

(2)決策包(Decision Package)：每個部門或單位的營運目標，和所有與企業目標有關的活動。每一個決策包必須是完整而且獨立的，包括所有的直接成本和支援的成本。

9.說明實施設計計畫預算制度的步驟。

解：實施設計計畫預算制度的步驟：

(1)分析計畫的目標。

(2)衡量各期間的總成本。

(3)分析各種可能的方案並基於最大效益考量選擇一個方案。

(4)有系統的執行計畫。

10.設計計畫預算制度的缺點有哪些?

解：設計計畫預算制度的缺點如下：

(1)管理者必須將企業的目標和所有活動做連結，這些過程往往是費時且複雜。

(2)作成本與效益的分析是很困難的，尤其在無形效益的衡量方面。

貳、習 題

一、基礎題

B 9-1 銷售預測

大順公司90年預計銷售X產品40,000單位，該公司目標期末存貨為5,000單位，而期初存貨有6,000單位，預計每部售價$100,000。公司所有零件均向外採購，預計期末零件存貨1,500個，期初存貨1,000個，每個零件之採購價格為$3,200。

試作：

1.計算90年預計銷貨金額。

2. 計算90年生產之X數量。

3. 計算90年採購之零件數量與金額。

解:

1. $100,000 × 40,000 = $4,000,000,000

2.

預計銷量	40,000
加: 期末成品存貨	5,000
總需求量	45,000
減: 期初製成品存量	6,000
生產數量	39,000

3.

生產耗料(39,000 × 2)	78,000
加: 期末原料存貨	1,500
原料總需求量	79,500
減: 期初原料存貨	1,000
原料採購量	78,500

$3,200 × 78,500 = $251,200,000

B 9-2 預算收入、銷貨毛利

品高公司經銷3種產品: X、Y、Z。該公司90年的有關資料如下:

產 品	銷量(件)	每件平均單價	每件毛利
X	15,000	$64	$24
Y	12,000	$50	$20
Z	8,000	$40	$14

上列三種產品中, X產品最受歡迎, 預期91年的需求量將為90年的200%。Y的需求量也極可能會增加30%, 至於Z的需求則維持不變。而X的售價提高20%, Y、Z之售價均調高10%, 單位銷貨成本將依下列倍數增加: X:25%、Y:15%、Z:20%。

試作: 編製91年產品別的預算收入及銷貨毛利。

解:

品高公司
91年
預算銷貨收入及銷貨毛利

產　品	銷　量	每件平均單價	每件銷貨成本	每件毛利	銷貨收入	銷貨毛利
X	30,000	$76.8	$50	$26.8	$2,304,000	$ 804,000
Y	15,600	55	34.5	20.5	858,000	319,800
Z	8,000	44	31.2	12.8	352,000	102,400
合　計					$3,514,000	$1,226,200

B 9-3 銷貨成本預算

梅森公司編製 91 年三個月份估計的銷貨收入表如下:

	6月	7月	8月
賒　銷	$750,000	$800,000	$850,000
現　銷	100,000	105,000	110,000
總銷貨額	$850,000	$905,000	$960,000

所有的商品以發票成本加價25%出售。每個月期初的商品存貨是當月預計銷貨量之25%。

試作:

1. 91年6月份之銷貨成本預計數。
2. 就91年7月份而言，商品進貨成本預計數。

解:

1. 成本 + (0.25 × 成本) = 銷貨

   1.25 × 成本 = $850,000

   成本 = $680,000

2.

7月份銷貨成本表

期初存貨（7月份之銷貨成本的25%）	$181,000(a)
加：進貨	X
可供銷貨的成本	$916,000
減：期末存貨（8月份之銷貨成本的25%）	192,000(b)
銷貨成本	$724,000(c)

X = \$724,000 + \$192,000 − \$181,000 = \$735,000

(a)\$905,000 ÷ 1.25 = \$724,000

\$724,000 × 25% = \$181,000

(b)\$960,000 ÷ 1.25 = \$768,000

\$768,000 × 25% = \$192,000

(c)\$905,000 ÷ 1.25 = \$724,000

B 9-4 原料採購預算

唐諾公司製造並銷售產品，該公司行銷部門提供90年第一季的銷售量預測如下：

月　份	預測銷售數量（單位）
1月	24,000
2月	32,000
3月	36,000

行銷部門預計90年第二季將銷售 102,000 單位，且每月的銷售量相同。

唐諾公司的政策是每月底製成品存貨量等於下月份預測銷售量的$\frac{2}{5}$。

生產1單位產品需要4磅的麵粉，為了便利生產，唐諾公司管理當局要求月底手上麵粉的數量，等於下月預期使用量的一半。

試作：編製90年第一季每月計畫購買麵粉的數量表（即直接原料採購預算）。因為此計畫是在90年底前編製的，所以你必須預測期初存貨。

解:

唐諾公司
生產預算
90年1月至4月

	1月	2月	3月	4月
預測銷售量	24,000	32,000	36,000	34,000
加:所需期末存貨	12,800	14,400	13,600	13,600
所需要單位數	36,800	46,400	49,600	47,600
減:期初存貨	(9,600)	(12,800)	(14,400)	(13,600)
所需生產量	27,200	33,600	35,200	34,000

唐諾公司
原料採購預算
90年3月31日止

	1月	2月	3月	4月
所需使用量(生產量×4)	108,800	134,400	140,800	136,000
加:預計期末直接原料存貨	67,200	70,400	68,000	
所需要直接原料	176,000	204,800	208,800	
減:期初直接原料存貨	(54,400)	(67,200)	(70,400)	
預計採購量	121,600	137,600	138,400	

B 9-5 生產預算與原料採購量預算

道格製造公司生產高品質的音響零件,公司預估91年度將銷售50,000組CD唱盤,每個CD唱盤由5個零件組成。預估組成零件和CD唱盤的期初和期末存貨量如下:

	91/1/1	91/12/31
組成零件	400,000	600,000
CD唱盤	10,000	6,000

試作:

1. 編列CD唱盤的生產預算。
2. 編列組成零件的購買預算。

解：

1. 生產預算：

道格公司
生產預算
91年1月1日至12月31日

銷貨數量	50,000
加：所需期末存貨	6,000
所需的單位數	56,000
減：期初存貨	(10,000)
所需生產數量	46,000

2. 原料購買量預算：

道格公司
原料購買量預算
91年1月1日至12月31日

所需生產單位數	46,000
每單位所需的組成零件	× 5
生產所需要的組成零件	230,000
加：所需的期末組成零件	600,000
組成零件的總需求	830,000
減：組成零件期初存貨	(400,000)
組成零件所需購買量	430,000

B 9-6　直接人工預算

貝斯公司修正91年後二季的預算計畫，有A、B二條生產線。修正後的計畫顯示，產品在二季的生產單位如下：

	生產線	
	A	B
第三季	18,000	22,500
第四季	24,000	27,000

第三季中每小時的人工工資率原為$20。自10月1日起，貝斯公司與工會協議核定，每個小時的人工工資率上升$1。生產計畫指出生產A產品需要15分鐘，生產B產品需要20分鐘。

試作：編列每一生產線每一季的直接人工預算。

解：

直接人工預算：貝斯公司

91年度

	第三季	第四季	總　和
A產品：			
產品數量	18,000	24,000	42,000
每單位所花時間（小時）	$\frac{1}{4}$	$\frac{1}{4}$	$\frac{1}{4}$
所花時間（小時）	4,500	6,000	10,500
每小時工資	$20	$21	
直接人工成本	$ 90,000	$126,000	$216,000
B產品：			
生產數量	22,500	27,000	49,500
每單位所花時間（小時）	$\frac{1}{3}$	$\frac{1}{3}$	$\frac{1}{3}$
所花時間（小時）	7,500	9,000	16,500
每小時工資	$20	$21	
直接人工成本	$150,000	$189,000	$339,000
全部直接人工成本	$240,000	$315,000	$555,000

B 9-7 預期製造費用的計算

捷進資訊系統公司發展出一方程式來估計製造費用，這方程式如下：

設備折舊費 = 每月$86,000

設備維修費 = 每月$18,000 +（每機器小時$2.4 × 機器實際操作時數）

電費 = 每機器小時$0.8 × 機器實際操作時數

在90年度中，捷進資訊系統公司計畫生產586電腦4,200單位及686電腦6,000單位。製造每臺586電腦的估計機器時間是10個機器小時，而製造每臺686電腦的估計機器時間是8個機器小時。

試作：計算90年度預計的設備折舊費、維修費及電費。

解：

設備折舊費= \$86,000 / 月×12月 / 年=\$1,032,000

設備維修費=(\$18,000 / 月×12月 / 年)+(\$2.40 / MH × 90,000MH)

= \$432,000

586電腦	4,200單位 × 10MH / 單位 =	42,000MH
686電腦	6,000單位 × 8MH / 單位 =	48,000MH
總　和		90,000MH

電費 = \$0.8 / MH × 90,000MH = \$72,000

B 9-8　銷管費用預算

麥斯公司製造銷售檯燈，公司預估91年第一季的每月份銷售數量。

月　份	預計銷售數量
1月	20,000
2月	24,000
3月	36,000

第二季預測銷售數量為90,000臺，假設第二季的銷售每個月數量皆相同。麥斯公司的行銷部門希望在91年，每臺檯燈能賣\$40。為了增加銷售，他們計畫用5%的銷貨收入來支付佣金費用，且每個月廣告和其他促銷費用為\$26,000。

公司經理預計91年所發生的管理費用如下：

公司設備的折舊	每月\$12,000
辦公室租金	每月\$8,800
薪　資	每月\$18,000
保險費用	每月\$3,000

辦公用品	銷貨收入的0.2%

試作：

1. 編列91年第一季每月的預估銷貨收入和相關行銷費用。
2. 編列91年第一季每月的預估管理費用。

解：

1.

麥斯公司
預估銷貨收入和相關行銷費用
91年1/1至3/31

	1月	2月	3月
銷貨數量	20,000	24,000	36,000
每單位價格	× $40	× $40	× $40
銷貨收入	$800,000	$960,000	$1,440,000
廣告和其他促銷費用	$ 26,000	$ 26,000	$ 26,000
佣金費用（5%銷貨收入）	40,000	48,000	72,000
相關行銷費用	$ 66,000	$ 74,000	$ 98,000

2.

麥斯公司
預估管理費用
91年1/1至3/31

	1月	2月	3月
辦公室設備的折舊	$12,000	$12,000	$12,000
辦公室租金	8,800	8,800	8,800
薪　資	18,000	18,000	18,000
保險費用	3,000	3,000	3,000
辦公用品	1,600	1,920	2,880
管理費用總和	$43,400	$43,720	$44,680

B 9-9 營業現金收入、營業現金支出

元智公司擬預測1月份之營業狀況，有關資料如下：

(1)銷貨收入	$700,000
銷貨毛利	30%
本月應收帳款淨增加數（減備抵壞帳後）	$ 20,000
本月應收帳款變動數	0
本月存貨增加數	$ 10,000

(2)備抵壞帳依銷貨額的1%提列，包括於變動銷管費用中。

(3)每月銷管費用估計為：15% × 銷貨額

(4)每月之折舊費用為$40,000，包括於固定銷管費用中。

試作：

1. 估計1月份之營業現金收入。
2. 估計1月份之營業現金支出。

解：

1. 營業現金收入之計算：

$700,000 − $27,000 = $673,000

2. 營業現金支出之計算：

(1)進貨 = $490,000 + $10,000 = $500,000

（由於本期之應付帳款數額並無變動，故帳款等於付現額）

(2)銷管費用（變動）= $700,000 × 15% − $700,000 × 1% = $98,000

銷管費用（固定）= $70,000 − $40,000（折舊）= $30,000

營業現金支出 = (1) + (2) = $500,000 + $98,000 + $30,000 = $628,000

B 9-10 預計營業現金支出

宗祥公司90年7月份之相關資料：

(1)銷　貨	$400,000
銷貨毛利率	30%
應收帳款增加數	$ 12,500
應付帳款變動數	0
存貨增加數	$ 7,500

(2)變動銷管費用包括壞帳，壞帳率為銷貨的1%。

(3)每月固定銷管費用總額為$35,500，變動銷管費用為銷貨的15%。
(4)折舊費用每月$20,000，包含於固定銷管費用中。

試計算宗祥公司90年7月份預計營業現金支出。

解:

銷貨成本 = $400,000 × 70% = $280,000

進貨付現數 = $280,000 + $7,500 = $287,500

銷管費用付現數 = $35,500 + $400,000 × 0.15 − $400,000 × 0.01 − $20,000

= $71,500

預計營業現金支出 = $287,500 + $71,500 = $359,000

B 9-11 預計損益表

翊寧公司元月1日開始營業時的資產如下：

現　金	$ 30,000
存　貨	$ 45,000
設　備	$400,000

設備有20年的耐用年限，無殘值。第一季的預計銷貨額為$250,000，第二季$500,000，第三季之預計銷貨額則為$600,000。銷貨的2%可能為壞帳。毛利率為40%，變動推銷費用預計為銷貨的10%，固定推銷費用（不含折舊）每季$25,000。所有管理費用為固定費用，每季$20,000（不含折舊）。

試作：編製第二季之預計損益表。

解：

翊寧公司
第二季預計損益表

銷　貨		$500,000
銷貨成本(500,000 × (100% − 40%))		300,000
銷貨毛利		$200,000
銷管費用：		
壞帳費用(500,000 × 2%)	$10,000	
折舊費用(400,000 ÷ 20 × 0.25)	5,000	
推銷費用：		
變　動(500,000 × 10%)	50,000	
固　定	25,000	
管理費用	20,000	110,000
稅前淨利		$ 90,000

二、進階題

A 9-1　生產預算與原料採購量預算

瑞華公司預計9月份R產品銷售量為200,000單位。 1單位R產品的生產需要A原料3磅和B原料4加侖。9月1日的實際存貨量和9月30日的預估存貨量如下：

	實際量(9/1)	預估量(9/30)
R產品	40,000單位	20,000單位
A原料	50,000磅	36,000磅
B原料	44,000加侖	48,000加侖

試作：

1. 準備9月份R產品的生產預算。
2. 準備9月份A原料的直接原料採購量預算。
3. 準備9月份B原料的直接原料採購量預算。

解:

1. 生產預算:

瑞華公司
生產預算
9月份

銷貨單位	200,000
加:所需期末製成品存貨	20,000
所需的單位數	220,000
減:期初製成品存貨	40,000
所需的生產數量	180,000

2. & 3. A原料和B原料的直接原料採購量預算:

瑞華公司
直接原料採購量預算
9月份

	A原料(磅)	B原料(加侖)
所需生產單位數	180,000	180,000
每單位需要直接原料	× 3	× 4
生產所需的原料	540,000	720,000
加:所需原料期末存貨	36,000	48,000
原料總需求量	576,000	768,000
減:原料期初存貨	(50,000)	(44,000)
原料所需購買量	526,000	724,000

A 9-2 製造費用預算

益德公司生產兩種型態的微波爐——經濟型和豪華型。有關今年生產作業的製造費用資料如下:

變動成本:

零件成本	$0.32 / 每個人工小時
人工成本	0.48 / 每個人工小時
電　費	0.96 / 每個人工小時
其　他	0.16 / 每個人工小時

固定成本：

監工薪資	$112,000
折舊費用	96,000
保險費用	32,000
雜項費用	16,000

今年預估銷售經濟型微波爐6,400臺和豪華型微波爐16,000臺。每臺經濟型微波爐需要30個人工小時，而每臺豪華型微波爐需要20個人工小時。

試作：

1. 編列在預定作業水準下的製造費用預算。
2. 計算以人工小時為基礎的製造費用比率。

解：

1.

益德公司
製造費用預算

	每小時比率	經濟型	豪華型	總　和
變動成本：				
人工小時		192,000(a)	320,000(b)	512,000
零件成本	$0.32	$ 61,440	$102,400	$ 163,840
人工成本	0.48	92,160	153,600	245,760
電　費	0.96	184,320	307,200	491,520
其　他	0.16	30,720	51,200	81,920
總變動成本	$1.92	$368,640	$614,400	$ 983,040
固定成本：				
監工薪資				$ 112,000
折舊費用				96,000
保險費用				32,000
雜項費用				16,000
總固定成本				$ 256,000
總製造費用				$1,239,040

(a)6,400 × 30 = 192,000
(b)16,000 × 20 = 320,000

2. $\frac{\$1,239,040}{512,000} = \$2.42$

A 9-3 現金收入預算

格林公司所製造的產品在每年3月是銷售旺季，公司預估91年度第一季的銷售金額如下：

	1月	2月	3月	總　和
預估銷售金額	$750,000	$1,050,000	$2,700,000	$4,500,000

公司準備第一季的現金預算，並按月決定現金收付情形，其所蒐集資訊如下：

銷貨收入收現情形：

當月收現的占50%
下個月收現的占40%
二個月內收現的占8%
壞帳占2%

公司給予在當月份付現的顧客2%的折扣。年初的應收帳款餘額是$330,000，其中來自於90年11月份的銷貨為$60,000和90年12月份的銷貨為$270,000。

試作：

1. 90年11月份的銷貨收入，90年12月份的銷貨收入。
2. 編列91年第一季的現金收入表。

解：

1. 11月份銷貨收入：$60,000 ÷ 10% = $600,000

   12月份銷貨收入：$270,000 ÷ 50% = $540,000

2.

	1月	2月	3月	總　和
11月份銷貨：				
8% × $600,000	$ 48,000			$ 48,000
12月份銷貨：				
40% × $540,000	$216,000			216,000
8% × $540,000		$ 43,200		43,200
1月份銷貨：				
50% × $750,000 × 98%	367,500			367,500
40% × $750,000		300,000		300,000
8% × $750,000			$ 60,000	60,000
2月份銷貨：				
50% × $1,050,000 × 98%		514,500		514,500
40% × $1,050,000			420,000	420,000
3月份銷貨：				
50% × $2,700,000 × 98%			1,323,000	1,323,000
總　和	$631,500	$857,700	$1,803,000	$3,292,200

A 9-4　現金預算

下列是由蒙特婁公司所提供91年前四個月的財務資料：

91年	進貨額	銷貨額
1月	$ 84,000	$144,000
2月	96,000	132,000
3月	72,000	120,000
4月	108,000	156,000

當月的銷貨額可由顧客那裏收到70%，有20%於銷貨的次月收到，有9%於第三個月收到。其餘的可視為壞帳。蒙特婁公司於次月的10日支付所有的進貨款項並獲得2%的折扣。5月份預計進貨$120,000，而銷貨為$132,000，5月份的現金支出預計為$28,800。該公司5月1日時的現金餘額為$44,000。

試作：

1.5月份的預期現金收入額。

2.5月份的預期現金支出額。

3.5月31日的預期現金餘額。

解:

1.

蒙特婁公司
現金收入預算
91年5月份

月　份	銷　貨	百分比	預期收入
3	$120,000	9%	$ 10,800
4	156,000	20%	31,200
5	132,000	70%	92,400
總　計			$134,400

2.

蒙特婁公司
現金支出預算
91年5月份

4月進貨於5月支付	$108,000
減:2%現金折扣	2,160
淨　額	$105,840
費用的現金支出	28,800
總　計	$134,640

3.

蒙特婁公司
預期現金餘額
91年5月31日

餘額,5/1	$ 44,000
加:預期收入額	134,400
減:預期支出額	134,640
預期餘額,5/31	$ 43,760

A 9–5　現金預算

現金預算如下(以千元為單位)。公司每季季末現金餘額最少需要$10,000。

現金預算（以千元為單位）

	季				年
	1	2	3	4	總　和
期初現金餘額	$ 18	?	?	?	?
加：由顧客收來	?	?	250	?	782
可供支出之現金	$170	?	?	?	?
減去支出：					
進貨成本	$ 80	$116	?	$ 64	?
營業費用	?	84	108	?	360
購買設備	20	16	16	?	72
股利支付	4	4	4	4	?
總支出	?	$220	?	?	?
可使用現金超額（不足）	$ (6)	?	$ 60	?	?
融資方面：					
借　貸	?	$ 40	–	–	?
支付（包含利息）*	–	–	(?)	$(14)	(?)
總融資	?	?	?	?	?
期末現金餘額	?	?	?	?	?

*今年利息為$8,000

試求：將上表的空格填入。

解：

現金預算（以千元為單位）

	季				年
	1	2	3	4	總　和
期初現金餘額	$ 18*	$ 10	$ 10	$ 10	$ 18
加：由顧客收來	152	180	250*	200	782*
可供支出之現金	$170*	$190	$260	$210	$800
減去支出：					
進貨成本	$ 80*	$116*	$ 72	$ 64*	$332
營業費用	72	84*	108*	96	360*

購買設備	20*	16*	16*	20	72*
股利支付	4*	4*	4*	4*	16
總支出	$176	$220*	$200	$184	$780
可使用現金超額（不足）	$ (6)*	$ (30)	$ 60*	$ 26	$ 20
融資方面：					
借　貸	$ 16	$ 40*	–	–	$ 56
支付（包含利息）	–	–	$(50)	$(14)*	(64)
總融資	$ 16	$ 40	$(50)	$(14)	$ (8)
期末現金餘額	$ 10	$ 10	$ 10	$ 12	$ 12

*已知的資料

A 9–6　現金收入預算

晨星公司是音響設備的大零售商，其主計長將編列91年第一季的預算。依過去的經驗指出有80%的銷貨收入是現銷。應收帳款的收現情形如下：

85%的銷貨收入在當月份內收現
10%的銷貨收入在下個月內收現
5%的銷貨收入為壞帳

預估90年12月份的總銷售收入為$400,000。主計長覺得91年1月份的銷貨金額可能是介於$200,000到$320,000之間。

試作：

1. 主計長運用財務規劃模式來作現金預算，針對1月份銷貨的三種不同銷售水準列出現金收現情形。用直式書寫。

	91年1月份總銷售額範圍		
	$200,000	$260,000	$320,000
91年1月份現金收現：			
來自90年12月份的賒銷	$	$	$
來自91年1月份的現銷			
來自91年1月份的賒銷			
現金收現總和	$		

2. 晨星公司的主計長如何能使用這財務規劃模式去規劃1月份的營運？

解:

1.

	91年1月份總銷售額範圍		
	$200,000	$260,000	$320,000
91年1月份現金收入:			
12月份之賒銷收現	$ 8,000*	$ 8,000	$ 8,000
1月份之現金銷貨	160,000**	208,000	256,000
1月份之賒銷收現	34,000***	44,200	54,400
總現金收入	$202,000	$260,200	$318,400

*$8,000 = $400,000 × 0.2 × 0.1

**$160,000 = $200,000 × 0.8

***$34,000 = $200,000 × 0.2 × 0.85

2. 營運計畫是依據不同的假設而設立,在這些假設中,如銷貨需求及通貨膨脹方面,通常會包含有不確定性因素存在,一個財務規劃模式可以幫忙主計長瞭解有關於不同組合的假設下預算將如何變動。在此題中,1月份的銷貨額變化範圍為$200,000至$320,000。

A 9-7 現金預算

考慮下列資料:

渥克公司
預算損益表
90年6月30日底(以千元為單位)

銷貨收入		$ 480
存貨,5/31	$ 80	
進 貨	320	
可供銷售的商品	$400	
存貨,6/30	(60)	
銷貨成本		(340)
銷貨毛利		$ 140
銷管費用:		
薪 資	$ 60	
電 費	4	

廣告費用	18	
折　舊	2	
辦公室費用	6	
保險費及財產稅	4	(94)
營業淨利		$ 46

90年5月31日現金餘額$20,000。銷貨收入的收現情形如下：80%於當月收到，10%於次月收到，10%於第三個月才收到款項。

在90年5月31日的應收帳款餘額為$70,000，其中$30,000來自於4月份的銷貨，$40,000來自於5月份的銷貨。

90年5月31日應付帳款為$240,000。渥克公司於進貨的當月只付25%的帳款，其餘於次月付清。所有的銷管費用於認列的當月皆已支付。保險費及財產稅費用每年於12月支付。

試作：試準備90年6月份現金預算表。不考慮所得稅及其他可能影響現金的項目。

解：

渥克公司
現金預算
90年6月30日底（以千元為單位）

現金，5/31		$ 20
收入：		
賒銷的收回		
6月銷貨(0.80×$480)	$384	
5月銷貨(0.5×$40)*	20	
4月銷貨	30	434
可供使用的現金		$454
支出：		
應付帳款，5/31	$240	
6月進貨(0.25×$320)	80	
薪　資	60	
電　費	4	
廣告費用	18	

辦公室費用	6	(408)
現金，6/30		$ 46

*$40,000 = 5月份銷貨的20%，其中10%於6月份收到。4月份餘留的銷貨部分，於6月全部收齊。

A 9-8 預計損益表與資產負債表

湯普遜公司準備91年3月31日前三個月的季預算，有關此預算的資料如下：

1. 現金銷貨占每個月銷貨的50%。於所有的賒銷中，有70%於銷售的當月收現，餘者於銷貨的次月收齊。
2. 商品的進貨是預計當月銷貨額的60%而且採賒購，其中60%於進貨的當月付清，餘者於次月付清。
3. 91年3月31日的期末存貨預計為$73,600。
4. 第一季的購買設備之預算為$6,400。
5. 其他的當季費用的預算如下：電費$14,720；租金$41,600；薪資$80,000。這些費用到期即付。
6. 第一季的折舊費用為$12,800。
7. 90年12月31日資產負債表包含下列的科目：

現　金	$ 22,720
應收帳款	15,680
存　貨	32,000
設　備	179,200
累計折舊	76,800
應付帳款	7,680
普通股	65,600
保留盈餘	99,520

8. 銷貨預測為：1月$166,400；2月$160,000；3月$153,600。
9. 不考慮所得稅。

試作：編製91年3月31日當季之預計損益表及資產負債表。

解:

湯普遜公司
預計損益表
91年度第一季

銷貨收入($166,400 + $160,000 + $153,600)		$ 480,000
銷貨成本:		
期初存貨	$ 32,000	
加:進貨	288,000(a)	
可供銷貨的成本	$320,000	
減:期末存貨	(73,600)	
銷貨成本		(246,400)
銷貨毛利		$ 233,600
營業費用:		
電　費	$ 14,720	
租金費用	41,600	
薪資費用	80,000	
折舊費用	12,800	
總營業費用		(149,120)
淨　利		$ 84,480

(a)$480,000 × 0.60 = 288,000

湯普遜公司
預計資產負債表
91年3月31日

資產:	
現　金	$ 93,824(a)
應收帳款	23,040(b)
存　貨	73,600
設　備($179,200 + $6,400)	185,600
減:累計折舊($76,800+$12,800)	(89,600)
總資產	$286,464
負債及股東權益:	
應付帳款	$ 36,864(c)
普通股股本	65,600
保留盈餘	184,000(d)
總負債及股東權益	$286,464

(a)期初現金	$ 22,720
現金收到：	
現金銷貨收入(50%)	240,000
70%賒銷($480,000 × 0.5 × 0.7)	168,000
1月及2月的30%賒銷($326,400 × 0.5 × 0.3)	48,960
應收帳款，12/31	15,680
可使用現金總額	$495,360
現金支出：	
3月進貨($153,600 × 0.6 × 0.6)	$ 55,296
2月進貨($160,000 × 0.6)	96,000
1月進貨($166,400 × 0.6)	99,840
應付帳款，12/31	7,680
資本支出	6,400
每季費用($14,720 + $41,600 + $80,000)	136,320
總現金支出	$401,536
期末現金餘額	$ 93,824

(b)$153,600 × 0.5 × 0.2 = $23,040

(c)$153,600 × 0.6 × 0.4 = $36,864

(d)期初保留盈餘	$ 99,520
加：淨利	84,480
期末保留盈餘	$184,000

A 9–9 零基預算

你身為學校總務課課長，故需編製下年度預算。此預算一旦被批准，將會是下年度的支出依據。下個月你將於預算會議中報告年度預算，且將被要求驗證預算的編製過程。

試作：

1. 如果你被要求以傳統方法來驗證你的預算，則你會要求會計部門給你何種資訊的協助，以編製預算？
2. 你剛收到上級的備忘錄，說學校已決定採行零基預算，則你向會計部門所要求的資訊型態將會有何改變？

解:

1. 驗證預算的傳統方法是只解釋超過去年金額的部分。因此，要驗證下年度預算，你可能要從去年預算金額開始，會計部門可提供這個金額，你可能也要預期下年度的預估通貨膨脹率。為了通貨膨脹而調整去年預算，只能承認今年將繼續去年的營運。如果你預期入學申請會增加或改變，你將因為這些活動的增加而要求會計人員估計預期成本增加數。如果你正規劃新計畫，你將要求會計部門去預估這些新計畫的成本，而你需要驗證的，只有成本增加部分。
2. 在零基預算下，你需要驗證所有的預算金額，不僅是增加部分。因此，所有既有計畫及任何新計畫都應驗證，然後再要求會計部門提供與新年度預算相關的所有資料，再作全面性的評估。

A 9-10 預算方法的行為面影響

有效的預算方法將管理的目標轉化為數量資料，預算為一藍圖來代表管理者執行的計畫，透過預算的真正執行，可以評估管理績效。

對於一個成功的組織而言，有效的預算方法是必要的。預算資料的產生方法很多，於不同的營運水準下，預算所得的結果不同。參與預算過程的人如能理解其角色的扮演，對於預算編製工作有正面的影響。

試作:

1. 當一公司採用預算當作控制營運活動的方法時，請討論下列於準備預算方法時所伴隨之行為的暗示:
   (1)一種依高階主管指示而編列的預算，也就是所謂的強制性預算。
   (2)一種以各階層人員參與性方式，以編製不同營運水準下之預算方法，也稱為參與式預算。
2. 不管預算編製是採用哪一種方式，溝通於預算過程中扮演了一重要的角色。試描述於上面二種準備預算方法時，溝通方式的差異。

解：

1.(1)採用強制性預算方法，可能對於預算規劃及預算控制有下列的影響：

①會降低員工的意願來執行預算。

②預算的使用可能會造成困擾或壓力，使得員工對高階管理人員產生敵意。

③由於員工沒有參與預算之準備，因此其可能會忽略預算的執行細節。

(2)採用參與式預算方法，其影響如下：

①此預算編製的過程，可以使員工較瞭解組織目標。因此，亦有較大的機會使執行結果與目標一致。

②由於預算可使相關單位步驟一致，因此可以增加達成公司目標的動機。

③由於員工被授與參加預算之編列，有較高意願來達成預算目標，未來執行結果與預算的差異較小。

2.強制性預算方法是依賴一種單一方向的預算溝通方法，由上到下，從高階到低階的垂直溝通，較少或沒有水平或橫向溝通。

參與式預算方法，要求更多的溝通，因為它依賴的是雙邊或雙向的方法，於組織中垂直溝通和多次的水平或橫向溝通。

參、自我評量

9.1 預算的概念

1.下列何者不是預算應具備的特性？

A.須以企業整體目標為依歸。

B.盡量以數量化資料為主要內容。

C.規劃出的預算數目在執行時不能再增減。

D.須依循企業的經營目標來編製營運計畫。

解：C

詳解：規劃出的預算數目在執行時可視狀況而增減，不是固定不變的。

2. 預算制度的目的：

A. 績效評估。

B. 資源分配。

C. 溝通和協調。

D. 以上皆是。

解：D

9.2 預算編製的基本原則

1. 預算編製的基本原則：

A. 能適應多變的環境。

B. 符合真實性。

C. 具有適時性。

D. 以上皆是。

解：D

2. 在預算編製過程中，高階層主管需確認在其監督範圍內低階管理者的責任，各階層管理者再將他們負責的主要活動的資訊傳達給高階層主管。

解：○

9.3 整體預算

1. 財務預算包括：

A. 現金預算。

B. 銷貨成本預算。

C. 銷售預算。

D. 製造費用預算。

解：A

詳解：財務預算包括：現金預算、現金收入預算、現金支出預算。

2. 預計財務報表不包括：

A. 預計現金流量表。

B. 預計現金預算表。

C. 預計損益表。

D. 預計資產負債表。

解：B

詳解：預計財務報表包括：預計現金流量表、預計損益表、預計資產負債表。

3. 營業預算包括：

A. 現金收入預算。

B. 現金預算。

C. 直接原料採購預算。

D. 預計資產負債表。

解：C

詳解：營業預算包括：銷售預算、生產預算、直接原料採購預算、直接人工預算、製造費用預算、銷售與管理費用預算。

9.4　預算制度的行為面

1. 關於參與式預算的敘述，何者正確？

A. 缺乏人性面的管理。

B. 適合大規模企業。

C. 由高階管理者所主導而編製。

D. 讓組織內的員工直接參與目標的訂定程序。

解：D

詳解：參與式預算：注重人性面的管理、適合小規模企業、由員工一起參與制定預算、讓組織內的員工直接參與目標的訂定程序。

2. 關於預算鬆弛的敘述，何者正確？

A. 通常發生在強制性預算的編製過程。

B. 有利於確定性情況的發生。

C. 又稱填塞預算。

D. 發生在上司不會惡意刪減各部門預算時。

解：C

詳解：預算鬆弛：通常發生在參與式預算的編製過程、通常不利於確定性情況的發生、又稱填塞預算、多發生在上司會惡意刪減各部門預算時。

9.5 其他預算制度

1. 零基預算是指管理者編製預算的基礎都是從零開始，每次預算編製就像第一次編製預算。

解：○

2. 設計計畫預算制度(PPBS)，通常使用在營利事業組織，它所強調的是計畫的投入面而非產出面。

解：×

詳解：設計計畫預算制度(PPBS)，通常使用在非營利事業組織，它所強調的是計畫的產出面而非投入面。

第10章
依關性決策

壹、作業解答

一、選擇題

1. 下列哪一項成本雖不是實際成本但也可算是攸關成本?

A. 直接原料成本。

B. 機會成本。

C. 直接人工成本。

D. 固定製造費用。

解：B

2. 自製的攸關成本與外購的攸關成本兩者的比較是為了作何種決策?

A. 為所製的產品訂價。

B. 決定是否增加新產品線或刪掉舊產品線。

C. 自製或外購決策。

D. 找出總攸關成本。

解：C

3. 在數家廠商競標的情況下，公司若要作訂價決策，最好是採：

A. 特殊訂單訂價決策。

B. 目標報酬率訂價決策。

C. 成本加價訂價決策。

D. 投標訂價決策。

解：D

4. 當管理當局必須為不同成本的許多產品訂價時，成本加成訂價法的加成率通常是採：

A. 每單位增加某定量。

B. 產品成本的某百分比。

C. 等於產品成本。

D. 多於產品成本。

解：B

5. 針對短期性的決策，下列何者是正確的？

A. 不將固定成本分攤至各個產品。

B. 將沉沒成本考慮於決策分析中。

C. 不需要考慮機會成本。

D. 將停止營運部門之不可避免固定成本，歸屬到適當的部門。

解：A

二、問答題

1. 試述制定決策之六個步驟。

解：制定決策的六個步驟如下：

(1)澄清決策問題。

(2)擬定決策準則。

(3)確認決策方案。

(4)發展決策模式。

(5)蒐集資料。

(6)選擇方案。

2. 管理會計人員與決策者為了使成本與效益具有攸關性，須符合哪些條件？

解：資訊與決策要具有攸關性，必須同時符合下列二項條件：

(1)與未來的交易事件有關。

(2)在各項方案下有不同的資料。

3. 何謂沉沒成本?

解: 沉沒成本乃指已經發生的成本,無法因任何決策變更而改變,例如機器設備購買以後,即成為沉沒成本。

4. 何謂機會成本?為何在決策過程中,需考慮機會成本?

解: (1)所謂機會成本,係指因選擇某方案而放棄的利益,該利益是其他方案中最高者。

(2)機會成本雖非實際成本,但對於決策而言,是一種攸關成本,會影響到管理當局制定決策的考慮,故應列在考量範圍之中。

5. 試舉例說明成本加成訂價法(兩種不同的計算方式)及目標報酬率加成訂價法。

解: (1)成本加成訂價法:

假設產品成本為$200,加成百分比為30%。

①加成百分比:

價格 = $200 × (1 + 30%) = $260

②加成價:

加成價 = $200 × 30% = $60

價格 = $200 + $60 = $260

(2)目標報酬率加成訂價法:

直接原料	每單位$200
直接人工	每單位$50
變動製造費用	每單位$20
固定製造費用	$5,000,000
變動銷管費用	每單位$25
固定銷管費用	$8,000,000
目標報酬率	15%
使用資產額	$40,000,000
生產銷售單位	200,000

單位變動成本 = $200 + $50 + $20 + $25 = $295

單位總成本 = \$295 + \$25 + \$40 = \$360

加成價 $= 15\% \times \frac{\$40{,}000{,}000}{200{,}000} = \$30$

目標價格 = \$360 + \$30 = \$390

6. 何種情況應接受特殊訂單？又何種情形應拒絕之？

解：特殊訂單決策的制定，必須仔細分析攸關收入與成本，才能作出正確的決定。基本上，增量收入要大於增量成本才可接受。除了數量分析外，還要考慮質方面的因素，例如接受較低價的訂單可能會引起一般客戶的不滿；或許客戶以後也要求按此低價購買，造成公司的長期損失。

7. 何謂可避免成本與不可避免成本？請各舉例說明。

解：⑴可避免成本(Avoidable Cost)：停止某部門的營運所可節省支出的成本。例如停止門市部後的水電費。

⑵不可避免成本(Unavoidable Cost)：停止某部門營運仍須支出的成本，例如部門房屋的保險費。

8. 管理者在決定停業之前，應考慮哪二項主要因素？

解：管理者在決定停業之前所考慮的主要因素如下：

⑴若停業則只有節省可避免費用，包括變動和固定二部分成本。

⑵若停業，將對一般業務收入有不良影響。

9. 說明制定決策時應避免的錯誤。

解：在制定決策的過程中，所應避免的錯誤如下：

⑴把沉沒成本納入決策分析中：沉沒成本與未來的交易無關，應視為非攸關成本。但仍有管理者往往誤將之考慮於決策分析中，這些人所持的論點是為了證明其過去的決策是正確的，對未來交易無法明確掌握資料而不列入考慮。

⑵將固定成本單位化：為了計算產品的單位成本，將固定成本分攤至各個產品上。如此的作法使固定成本和變動成本一樣用來計算單位成本，

而易誤導決策。故在作決策分析時，應把固定成本作總體的衡量，而不作硬性的分攤。

(3)固定成本的歸屬：在決定結束某部門營運時，必須確定有哪些成本是可避免的。當停止該部門後，該部門的不可避免之固定成本，是否應該歸屬到其他部門，會計人員應有適當的處理。

(4)機會成本的忽略：一般人傾向於忽略機會成本，或視其重要性次於實際支出成本。但是事實上，機會成本與任何其他攸關成本同樣重要，不宜予以忽略。

10.試述分離點的定義，並說明聯產品何時應繼續加工，何時應立即出售。

解：(1)所謂分離點(Split-off Point)為投入同一原料進入相同的加工程序，俟某一生產點後各類產品即可明確加以辨認，該點稱為多種產品的分離點。

(2)在短期決策時，只要增額收入超過增額成本及機會成本，就可加工後再出售，否則應於分離點即行出售。

貳、習　題

一、基礎題

B 10-1　成本加成訂價

下列是關於揚清公司最高級的割草機成本資料：

變動製造費用	$375
已分配固定製造費用	75
變動銷管費用	90
分攤固定銷管費用	?

為了達到每臺割草機的目標價格$900，加成百分比為總單位成本的25%。

試作：

1. 分攤至揚清最高級的割草機之每單位固定銷管費用為何？

2. 以下面各項成本為基礎，導出每臺割草機目標價格$900之成本加價訂價算式：(1)變動製造費用；(2)製造費用和(3)總變動成本。

解：

1. 價格 = 總單位成本 +（加成百分比 × 總單位成本）

$900 = 總單位成本 +（25% × 總單位成本）

$900 = 總單位成本 × 1.25

總單位成本 = $\frac{\$900}{1.25}$ = $720

分攤固定銷管費用 = 總單位成本 − 所有製造費用 − 變動銷管費用

= $720 − ($375 + $75) − $90

= $180

2.

(1)變動製造費用	$375	$900 = $375 + (140% × $375)(a)
已分配固定製造費用	75	
(2)製造費用	$450	$900 = $450 + (100% × $450)(b)
變動製造費用	$375	
變動銷管費用	90	
(3)總變動成本	$465	$900 = $465 + (93.55% × $465)(c)

(a) ($900 − $375) ÷ $375 = 140%

(b) ($900 − $450) ÷ $450 = 100%

(c) ($900 − $465) ÷ $465 = 93.55%

B 10-2 成本加成訂價法

佳佳公司想推出新產品，其單位成本如下：

直接材料	$100
直接人工	60
變動製造費用	20
固定製造費用	40
變動銷管費用	10

固定銷管費用	40

若佳佳公司每年生產量等於預計銷售量10,000單位，但生產新產品必須購買設備及存貨，花費$3,000,000，而公司要求報酬率為10%。

試作：

1. 假設該公司採用全部成本法計算存貨成本，則公司要達到10%的投資報酬率，必須加成的百分比為多少？又應報價多少？（價格須考慮銷管費用）
2. 假設該公司採用變動成本法計價，則公司要達到10%的投資報酬率，必須加成的百分比為多少？又應報價多少？（價格須考慮固定製造成本的回收）

解：

1.

銷管費用：	
變動銷管費用	$100,000
固定銷管費用	400,000
合　計	$500,000
單位製造成本：	
直接原料	$　100
直接人工	60
製造費用($20 + $40)	60
單位總成本	$　220

加價百分比 = [(10% × $3,000,000) + $500,000] ÷ (10,000 × $220) = 36.4%

產品報價 = 產品成本 + 涵蓋銷管費用及預期利潤之加價(36.4%)

= $220 + $220 × 36.4% = $300

2.

固定費用：	
製造費用	$400,000
銷售費用	400,000

合　計	$800,000
單位製造費用：	
直接原料	$　100
直接人工	60
變動製造費用	20
變動銷售費用	10
合　計	$　190

加價百分比 = [(10% × $3,000,000) + $800,000] ÷ (10,000 × $190) = 57.9%

產品報價 = 產品成本 + 涵蓋固定費用及預期利潤之加價(57.9%)

= $190 + $190 × 57.9% = $300

B 10-3　特殊訂單決策

莫爾公司每年產能為2,400單位。預估今年的營運如下：

生產和銷售2,000單位，總銷貨收入	$90,000
製造成本：	
固定（全部）	$30,000
變動（每單位）	$13
銷管費用：	
固定（全部）	$15,000
變動（每單位）	$4

試求下列各點（不考慮所得稅的影響）：

1. 如果公司接受一特殊訂單250單位，每一個售價是$20，假設此特殊訂單不影響正常訂單的售價，則對該年度預估淨利有何影響？
2. 在不降低淨利的情況下，如果不需支付任何變動銷管費用，在對正常訂單的售價沒有影響的假設下，莫爾公司額外銷售100單位的最低單位價格是多少？
3. 如果工廠增添成本$270,000的設備，而產能可增加一倍，請計算每年的預期淨利（沒有特別訂單）。（假設這些設備估計可使用5年而且無殘值，當期的單位售價維持不變。每年的總銷售量預期將等於新產能。

預期每單位變動成本及總固定成本不變。)

解:

1. 250 × ($20 − $13 − $4) = $750,淨利將增加$750。
2. 每單位變動製造成本:$13。如果售價為$13,則此特殊訂單銷貨對公司整體利潤無影響。
3. 售價:$90,000 ÷ 2,000單位 = $45

總銷貨收入(2,400 × 2 × $45)		$216,000
減:費用:		
固定($30,000 + $15,000 + $54,000*)	$99,000	
變動[2,400 × 2 × ($13 + $4)]	81,600	180,600
淨　利		$ 35,400

*折舊:$270,000 ÷ 5 = $54,000

B 10-4 特殊訂單決策

天藍運動商店製造供運動隊伍比賽使用的運動衫,面臨健康足球俱樂部要以每件$14的價格購買100件運動衫的情形。每件運動衫的團體價格通常為$27,是由天藍運動商店運動衫的成本加成80%計算而來。當每件運動衫印上名字和號碼時,每件運動衫的變動成本增加$1。在印刷過程中,每年使用設備的折舊費用為$4,000,而分配到運動衫的其他固定成本為$2,000。天藍運動商店每年大約製造2,000件運動衫,因此每件運動衫的固定成本為$3。印刷設備只有在印刷運動衫的字號時才會使用,其餘75%時間是閒置的。

天藍運動商店的經理拒絕此訂單而且說:「我們每件運動衫的成本是$15,若以$14賣出,將會造成損失。我們樂於幫助運動團體,但我們不能在銷售時承擔損失。」

試作:

1. 如果接受健康足球俱樂部的訂單,計算天藍運動商店的營業所得將如何改變。

2. 假設你是天藍運動商店的經理，你會接受訂單嗎?

解:

1. 如果訂單被接受，營業所得將減少$200。

	沒有特別訂單	特別訂單的影響	有特別訂單
數　量	2,000	100	2,100
銷貨收入	$54,000	$1,400	$55,400
購買成本	$30,000	$1,500	$31,500
變動的印刷成本	2,000	100	2,100
總變動成本	$32,000	$1,600	$33,600
邊際貢獻	$22,000	$ (200)	$21,800
固定成本	6,000	0	6,000
營業所得	$16,000	$ (200)	$15,800

2. 天藍運動商店不應接受此特殊訂單，因為由一般銷售業務可得到$16,000的利潤；但若接受健康足球俱樂部的特殊訂單，利潤反降為$15,800。雖然天藍運動商店的印刷設備仍有75%的閒置時間，在此特殊訂單分析時，不必考慮固定成本，但單價$14低於單位變動成本$16 (= 購買成本$15 + 變動印刷成本$1)。換句話說，每出售一件運動衫，立即產生$2的損失，再乘上100件數量，也就是$200的損失。

B 10–5　特殊訂單

中興公司銷售每單位$20的產品100,000單位，變動成本為每單位$12，而每年固定成本為$200,000。有一折價店要以單價$14購買15,000單位的產品，這改變不會影響固定成本。在此情況下，中興公司面臨普通和折價兩種市場。

試作:

1. 如果可區分這兩個市場，則應該接受這訂單嗎?（假設有足夠產能，而且沒有其他用途）

2. 管理人員認為不能區分這兩個市場，且較低的價格會導致正常銷售減少6,000單位，則中興公司應該接受折價店的訂單嗎？
3. 如果折價店的訂單價格增加為每單位$18，而且由於特殊訂單的競爭將會導致正常價格下降為$19，才能維持相同的正常銷售數量，則中興公司應該接受折價店的訂單嗎？

解：

1. 如果特殊訂單提供正的邊際貢獻，且市場區隔確實存在，在工廠有剩餘產能，且沒有其他用途的情況下，則應該接受此特殊訂單，其分析如下：

	正常銷售	特殊銷售
銷貨收入	$20	$14
變動成本	12	12
邊際貢獻	$ 8	$ 2

因為特殊訂單有正的邊際貢獻，所以公司應該接受此訂單。即使特殊訂單的邊際貢獻並不大於正常銷售的邊際貢獻，此訂單仍應該接受，因為此訂單將增加整個公司的利潤$30,000（= 15,000單位 × 每單位$2）。

2. 若無市場區隔，則正常銷售將減少6,000單位：

損失正常邊際貢獻（6,000單位 × 每單位$8）	$(48,000)
特殊訂單的額外邊際貢獻（15,000單位 × 每單位$2）	30,000
接受特殊訂單的淨損	$(18,000)

因此在市場沒有區隔時，公司將減少$18,000的利潤，故不應該接受此訂單。

3. 價格下降以保持正常銷售單位，且增加特殊訂單價格：

特殊訂單的額外邊際貢獻（15,000單位 × 每單位$6）	$ 90,000
損失正常銷售的邊際貢獻（100,000單位 × 每單位$1）	$(100,000)
接受特殊訂單的淨損	$ (10,000)

公司不應該接受特殊訂單，因為總利潤將減少$10,000。

B 10-6 自製或外購

金星公司已經生產編號 10541 零件 5,000 單位，該零件是公司一種產品的必要零件。在這個產量水準下，每單位編號 10541 零件的成本如下：

直接原料	$ 3
直接人工	7
變動製造費用	4
固定製造費用	6
總　計	$20

布朗公司打算賣給金星公司編號 10541 零件5,000單位，每一單位售價$19。金星公司用來生產編號10541零件的設備，也可用來製造產品RAC，此產品可以帶來邊際利潤$6,000。同時，金星公司也發現，即使編號10541零件由布朗公司買入，仍需負擔三分之二的固定製造費用。
試作：金星公司應該製造或購買編號 10541 零件？

解：

金星公司
自製或外購分析（5,000單位）

	製　造		購　買	
	每單位成　本	總成本	每單位成　本	總成本
直接原料	$ 3	$15,000		
直接人工	7	35,000		
變動製造費用	4	20,000		
固定製造費用	2*	10,000		
外購售價			$19	$95,000
產品RAC利潤				(6,000)
總　計	$16	$80,000	$19	$89,000

*可避免成本：$\$6-\frac{2}{3}(\$6)=\$6-\$4=\$2$

根據上述分析，金星公司應製造此零件，因為自製的攸關成本$16較外購價格$19低。

另解：

購買成本(5,000 × $19)		$95,000
減：產品RAC的利潤		6,000
購買淨成本		$89,000
製造成本：		
每單位總製造成本	$20	
每單位不可避免的固定成本($\frac{2}{3}$ × $6)	4	
	$16 × $5,000	80,000
購買比製造之增額成本		$ 9,000

B 10-7 自製或外購

歌林公司自製兩種主要的產品，以下是該公司自行生產的成本：

	產品P	產品X
直接材料	$ 20	$400
直接人工	50	235
製造費用	200	100
每單位標準成本	$270	$735
每年需求單位數	6,000	8,000
每單位機器小時	4小時	2小時
外購單位成本	$250	$750

製造費用的分攤方式為每機器小時$50，其中60%乃分攤固定製造費用；不論該公司是否自製，固定製造費用均不會改變。然而今年由於閒置之機器小時僅剩30,000小時，產能不足以自製所需的全部產品，故公司必須考慮該向外界購買何種產品，方能達成節省最高成本的目標。

試作：

1. 計算歌林公司在考慮自製或外購時，所需考慮的攸關成本。
2. 根據該公司今年的閒置機器小時，計算產品P及產品X所應自製的單位數。

解:

1.

	產品P	產品X
直接材料	$ 20	$400
直接人工	50	235
變動製造費用:		
$200 × 40%	80	
$100 × 40%	–	40
攸關之單位生產成本	$150	$675

2.

	產品P	產品X
外購之單位成本	$250	$750
減:攸關單位生產成本	(150)	(675)
每單位可節省之成本	$100	$ 75
每單位所需要的機器小時	4小時	2小時
每機器小時可節省之成本	$ 25	$ 37.5

由於自製X每小時所能節省之單位成本($37.5),大於自製P每小時所能節省之單位成本($25),故歌林公司應優先自製X,俟有剩餘產能再生產P,而不足的P則向外界購買。

總閒置機器小時	30,000小時
減:投入生產X的機器小時(8,000單位 × 2)	16,000小時
剩餘機器小時	14,000小時
每單位P需耗用之機器小時	4小時
剩餘機器小時所能生產的P	3,500單位

故歌林公司今年應自製產品X:8,000單位,產品P:3,500單位。

B 10–8 放棄產品線

吉田公司每年生產A、B兩種產品,不論何種產品,其單位產量所需產能皆相同,相關資料如下:

產　品	產　量	單位售價	單位變動成本
A	10,000	$32	$30
B	20,000	$24	$12

其中甲產品之單位成本分析如下：

單位售價		$32
單位變動成本	$30	
單位固定成本 （共同成本$240,000，依30,000單位產量分攤）	8	38
單位損失		$ (6)

由於上述資料，公司正考慮停產A產品。

試作：

1. 在不考慮剩餘產能的其他可運用方案之下，公司應否停產A產品？
2. 假設剩餘產能可用作B產品之生產並銷售，則公司應否停產A產品？

解：

1. 該公司不應停產A產品。

   因為A尚能提供$2之單位邊際貢獻。

   $32 − $30 = $2

2. 該公司應停產A產品。

   因為B產品所能提供之單位邊際貢獻($24 − $12 = $12)較A產品有利。

B 10-9　放棄產品線

雙城公司的會計人員提供兩條產品線的損益表，列示於下：

	產品線1	產品線2	合　計
銷貨收入	$ 300,000	$ 450,000	$ 750,000
變動製造費用	(120,000)	(225,000)	(345,000)
固定製造費用	(135,000)	(105,000)	(240,000)
一般固定管理費用	(60,000)	(90,000)	(150,000)
淨　利	$ (15,000)	$ 30,000	$ 15,000

如果放棄一條產品線,所有關於該產品線的固定製造費用可以完全避免;一般固定管理費用則不會因產品線的放棄而有所改變,其分攤基礎為銷貨金額。

試作:

1. 若放棄產品線1,則雙城公司的淨利增加或減少多少金額?
2. 若放棄產品線2,則該公司的淨利增加或減少多少金額?

解:

	放棄產品線1	放棄產品線2
銷貨收入	$ 450,000	$ 300,000
變動製造費用	(225,000)	(120,000)
固定製造費用	(105,000)	(135,000)
一般固定管理費用	(150,000)	(150,000)
淨　利	$ (30,000)	$(105,000)
產品線1&2合計淨利	15,000	15,000
淨利的增(減)	$ (45,000)	$(120,000)

結論: 1. 若放棄產品線1,則該公司淨利減少$45,000。
2. 若放棄產品線2,則該公司淨利減少$120,000。

B 10-10 放棄產品線

正興學校是一所私立小學。除了正常班級以外,於下午三點到六點提供安親班服務,每個小孩每小時收費$3。一個月份安親班的財務結果如下:

收入(共600小時,每小時$3)		$1,800
減: 教師薪資*	$1,500	
文　具*	225	
折　舊	200	
清潔工程	25	
其他固定成本	50	2,000
營業所得(損失)		$ (200)

*表示可避免的成本

正興學校的校長正考慮是否中斷安親班服務，因為補貼安親班對其他學生是不公平的。

試作：

1. 計算正興學校中斷安親班服務後，其財務影響為何。
2. 列出影響你決策的三個質化因素。

解：

1. 關鍵在於強調損失和可避免成本：

收入（600小時，每單位$3）		$1,800
可避免成本*：		
教師薪資	$1,500	
文　具	225	1,725
對營業所得的增加		$ 75

此安親班服務仍值得提供，因為會為學校增加$75 的邊際貢獻，因為固定成本為不可避免的成本，對決策沒有影響。

2. 在所有質化因素考慮中，安親班服務可能為吸引學生參加課外活動，並可提供給教師補償，而且此種計畫可滿足社會需求。

B 10-11　增加或放棄產品線

藍白服飾公司在臺北與高雄銷售高價位與中價位仕女服裝，由於利潤變化無常，所以主管人員決定撤除一產品線。會計人員報導攸關資料如下：

	每件資料	
	高價位	中價位
平均售價	$360	$210
平均變動費用	180	126
平均邊際貢獻	$180	$ 84
平均邊際貢獻率	50%	40%

公司店面有12,000坪，如果只賣中價位產品，則可陳列600件；如果只賣

高價位產品，則只能陳列450件。在一個月內，高價位產品的週轉次數為2；低價位產品的週轉次數為3.5。

試作：分析哪一個產品線應撤除。

解：

	高價品	中價品
(1)可於12,000坪內陳列的件數	450	600
(2)每件的邊際貢獻	$ 180	$ 84
(3)每次存貨週轉的邊際貢獻(1)×(2)	$ 81,000	$ 50,400
(4)相對的期間週轉次數	2	3.5
(5)在特定期間內的總邊際貢獻(3)×(4)	$162,000	$176,400

因高價品在特定期間內的總邊際貢獻較低，故應予以撤除。

高價品的邊際貢獻率和每件邊際貢獻都較中價品大，但中價品可陳列的件數多，且週轉快，可產生較大的總邊際貢獻，所以高價品應該撤掉。

B 10-12 聯產品繼續加工或出售

華慶公司由聯合生產過程製造出三種產品X、Y和Z，每種產品可於分離點出售或再加工後銷售，並且進一步加工並不需要特殊設備。再加工的製造費用均屬變動，而且可歸屬至產品上。在90年時，所有三種產品均於分離點後再加工，聯合產品成本為$80,000，為評估華慶公司90年度生產政策，各產品的銷售價值與成本資料如下：

	產品		
	X	Y	Z
生產量	6,000	4,000	2,000
分離點的銷售價值	$24,000	$37,000	$22,000
如果再加工的銷售價值和增額成本：			
銷售價值	$40,000	$41,000	$33,000
增額成本	9,000	7,000	8,000

試作：為了使利潤最大化，華慶公司應再加工哪種產品？

解:

	產品		
	X	Y	Z
進一步加工之銷售價值	$ 40,000	$ 41,000	$ 33,000
分離點之銷售價值	(24,000)	(37,000)	(22,000)
增額收入	$ 16,000	$ 4,000	$ 11,000
增額成本	(9,000)	(7,000)	(8,000)
增額淨利（損失）	$ 7,000	$ (3,000)	$ 3,000

產品X應該再加工，以產生$7,000的增額淨利。

產品Y不應該再加工，因為利潤會因再加工而減少$3,000。

產品Z應該再加工，以產生$3,000的增額淨利。

B 10–13 聯產品繼續加工或出售

山田公司於同一生產過程產出A、B、C三種產品，90年1月有關的資料如下:

原 料	$100,000
人 工	50,000
製造費用	60,000

產 品	產量（單位）	分離點單位售價	分離點後加工成本	分離點後單位售價
A	20,000	$ 8	$25,000	$ 9
B	80,000	14	40,000	15
C	60,000	7	30,000	8

試作：各產品應繼續加工再出售，或於分離點即予出售?

解:

	A產品	B產品	C產品
加工後售價	$180,000	$1,200,000	$480,000
分離點售價	(160,000)	(1,120,000)	(420,000)
增額收入	$ 20,000	$ 80,000	$ 60,000
增加成本	(25,000)	(40,000)	(30,000)
利潤增（減）數	$ (5,000)	$ 40,000	$ 30,000

因此，A產品應該在分離點即予出售，B、C產品應繼續加工再出售。

B 10-14 期望值之計算

某超商出售麵包，每個售價$10，成本$7，當日無法銷售的即予以丟棄。根據多年來的統計資料，該超商銷售麵包之機率如下：

每天銷售量	機 率
200個	10%
400個	50%
600個	40%

試作：

1. 計算該超商訂購200個、400個及600個麵包之期望值。
2. 就長期而言，該超商訂購幾個麵包最為有利？

解：

1.

	訂購量		
銷售量	200個	400個	600個
200個	$3×200×10%=$ 60	($3×200−$7×200)×10%=$ (80)	($3×200−$7×400)×10%=$(220)
400個	$3×200×50%=$300	$3×400×50%= $ 600	($3×400−$7×200)×50%=$(100)
600個	$3×200×40%=$240	$3×400×40%= $ 480	$3×600×40%= $ 720
期望值	$600	$1,000	$ 400

2. 就長期而言，訂購400個最有利。因為400個的期望值為$1,000最高。

B 10-15 攸關成本分析

羅盛公司於二年前以$360,000購入一部機器，採直線法提列折舊，估計可使用12年，無殘值。現有一種自動控制機器可取代上述機器，其成本$450,000，但每年可節省製造成本$60,000，估計可使用10年，無殘值，而原機器僅可出售$120,000，該公司經理曾提出下列分析表：

新機器可節省成本:($60,000 / 年 × 10)		$600,000
新機器成本:		
購 價	$450,000	
出售損失	180,000	630,000
購置新機器之損失		$(30,000)
舊機器每年製造成本		$162,000

該公司經理因此認為不宜更換機器。(購買新機器或繼續使用舊機器，其每年銷售額均為$300,000，銷售及管理費用每年為$50,000)

試作:

1. 評論該公司經理所提出之分析表。
2. 試按不更新及更新機器情況下編製10年彙總損益表。
3. 應用攸關成本觀念分析是否更新。

解:

1. 處分舊機器損失為無關成本，應與決策無關，故經理之分析並不正確。

購買新機器10年節省成本		$600,000
新機器成本	$ 450,000	
出售機器收入	(120,000)	330,000
汰舊換新之利得		$270,000

2. a.汰舊換新之損益表:

銷貨收入	$ 3,000,000
製造成本	(1,020,000)*
銷管費用	(500,000)
舊機器帳面值	(300,000)
新機器折舊	(450,000)
出售舊機器收入	120,000
淨 利	$ 850,000

*$1,020,000 = 10 × ($162,000 − $60,000)

b.不汰舊換新之損益表：

銷貨收入	$3,000,000
製造成本	(1,620,000)
銷管費用	(500,000)
折舊（舊機器）	(300,000)
（新機器）	–
淨　利	$ 580,000

3.攸關成本分析：

10年製造成本節省數	$600,000
出售舊機器收入	120,000
新機器成本	(450,000)
重置利得	$270,000

故應予以更新。

二、進階題

A 10-1 攸關成本分析

臺大醫療器具公司生產特殊血壓計，單位售價為$1,480，在每月3,000部之正常銷貨水準下，該公司製造及銷售費用如下表所示：

	特殊血壓計之單位成本	
單位製造成本：		
變動原料成本	$200	
變動人工成本	300	
變動製造費用	100	
固定製造費用	240	
總單位製造成本		$ 840
單位銷售成本：		
變　動	$100	
固　定	280	380
單位成本		$1,220

試作：

1. 如果售價從\$1,480降到\$1,300，則銷售量可從3,000部增加為3,500部（仍在其產能之間），列表說明是否應採取這項行動方案？
2. 如果有一位供應商提議臺大公司銷售人員所接之訂單中，每月1,000部由其製造並直接送交客戶手中，如果接受這項建議，臺大公司固定銷售成本不受影響，但由供應商供應之1,000部，其變動銷售成本可降低20%。在生產方面，產量將降低為正常水準之$\frac{2}{3}$，固定製造成本可降低30%。如果該供應商要求價格（付給該供應商價格）為每單位\$850，則該項建議是否可行？
3. 假設目前倉庫中有200部過時血壓計，如不立即出售，很快就毫無價值，若要將這些存貨出售，則最低售價為多少？

解：

1.

	不降價	降價
銷貨收入	\$4,440,000	\$4,550,000
變動製造成本	1,800,000	2,100,000
變動銷售成本	300,000	350,000
邊際貢獻	\$2,340,000	\$2,100,000
固定製造費用	720,000	720,000
固定銷售成本	840,000	840,000
本期淨利	\$ 780,000	\$ 540,000

由上列計算得知，降低售價對公司較為不利，所以不應採取新行動方案。

2. 外購可節省之成本：

(\$200 + \$300 + \$100) × 1,000 + (\$40 × 3,000 × 30%) + (\$50 − \$40) × 1,000 = \$646,000

外購時需支付之成本：

\$850 × 1,000 = \$850,000

因外購所節省之成本小於外購所需支付之成本，故不宜外購。

3. 僅變動銷售成本每單位$100為攸關之可免成本，故每單位之最低售價為$100。

A 10-2 成本加成訂價法

佛格公司製造並銷售辦公室設備，湯漢明是行銷部門的副理，他建議公司投資生產兩種新產品——電動釘書機和電動削鉛筆機。

湯先生要求佛格公司的會計部門擬定兩種新產品的售價，會計部門於是根據公司的目標報酬率決策來對每一種產品訂出目標售價。有關二種新產品的相關資料如下：

	電動訂書機	電動削鉛筆機
預估每年的需求單位	18,000	15,000
預估每單位的製造成本	$15.00	$18.00
預估每單位的銷管費用	$6.00	資料不足
製造所需使用的設備資產	$270,000	資料不足

佛格公司計畫投入平均價值$4,800,000的資產來支援當年度的營運。下列的預估損益表代表佛格公司有關產品成本和投資報酬的計畫目標。

佛格公司
預估損益表
91年度（以千元計）

銷貨收入	$7,200
銷貨成本	4,320
銷貨毛利	$2,880
銷管費用	2,160
營業淨利	$ 720

試作：

1. 使用成本加成訂價法來計算電動釘書機的目標售價，使其達到佛格公司當年度計畫的投資目標報酬。
2. 使用同樣方法，能否計算電動削鉛筆機的目標售價？如果不能，請解釋原因。

3. 在湯漢明訂出此二種產品的實際售價前，你認為湯先生還應考慮哪些因素？

解：

1. 計畫的投資報酬率 $= \dfrac{\text{營業淨利}}{\text{平均投資額}} = \dfrac{\$720{,}000}{\$4{,}800{,}000} = 15\%$

銷售電動釘書機的預計總利潤 =（投入投資額）×（預計投資報酬）

$= \$270{,}000 \times 0.15 = \$40{,}500$

預計每單位利潤 $= \dfrac{\text{預計總利潤}}{\text{預估年度需求量}} = \dfrac{\$40{,}500}{18{,}000} = \$2.25$ / 單位

製造成本	\$15
銷管費用	6
預估利潤	2.25
每單位預估售價	\$23.25

2. 不，因為資訊不充分，電動削鉛筆機的售價不能使用資產報酬訂價法來計算。因為電動削鉛筆機的銷管費用無法獲得，使得該產品的全部成本無法決定。除此之外，製造電動削鉛筆機的設備資產價值不詳，所以無法得知單位利潤。

3. 湯漢明對於每一產品設定實際售價前所應額外採行的步驟包含下列幾點：

(1)確定競爭產品的價格和預測任何價格的改變。

(2)執行市場調查以決定產品的需求和市場的接受情形。

(3)在各種不同價格下，作成本—數量—利潤的敏感度分析。

A 10-3 綜合題

馬克製造公司生產電子零件，這些零件賣給電子中間商。公司每年生產600,000單位。90年底時，會計人員提供了下列的財務資訊：

每單位銷售價格	$10
變動成本：	
佣金（占售價的比率）	10%
製　造	?
邊際貢獻比率	80%
每年固定成本	$600,000

90年製造且售出了500,000單位。經理期望當年銷售量可以接近主要競爭者90年的銷售量。

在各問題獨立的情況下，試作：

1. 馬克公司為銷售60,000單位，向一位主要電子中間商報價，如果此訂價被接受，公司可以減少佣金費用。如果要維持正常邊際貢獻率80%，那麼經理應將售價訂為多少？（假設其每單位的變動成本不改變。）
2. 馬克公司接受某主要電子中間商的提議，提供200,000單位的電子零件。如果接受契約，經理確信對於目前營運有影響，因此年銷售量將減少100,000單位，而馬克公司預期一般廠商的年訂貨量為500,000單位。如果接受這個200,000單位的訂單，可以減少其佣金費用。為了增加利潤$400,000，經理需將電子零件的售價訂為多少？

解：

馬克製造公司：

每單位的正常邊際貢獻：

銷售價格	$10.00	100%
變動成本：		
佣金費用	(1.00)	10
製造費用	(1.00)	10
邊際貢獻	$ 8.00	80%

1. 為了維持正常邊際貢獻率，售價的計算如下：

令Y = 售價

$Y - \$1.00 = 0.8Y$

$0.2Y = \$1.00$

$Y = \$5$

2. 損失邊際貢獻 = 100,000 × \$8 = \$ 800,000
預期增加的利潤 = 400,000
特別訂單所需要的貢獻 = \$1,200,000

令Y = 售價

$(Y - \$1.00) \times 200{,}000 = \$1{,}200{,}000$

$200{,}000Y - \$200{,}000 = \$1{,}200{,}000$

$200{,}000Y = \$1{,}400{,}000$

$Y = \$7$

A 10-4 特殊訂單決策

伯格公司是食品的製造商，生產與銷售一種加工的食品，稱為迷你排。一般而言，迷你排的單位售價為$100，這售價是根據成本加成25%而來。迷你排的年銷售量為10,000單位，每單位成本$80，其成本項目如下：

直接原料	$14
直接人工	4
變動製造費用	6
固定製造費用	36
變動銷售費用	10
固定銷售費用	8
固定管理費用	2
總　計	$80

每單位固定成本是根據10,000單位計算而來的。伯格公司實際上擁有產能12,000單位，在此產能範圍內，而不會增加額外的固定成本。變動銷售費用是付給該公司銷貨人員，亦即銷售價格的10%為佣金。

一家連鎖餐廳向伯格公司接洽，欲購買1,000個迷你排供該餐廳使用。該連鎖餐廳願付$32,000。對連鎖餐廳管理當局來說，產品標準化是很重要的。因此，他們只願在公司能一次提供1,000單位時才願購買迷你排，且此訂單不會再發生。對此訂單將不支付任何佣金費用。

試作：

1. 伯格公司應該接受這1,000單位迷你排的特殊訂單嗎？請以計算式來支持你的答案。
2. 假設伯格公司必須為這1,000單位迷你排支付每單位$10的佣金。試問問題1的答案會改變嗎？
3. 再假設對這1,000單位迷你排特殊訂單不付佣金。如果伯格公司的產能只有10,800單位，試問你於問題1的答案會改變嗎？請以計算式來支持你的答案。

解：

1. 因為攸關成本$24,000少於特殊訂單收入$32,000，所以伯格公司應該接受特殊訂單。

直接原料	$ 14 / 每單位
直接人工	4 / 每單位
變動製造費用	6 / 每單位
每單位攸關成本	$ 24 / 每單位
特殊訂單單位	× 1,000單位
總攸關成本	$24,000

2. 在此個案，攸關成本$34,000會超過特殊訂單收入$32,000。因此，應拒絕特殊訂單。

直接原料	$ 14 / 每單位
直接人工	4 / 每單位
變動製造費用	6 / 每單位
佣　金	10 / 每單位
每單位攸關成本	$ 34 / 每單位
特殊訂單單位	× 1,000單位
總攸關成本	$34,000

3.

	接受特殊訂單
增額收入	$32,000
增額成本：	
直接原料	(14,000)
直接人工	(4,000)
變動製造費用	(6,000)
佣　金	–
增額利潤	$ 8,000

每單位的邊際貢獻($100 – $14 – $4 – $6 – $10)	$ 66
正常銷貨量的減少數(10,000 + 1,000 – 10,800)	× 200
機會成本	$13,200

若接受此特殊訂單會增加利潤$8,000，但有$13,200的機會成本，所以應拒絕此特殊訂單。

A 10–5 自製或外購

凱特公司最近購買每年用來製造其主要產品的零件20,000單位，凱特的供應商對該零件每單位報價為$30。

凱特公司有充分的產能來生產他們每年所需的零件。因此，管理當局考慮自行製造該零件的可能性，凱特的會計人員提供了下列資料以估計製造此零件每單位的成本。

直接原料	$14 / 每單位
直接人工	4 / 每單位
變動製造費用	10 / 每單位
固定製造費用	8 / 每單位
總製造成本	$36 / 每單位

因為公司有剩餘的產能，所以如果凱特生產該零件，則每單位固定製造費用是以當期公司總固定製造費用$480,000除以管理當局預期所需的120,000個機器小時。

試作：

1. 根據攸關成本，凱特的管理人員應該自製還是外購此20,000單位的零件？
2. 如果為了製造此零件，凱特需要去租用特殊機器，其租金為$22,000，則會改變問題1的答案嗎？

解：

1. 自製：

直接原料	$ 14 / 每單位
直接人工	4 / 每單位
變動製造費用：	10 / 每單位
製造成本	$ 28 / 每單位
所需單位	× 20,000單位
自製攸關成本	$560,000

外購：

供應商成本	$ 30 / 每單位
所需單位	× 20,000單位
外購攸關成本	$600,000

因為自製的攸關成本少於外購的攸關成本，所以凱特公司應該自己製造此零件。

2. 問題1的答案將不會改變。

	自 製	外 購
由問題1得之攸關成本	$560,000	$600,000
機器的租金	22,000	
	$582,000	$600,000

因為外購的攸關成本大於自製的攸關成本，所以凱特產品應該自行製造此零件。

A 10-6 自製或外購

雷蒙公司生產並銷售高品質夏日化妝品，為了穩定全年銷售，公司考慮生產冬天用化妝品。

在仔細研究之後，發展出新的產品線。然而，因為公司管理當局的態度保守，所以雷蒙公司總經理決定於今年冬天只推出一種新產品。若此項產品成功，將於未來的幾年再擴展到其他產品。

所選擇的新產品為雅蘭特口紅，是以條狀的唇膏型式出售。由於有足夠的產能，於生產此產品時，無需花費額外的固定費用。然而，對於新產品而言，該公司現有固定成本$1,000,000亦應加以分攤。

預計銷售並生產的雅蘭特唇膏之標準數量為100,000盒，會計部門提出下列的成本資料：

	每　盒
直接人工	$ 20
直接原料	80
製造費用	25
總　計	$125

單位製造費用$25是由單位變動的製造費用$15及固定製造費用分攤至該管理階層預期銷售100,000盒的單位固定製造費用$10所組成。

雷蒙公司已跟一化妝品製造商交涉討論有關購買雅蘭特口紅管的可能性，這些口紅管之購買價格是每盒$125。

試作：

1. 雷蒙公司自製或向外購買這些口紅管？
2. 雷蒙公司可接受的最高購買價格為何？
3. 若將估計銷售量由100,000盒改為125,000盒，為了達到此數量，則須額外租用製造口紅管的設備，每年租金費用$1,000,000。即使銷售量增加至300,000盒，此增支固定成本也不會再增加。於這種狀況下，雷蒙公司應自製或外購口紅管？

解：

1. 自製：

直接原料	$ 80（每盒）
直接人工	20
變動製造費用	15
每盒口紅管的變動成本	$115（每盒）

外購：

支付給供應商	$125（每盒）

上述的分析只考慮各種決策下的攸關成本，自製的單位成本為$115，外購的單位成本$125。因此，建議雷蒙公司自製新產品的口紅管。

2. 雷蒙公司可接受之最高購買價格為$115／每盒。

3. 自製：

每盒口紅管的變動成本	$ 115／每盒
乘上預訂銷售盒數	× 125,000盒
總變動成本	$14,375,000
租用設備之成本	1,000,000
自製的增額成本	$15,375,000

外購：

支付給供應商	$ 125／每盒
乘上預計銷售盒數	× 125,000盒
外購的增額成本	$15,625,000

因為自製成本$15,375,000小於外購成本$15,625,000，所以應選擇自製。

A 10-7 放棄產品線

吉祥產品公司製造並銷售許多產品，其中包括錄音機。吉祥公司在錄音機的生產上，有時會出現損失，現將與其相關的損益表列出：

吉祥產品公司
損益表——錄音機
90年度第二季

銷貨收入		$470,000
減：變動費用：		
變動製造費用	$130,000	
銷售佣金	48,000	
運　費	10,000	
總變動費用		188,000
邊際貢獻		$282,000
減：固定費用：		
生產線經理的薪資	$ 25,000	
一般製造費用	104,000*	
折舊——設備	36,000*	
廣告費	110,000	
保險費	9,000	
採購部門的費用	51,000**	
總固定費用		335,000
淨損失		$(53,000)

*以機器小時作為分擔基礎
**以銷售金額作為分擔基礎

錄音機的停止生產，不會影響其他產品線。

試作：你認為公司是否應停止錄音機的製造和銷售？用適當的計算來支持你的答案。

解：

錄音機不應該停止生產。計算如下：

錄音機停止生產，其邊際損失		$(282,000)
減：可避免成本：		
生產線經理的薪資	$ 25,000	
廣告費	110,000	
保險費	9,000	144,000

放棄生產的淨損失 $(138,000)

藉由比較損益表，可獲得相同答案：

	繼續生產錄音機	放棄生產錄音機	差異：淨所得增加（或損失）
銷貨收入	$470,000	$ 0	$(470,000)
減：變動費用：			
變動製造費用	$130,000	$ 0	$ 130,000
銷售佣金	48,000	0	48,000
運　費	10,000	0	10,000
總變動費用	$188,000	$ 0	$ 188,000
邊際貢獻	$282,000	$ 0	$(282,000)
減：固定費用：			
生產線經理的薪資	$ 25,000	$ 0	$ 25,000
一般製造費用	104,000	104,000	0
設備折舊	36,000	36,000	0
廣告費	110,000	0	110,000
保險費	9,000	0	9,000
採購部門的費用	51,000	51,000	0
總固定費用	$335,000	$ 191,000	$ 144,000
淨損失	$ (53,000)	$(191,000)	$(138,000)

A 10-8 增加產品線

時尚公司為一女裝的製造商，時尚公司的零售商分布在西部市區內，計畫於下一季推出一款宴會用服飾。

裁出服飾之樣式，需4碼的布料。在裁剪後，剩下的布料仍可出售，或製成配件，如披肩、手提袋。但是，若剩餘布料欲製成配件，在裁剪時需小心，且必須增加裁剪費用。

公司預計若無配件，則可銷售2,500套，而市場調查顯示，如果有搭配的物件，則可增加20%的銷售量，而且配件並不單獨出售。各種不同組合的預期銷售量情況如下：

	百分比(%)
完整的一套（披肩、套裝、手提袋）	65
披肩及套裝	10
手提袋及套裝	18
套　裝	7
	100

布料成本每碼$12.5，即每套$50。不製作配件之裁剪成本每套$20，每套之剩餘布料則可賣$5。連配件一起製作，則裁剪成本每套將增加$9，且無剩餘布料。

各項目的銷售價格及變動成本如下：

	每單位售　價	每單位變動成本（不包括裁剪用之布料成本）
套　裝	$200.00	$80.00
披　肩	27.50	19.50
手提袋	9.50	6.50

試作：製造並銷售披肩及手提袋將增加（減少）時尚公司之淨利若干？

解：

出售剩餘布料 = 2,500套 × $5 = $12,500

預計銷售單位 = 2,500套 × 1.2 = 3,000套

增額銷售單位 = 3,000 − 2,500 = 500（套）

披肩銷售量 = 3,000 × (0.65 + 0.1) = 2,250

手提袋銷售量 = 3,000 × (0.65 + 0.18) = 2,490

增加之收入：		
套　裝	500套 × $200 =	$100,000
披　肩	2,250件 × $27.5 =	61,875
手提袋	2,490個 × $9.5 =	23,655
預期增加之收入		$185,530

增加之成本：

套　裝	500套 × $80 =	$ 40,000
披　肩	2,250件 × $19.5 =	43,875
手提袋	2,490個 × $6.5 =	16,185
增額布料	500套 × $50 =	25,000
裁剪成本	500套 × $20 =	10,000
額外裁剪費	3,000套 × $9 =	27,000
預期增加之成本		$162,060
淨利增加數($185,530 − $162,060)		$ 23,470
減：機會成本($5 × 2,500)		12,500
淨利增加數		$ 10,970

時尚公司可製造和銷售披肩與手提袋，因其可帶來增量利潤$10,970。

A 10-9　聯合成本分攤

好油公司由聯合過程生產高級汽油、92無鉛汽油及95無鉛汽油三種產品，其生產、銷售和成本資訊如下：

	高級汽油	92無鉛汽油	95無鉛汽油	總　和
生產數量	6,000	3,000	1,500	10,500
聯合成本分攤	$ 54,000	?	?	$ 90,000
分離點銷售價值	?	?	$22,500	$150,000
進一步加工之增額成本	$ 10,500	$ 7,500	$ 4,500	$ 22,500
進一步加工後銷售價值	$105,000	$37,500	$30,000	$172,500

試作：

1. 假設使用相對銷售價值法來分攤聯合成本，分攤到92無鉛汽油與95無鉛汽油產品的各項聯合成本為何？
2. 假設使用相對銷售價值法來分攤聯合成本，在銷售點時高級汽油的銷售價值為何？
3. 請使用淨變現價值法來分攤聯合生產成本到產品高級汽油、92無鉛汽油及95無鉛汽油。

解:

1. 使用相對銷售價值法分攤聯合成本:

95無鉛汽油：聯合成本分攤 $= (\frac{\text{分離點95無鉛汽油之銷售價值}}{\text{分離點總銷售價值}}) \times$ 聯合成本

$= (\frac{\$22{,}500}{\$150{,}000}) \times \$90{,}000$

$= \$13{,}500$

92無鉛汽油：聯合成本分攤 = 總聯合成本 − 高級汽油的分攤數額 − 95無鉛汽油的分攤數額

$= \$90{,}000 - \$54{,}000 - \$13{,}500$

$= \$22{,}500$

聯合成本分攤彙總:

高級汽油	$54,000
92無鉛汽油	22,500
95無鉛汽油	13,500
總　和	$90,000

2. 高級汽油的聯合成本分攤 $= (\frac{\text{分離點高級汽油的銷售價值}}{\text{分離點總銷售價值}}) \times$ 聯合成本

$\$54{,}000 = (\frac{X}{\$150{,}000}) \times \$90{,}000$

$X = \$54{,}000 \times (\frac{\$150{,}000}{\$90{,}000})$

$X = \$90{,}000$

在銷售點時高級汽油的銷售價值 = $90,000

3. 使用淨變現價值法來分攤聯合成本:

聯合成本	聯合產品	最終產品的銷售價值	加工的可分離成本	淨變現價值	相對比率	聯合成本分攤
	高級汽油	$105,000	$10,500	$ 94,500	0.63	$56,700
$90,000	92無鉛汽油	37,500	7,500	30,000	0.60	18,000
	95無鉛汽油	30,000	4,500	25,500	0.20	15,300
	總　和	$172,500	$22,500	$150,000		$90,000

參、自我評量

10.1　制定決策的步驟

1. 制定決策的行為： a. 發展決策模式； b. 選擇方案； c. 擬定決策準則； d. 蒐集資料； e. 澄清決策問題； f. 確認決策方案，請排出其正確順序：

A. efcabd。

B. ecfadb。

C. adbecf。

D. ecfdab。

解：C

2. 非程式化問題，是指需要例行性、重複性之決策技術才可解決的問題。

解：×

詳解：上述指的是程式化問題；而非程式化問題，是指獨特且非結構化的問題。

10.2　攸關成本與效益

1. 若會計人員把非攸關的資訊提供給決策者時，將會導致資源浪費與誤導決策者。

解：○

2. 資訊與決策要具有攸關性，必須同時符合：與未來交易事件有關，及在各項方案下有不同資料的條件。

解：○

10.3 產品成本與訂價的關係

1. 當廠商生產一種新產品時，通常使用何種訂價方式？

   A. 目標報酬率加成訂價法。

   B. 投標訂價法。

   C. 成本加成訂價法。

   D. 以上皆非。

解：C

2. 目標報酬率加成訂價法是將稅後淨利決定後，才來決定價格的一種訂價方法，為最常用的一種訂價方法。

解：×

詳解：目標報酬率加成訂價法是將稅前淨利決定後，才來決定價格的一種訂價方法；而最常用的一種訂價方法為成本加成訂價法。

10.4 特殊決策的分析

1. 金革公司的經理，目前面臨了是否要外購的決策。該公司自行製作的相關成本資料列於下表，外購時每單位售價為$25，請你替該經理決定是否要採取外購的策略。

變動成本：	
直接原料	$10
直接人工	5
變動製造費用	5
固定成本（分攤）：	
管理員薪水	3
折　舊	8
單位總成本	$31

解:

	自製的單位成本	外購的單位成本
變動成本:		
直接原料	$10	$10
直接人工	5	5
變動製造費用	5	5
固定成本(分攤):		
管理員薪水	3	1
折　舊	8	0
單位總成本	$31	$21
不可避免的單位固定成本		$10
購買甜點之單位成本		$25
向外購買甜點的單位總成本		$35

該公司不應採取外購策略,因為外購後的成本為$35,比自製時的$31要高。

2. 在聯合生產過程中產出兩種或更多的產品,稱為聯產品,在決定聯產品是否繼續加工或出售時,要分析每一項方案的成本與效益。

解: ○

10.5 制定決策之其他問題

1. 在制定決策時,管理者可以用敏感度分析來處理不確定的狀況。

解: ○

2. 期望值及敏感度分析皆可用來處理不確定的狀況。

解: ○

10.6 制定決策時應避免之錯誤

1. 決策者制定決策時易犯的錯誤:

A. 將固定成本單位化。

B. 把沉沒成本納入決策分析中。

C. 機會成本的忽略。

D. 以上皆是。

解：D

2. 沉沒成本與未來的交易無關，應視為非攸關成本。

解：○

第11章

資本預算決策（一）

壹、作業解答

一、選擇題

1. 當管理人員致力於瞭解為何完整的計畫不能產生預期現金流量時，管理人員必須考慮：

   A. 績效衡量和計畫評估。

   B. 現值分析。

   C. 差異分析。

   D. 履行資本預算決策的過程。

解：D

2. 當評估一項資本計畫時，以下何者不需考慮？

   A. 評估年度的經濟預測。

   B. 現金流量的新調整計畫。

   C. 隨著計畫改變的現金流量。

   D. 已支出的現金流量。

解：D

3. 在資本預算決策中，現金流出量不包括哪一項？

   A. 償付到期的應付帳款。

   B. 為該項投資每年所需增加的營運成本。

   C. 因該項投資提高生產效率，所降低之生產成本。

   D. 第一次的投資總額。

解：C

4.在四年後，未來值為$1而折現率為14%的現值應為：

A. $0.877, $0.769, $0.675 與$0.592 的總和。

B. 未來值乘以$(1+0.14)^4$。

C. 未來值除以$(1-0.14)^4$。

D. $0.592。

解：D

5.在投資期間中的每一年有相同的折現率，這種假設適用於下列資本預算工具中的哪一種?

A. 現值分析。

B. 內部報酬率。

C. 還本期間。

D. 會計報酬率。

解：A

6.公式是以每年平均淨利除以投資額，且其缺點是忽略貨幣的時間價值的資本預算工具是：

A. 現值分析。

B. 內部報酬率。

C. 還本期間。

D. 會計報酬率。

解：D

二、問答題

1.試舉例分別說明收益支出及資本支出。

解：(1)收益支出(Revenue Expenditure)：

①為經常性支出，費用的支付與效益的時間，皆發生在同一會計年度。

②收益支出為短期性費用，對企業的營運較沒有長久性的影響。

(2)資本支出(Capital Expenditure)：

①為長期非經常發生的支出，這些成本的效益會延伸到以後的會計年度。

②此類支出通常與長期資產的購買有關，往往支付的金額較大，一旦決定資本支出，管理者不易變更其決定。

2. 何謂資本預算？其種類為何？

解：(1)資本預算(Capital Budgeting)是指評估資本支出的過程，以數量性方法來衡量資本投資的成本與效益。

(2)資本預算決策有下列兩種：

①接受或拒絕決策(Acceptance-or-Rejection Decision)。

②資本分配決策(Capital-Rationing Decision)。

3. 試述在資本預算決策中，現金流出量與流入量主要包括的項目。

解：(1)現金流出量包括下列各項：

①第一次的投資總額。

②為該項投資每年所需增加的營運成本。

③與該項投資有關的維修費用。

④在執行該項計畫時，為營運周轉需要較多的存貨與應收帳款而使現金積壓。

⑤償付到期的應付帳款。

(2)現金流入量包括下列各項：

①由該項投資所增加的收入。

②由該項投資提高生產效率，所降低的生產成本。

③折舊費用所導致的所得稅減少額。

④投資計畫結束後，廠房設備出售的殘值收入。

⑤營運資金因應付帳款的賒欠而減少。

⑥結束投資計畫時，現金餘額會因存貨出售和應收帳款的收現而增加。

4. 說明貨幣的時間價值。

解：在不同時間等額貨幣的價值也不相同。在作資本預算決策分析時，未來期間所收到的現金屬於終值，為了與現在所投入的現金相比，必須將終值折現成為現值，才能作出較為正確的投資方案評估。

5. 試述還本期間法的優缺點。

解：還本期間法的優缺點分別敘述如下：

(1)優點：計算過程簡單，容易瞭解。

(2)缺點：①未考慮貨幣的時間價值。

②未考慮還本期間以後的現金流量。

6. 何謂會計報酬率法？其公式為何？

解：(1)會計報酬率(Accounting Rate of Return, ARR)：每年平均的淨利除以投資額，又稱為資產報酬率或投資報酬率。

(2)$會計報酬率=\frac{平均淨利}{投資額}$

7. 試述淨現值法與內部報酬率法的決策準則。

解：(1)淨現值法的決策準則：

①計畫的淨現值為正數，則可接受之。

②計畫的淨現值為負數，應拒絕該計畫。

(2)內部報酬率法的決策準則：

①內部報酬率若大於管理當局所定的最低報酬率，則可接受該方案。

②內部報酬率若小於管理當局所定的最低報酬率，則應拒絕之。

8. 比較淨現值法與內部報酬率法之優缺點。

解：(1)淨現值法的優缺點如下：

①優點：

(i)考慮貨幣的時間價值。

(ii)考慮投資計畫整個經濟年限內的現金流量。

(iii)當各期現金流量呈現不規則的變動時，較易於運用之。

②缺點：

(i)折現率之決定常偏向主觀。

(ii)當各投資之經濟年限或投資額不相等時，無法加以比較來決定優先次序，必須由管理人員主觀判定。

(2)內部報酬率法的優缺點如下：

①優點：

(i)考慮貨幣的時間價值。

(ii)考慮到投資計畫整個經濟年限內的全部現金流量。

②缺點：計算過程較為複雜。

9.獲利能力指數的定義為何？

解：獲利能力指數(Profitability Index)又稱超額現值指數(Excess Present Value Index)，即是以每期所收的淨現值的總和，除以原始投資額。

10.說明獲利能力指數、淨現值及內部報酬率三者間的關係。

解：獲利能力指數和淨現值所表示的訊息相同，若獲利能力指數大於1，則淨現值為正數；若獲利能力指數小於1，則淨現值為負數。如果獲利能力指數大於1，則該投資計畫的內部報酬率也較公司的資金成本高。由於獲利能力指數和內部報酬率皆以比率的方式表示，較適於不同計畫的比較。

貳、習　題

一、基礎題

B 11–1　現值觀念

甲公司上年度普通股利為$100，預期未來三年股利將按10%成長，假定第一年後支付第一次股利。

試作：

1. 未來三年每年預期股利各是多少？
2. 此三年股利之現值共多少？（假設折現率8%）

解：

1. 第一年：$100 \times (1.1)^1 = 110$

   第二年：$100 \times (1.1)^2 = 121$

   第三年：$100 \times (1.1)^3 = 133.1$

2. 連續三年複利現值和：

$$\frac{110}{(1.08)^1} + \frac{121}{(1.08)^2} + \frac{133.1}{(1.08)^3}$$

$$= 311.25$$

B 11-2 還本期間法

布朗公司經理正在評估一項需要原始投資額$7,500的計畫，預估此計畫於5年內的淨現金流量如下：

年	預估淨現金流量
1	$3,000
2	2,700
3	2,400
4	2,700
5	3,000

布朗公司經理使用還本期間法來評估投資計畫。

試作：

1. 如果布朗公司經理要求3年回收投資額，在此要求下是否可接受此計畫？
2. 如果布朗公司經理要求2.5年回收，是否可接受此計畫？

解：

1.

年　度	現金流量（流出）	未回收金額
投資年	$(7,500)	$7,500
1	3,000	4,500
2	2,700	1,800
3	2,400	0
4	2,700	0
5	3,000	0

還本期間 $= 2 + \frac{\$1,800}{\$2,400} = 2.75$（年）

計算結果顯示3年內可以還本。因此，此計畫還本期間少於3年，布朗公司將會接受此計畫。

2. 使用問題1計算過程，我們可求出還本期間為2.75年，大於經理所要求的2.5年，故此計畫不會被接受。

B 11-3　還本期間法

試計算下列投資方案的回收期間：

	投資方案			
種　類	1	2	3	4
原始投資額	$10,000	$50,000	$ 75,000	$60,000
執行期間（以年計）	3	4	5	8
於投資期間的總現金流量	$15,000	$80,000	$125,000	$96,000

假設每年的現金流量十分平均。

解：

方案1 $= \frac{\$10,000}{\frac{\$15,000}{3}} = 2$年

$$方案2 = \frac{\$50,000}{\frac{\$80,000}{4}} = 2.5年$$

$$方案3 = \frac{\$75,000}{\frac{\$125,000}{5}} = 3年$$

$$方案4 = \frac{\$60,000}{\frac{\$96,000}{8}} = 5年$$

B 11-4 會計報酬率法

蘇經理是合江公司的財務主管，他正在評估公司的購買設備投資計畫。此項計畫需原始投資額$400,000，預期在未來5年內所產生的淨利如下：

年　度	預計利潤
1	$60,000
2	65,000
3	55,000
4	50,000
5	55,000

試作：假設該公司以每年的資產帳面價值為分母，求合江公司投資計畫5年內的會計報酬率。在此計算方式下，你認為是否有缺點？請說明。

解：

年　度	資產帳面價值	預期利潤	會計報酬率
1	$400,000	$60,000	15.0%
2	320,000	65,000	20.3%
3	240,000	55,000	22.9%
4	160,000	50,000	31.3%
5	80,000	55,000	68.8%

由上述資料看來，每年的預期利潤差異不大，但會計報酬率卻隨著年數的增加而增加，這是因為分母中，資產帳面價值的下降。因此，以帳面價值代入會計報酬率的計算，會產生不正確的資訊。

B 11–5 會計報酬率法

甲公司擬用成本$60,000購買一部機器，並按直線法分10年計提折舊，公司估計每年可增加現金收入$16,000，除折舊外，將不增加其他成本，假設所得稅率為30%，試計算本投資計畫之會計報酬率。

解：

收　入	$16,000
費　用	(6,000)
稅前淨利	$10,000
所得稅	(3,000)
淨　利	$ 7,000

原始會計報酬率 = $7,000 ÷ $60,000 = 11.67%

平均會計報酬率 $= \$7{,}000 \div \frac{(\$60{,}000 + 0)}{2} = 23.33\%$

B 11–6 會計報酬率法

設甲公司有一投資方案，投資額為$5,000，期限3年，每年稅前現金淨流入各為$2,000、$3,000、$4,000，且該投資案採直線法計提折舊，殘值為$200，稅率30%。試計算該方案之會計報酬率。

解：

	1	2	3
每年稅前現金淨流入	$2,000	$3,000	$4,000
減：折　舊	1,600	1,600	1,600
每年稅前淨利	$ 400	$1,400	$2,400
減：所得稅	120	420	720

淨 利	$ 280	$ 980	$1,680

$$原始會計報酬率 = \frac{〔(\$280 + \$980 + \$1,680) \div 3〕}{\$5,000} = 19.6\%$$

$$平均會計報酬率 = \frac{〔(\$280 + \$980 + \$1,680) \div 3〕}{(\$5,000 + \$200) \div 2} = 38\%$$

B 11-7 淨現值法

亞洲公司董事會正考慮是否購買一項新設備，其購買成本為$180,000，而準備工作需花費$50,000，耐用年限為 10 年。董事會雇用了一位顧問，他估計這新設備將可使營運成本每年減少$40,000。為了融資此設備計畫，亞洲公司向政府申請年利率6%的低利貸款。

試作：新設備的淨現值，並建議董事會應否核准此計畫。

解：

此設備所需成本（0期）	$(180,000)
準備工作（0期）	(50,000)
投資期總成本	$(230,000)
營運成本所節省的年金現值($40,000 × 7.360)	294,400
淨現值	$ 64,400

董事會應該核准新設備，因為此計畫的淨現值為正。

B 11-8 淨現值法

瑞格公司正考慮是否應投資一新廠計畫，預計於投資該廠後，每年會產生$130,000 的淨現金流量。6年後，此廠將停止營運且沒有殘值。

試作：若此新廠的投資金額為$540,000，而公司想要的最低投資報酬率為12%。先計算出此投資計畫的淨現值，並決定公司是否應投資。試說明理由。

解:

第1年	$(540,000) × 1.000 =	$(540,000)
第1～6年	$130,000 × 4.111 =	534,430
淨現金流量		$ (5,570)

瑞格公司不應投資於此廠，因為現金流量的淨現值為負數。

B 11-9 淨現值法

黑爾公司正考慮是否購買一臺價值$500,000的機器，用來生產一種新產品，機器的使用年限為5年，殘值為$30,000。此新產品於5年內每年會產生$480,000的現金銷貨收入，每年現金營運費用為$300,000。

試作：如果黑爾公司要求以最低16%的報酬率來評估此資本支出，則此機器的淨現值為何?

解:

項　目	期　間	現金流量	現值係數(16%)	現金流量現值
機器成本	0	$(500,000)	1.0000	$(500,000)
每年淨現金流量	1～5	180,000*	3.274	589,320
機器的殘值	5	30,000	0.476	14,280
現金流量的淨現值				$ 103,600

*銷貨收入 – 費用($480,000 – $300,000)

B 11-10 還本期間法和內部報酬率法

馬丁公司正考慮是否購買一新機器設備，有關此項設備的相關資訊如下:

購買成本	$240,000
使用此機器設備每年可節省營業成本	$37,500
機器設備耐用年限	12年
資金成本	14%

試作:

1. 計算此項設備的還本期間。如果此公司要求最長還本期間為4年，應否建議購買此項機器設備?

2. 計算此機器設備的內部報酬率，再決定應否建議購買此項機器設備。

解:

1. 還本期間:

$$\frac{\text{購買成本}}{\text{每年淨現金流量}} = \text{還本期間}$$

$$\frac{\$240,000}{\$37,500} = 6.4\text{（年）}$$

不應購買此項機器設備，因為它的還本期間大於公司可接受的最長還本期間。

2. 內部報酬率:

$$\frac{\text{原始投資額}}{\text{每年之淨現金流入量}} = \frac{\$240,000}{\$37,500} = 6.4 = P_{12}IRR$$，利用插補法計算內部報酬率如下:

	現值係數	現值係數
10%折現率	6.814	6.814
真實折現率		6.4
12%折現率	6.194	
折現率差距	0.62	0.414

$$\text{內部報酬率} = 10\% + \frac{0.414}{0.62} \times 2\% = 10\% + 0.013\% = 10.013\%$$

不應購買此項機器設備，因為它的報酬率為10.013%，小於公司的資金成本14%。

B 11-11 淨現值法和內部報酬率法

一個公司必須決定採用甲計畫或乙計畫，兩計畫的資料列示於下，公司的資金成本為12%。

甲計畫:

原始成本	$100,000
執行期間	4年
淨現金流量:	
第1年	$ 34,317
第2年	34,317
第3年	34,317
第4年	34,317

乙計畫:

原始成本	$100,000
執行期間	4年
淨現金流量:	
第1年	0
第2年	0
第3年	0
第4年	$146,413

試作:

1. 以淨現值法評估每一個計畫。
2. 以內部報酬法評估每一個計畫。

解:

1. 甲計畫:

第1年$(100,000) × 1.00	$(100,000.00)
第1～4年$34,317 × 3.0373	104,231.02
淨現值	$ 4,231.02

乙計畫:

第1年$(100,000) × 1.00	$(100,000.00)
第4年$146,413 × 0.636	93,118.67
淨現值	$ (6,881.33)

甲計畫的淨現值為\$4,231，乙計畫的淨現值為\$(6,881)。只有淨現值為正數者，才值得投資，所以應投資甲計畫。

2. 甲計畫：內部報酬率= $\frac{\$100,000}{\$34,317}$ = 2.914 = 14%（四年的年金現值報酬率）

乙計畫：內部報酬率= $\frac{\$100,000}{\$146,413}$ = 0.683 = 10%（四年的複利現值報酬率）

甲計畫的內部報酬率為14%，乙計畫的內部報酬率為10%。由於公司的資金成本為12%，所以只有甲計畫值得投資。

B 11-12　內部報酬率法

成景藝術學校正考慮是否整修視聽設備。無論是否整修，視聽設備再過2年皆需重置。如果整修，學校在未來2年內可節省維修成本：第一年\$3,000，第二年\$4,000。整修費用為\$5,867。

試作：試用試誤法計算整修計畫的內部報酬率。

解：

根據折現值表可知此計畫的折現率介於8%到16%之間。我們可以用10%、12%、14%來測試。

		折現值		
年	可節省的修理成本	10%	12%	14%
1	\$3,000			
	\$3,000 × 0.909	\$ 2,727		
	\$3,000 × 0.893		\$ 2,679	
	\$3,000 × 0.877			\$ 2,631
2	\$4,000			
	\$4,000 × 0.826	3,304		
	\$4,000 × 0.797		3,188	
	\$4,000 × 0.769			3,076
整修成本		(5,867)	(5,867)	(5,867)
淨現值		\$ 164	\$ 0	\$ (160)

內部報酬率為12%，因為當折現率是12%，此計畫的淨現值是零。

B 11-13　內部報酬率法

陳國昌是柏格公司的經理，他正在評估一項原始投資為$192,681的計畫。這項計畫預期在未來6年內，每年年底可以增加現金淨流量$45,000。

試作：

1. 求出此項計畫的內部報酬率。
2. 如果柏格公司可以承擔內部報酬率為15%的計畫，那麼陳國昌應否建議採納此計畫？

解：

1. $\frac{\$192,681}{\$45,000} = 4.2818$

   可查出內部報酬率介於10%到12%間。

   $\frac{4.355 - 4.2818}{4.355 - 4.111} = \frac{0.0732}{0.244} = 0.3$

   內部報酬率 = 10% + (2% × 0.3) = 10.6%
2. 因為此計畫的內部報酬率小於可接受的最低標準15%，所以陳國昌應建議公司不可採用此計畫。

B 11-14　還本期間和獲利能力指數

長春公司會計經理預測如果購買一新型機器，在6年的使用期限內，可增加公司的淨現金流量如下：

年　度	淨現金流入
1	$3,000
2	2,000
3	2,000
4	2,000
5	2,000
6	3,000

此投資方案需$5,000的投資額，長春公司以14%的折現率來評估資本預算決策。

試作：

1. 考慮貨幣的時間價值，計算此方案的還本期間。
2. 計算此投資的獲利能力指數。

解：

年度	現金流量（流出）		現值係數		現金流入量現值	未回收金額
投資年	$(5,000)					$5,000
1	3,000	×	0.877	=	$2,631	2,369
2	2,000	×	0.769	=	1,538	831
3	2,000	×	0.675	=	1,350	0
4	2,000	×	0.592	=	1,184	
5	2,000	×	0.519	=	1,038	
6	3,000	×	0.456	=	1,368	
合計					$9,109	

1. 還本期間 $= 2 + \frac{\$831}{\$1,350} = 2.62$（年）

2. 獲利能力指數 $= \frac{\$9,109}{\$5,000} = 1.82$

B 11–15 獲利能力指數

因為產品銷售量的大幅增加，丹尼食品公司正考慮增添新設備來生產。管理者預測此設備的耐用年限為3年，每年的淨現金流量為$50,000，原始投資額為$100,000。

試作：分別以12%及16%的折現率，計算此投資方案的獲利能力指數。

解：

12%折現率下的獲利能力指數：$\frac{\$50,000 \times 2.402}{\$100,000} = 1.201$

16%折現率下的獲利能力指數：$\frac{\$50,000 \times 2.246}{\$100,000} = 1.123$

B 11-16 獲利能力指數

克華公司老闆正考慮是否購買新機器設備。這臺機器成本$25,000且可使用10年，無殘值。機器設備本身在使用年限內每年可產生淨現金流量$5,000。

試作：計算各情況下，機器設備的獲利能力指數，假設折現率為(1)8%；(2)10%；(3)12%。

解：

	折現率		
	8%	10%	12%
淨現金流量：			
$5,000 × 6.710	$33,550		
$5,000 × 6.145		$30,725	
$5,000 × 5.650			$28,250
獲利能力指數的計算	$33,550 / $25,000	$30,725 / $25,000	$28,250 / $25,000
獲利能力指數	1.34	1.23	1.13

B 11-17 還本期間

合江公司的管理者使用還本期間法評估二個投資計畫。每個計畫需原始投資額$18,000，甲計畫將可在4年內每年增加$6,000的現金流入，乙計畫所增加的現金流入在前2年每年為$8,000，後2年每年為$4,000。

試作：以10%的折現率，代入現金流量計算，求出二個計畫的還本期間。

解：

年　度	現金流量（流出）		現值係數	現金流入量現值		未回收金額	
	甲計畫	乙計畫		甲計畫	乙計畫	甲計畫	乙計畫
投資年	$(18,000)	$(18,000)				$(18,000)	$(18,000)
1	6,000	8,000	0.909	$5,454	$7,272	12,546	10,728
2	6,000	8,000	0.826	4,956	6,608	7,590	4,120
3	6,000	4,000	0.751	4,506	3,004	3,084	1,116
4	6,000	4,000	0.683	4,098	2,732	0	0

還本期間：

甲計畫：$3+\dfrac{\$3,084}{\$4,098}=3.75$（年）

乙計畫：$3+\dfrac{\$1,116}{\$2,732}=3.41$（年）

二、進階題

A 11-1 評估資本預算的決策

爪哇公司正在評估三種不同的投資，公司的資金成本為14%。每一項投資之原始的現金支出皆為$70,000，使用年限皆為7年，每年淨現金流量如下：

年	甲方案	乙方案	丙方案
1	$27,250	$10,000	$25,000
2	33,750	20,000	25,000
3	9,000	30,000	20,000
4	8,000	10,000	15,000
5	7,000	(5,000)	10,000
6	6,000	20,000	5,000
7	5,000	30,000	2,500

試作：

1. 使用下列的方法，列出方案的先後順序：

(1)淨現值法。

(2)還本期間法。

2.如果決策的結果是:「投資乙是最佳的,因其有最大的淨現金流量」,此決策是否正確?

解:

1.

爪哇公司

	14%現值係數	甲	乙	丙
第0年	1.0000	$(70,000.00)	$(70,000)	$(70,000)
第1年	0.877	23,898.25	8,770	21,925
第2年	0.769	25,953.75	15,380	19,225
第3年	0.675	6,075	20,250	13,550
第4年	0.592	4,736	5,920	8,880
第5年	0.519	3,633	(2,595)	5,190
第6年	0.456	2,736	9,120	2,280
第7年	0.400	2,000	12,000	1,000
淨現值		$ (968)	$ (1,155)	$ 2,000

還本期間:

甲 = \$27,250 + \$33,750 + \$9,000 = \$70,000……3年

乙 = \$10,000 + \$20,000 + \$30,000 + \$10,000 = \$70,000……4年

丙 = \$25,000 + \$25,000 + \$20,000 = \$70,000……3年

投資方案	淨現值	還本期間
甲	2	1
乙	3	3
丙	1	1

2.錯:乙投資有淨現值最低,且還本期間最長。

A 11-2 還本期間與折現報酬

不考慮租稅影響因素，康寶公司的經理使用簡單還本期間法來選擇投資方案。下列三種投資方案如下：

	投資方案		
	1	2	3
投資額	$80,000	$22,000	$46,000
5年中每年的報酬額	$30,000	$ 9,000	$12,500

試作：

1. 哪一個投資方案可符合3年的還本期間?
2. 使用至少18%報酬率之淨現值法來評估三種方案，並比較在問題1中所得的結果。

解：

1. 當每年現金流量相同時，還本期間是投資額除以現金流量：

方案1：還本期間 $= \dfrac{\$80{,}000}{\$30{,}000} = 2.67$年

方案2：還本期間 $= \dfrac{\$22{,}000}{\$9{,}000} = 2.44$年

方案3：還本期間 $= \dfrac{\$46{,}000}{\$12{,}500} = 3.68$年

前兩個方案可符合3年還本期間。

2. 淨現值：

方案 1：

	投　資	計畫期間				
年　度	0	1	2	3	4	5
現金流量	$(80,000)	$30,000	$30,000	$30,000	$30,000	$30,000
現　值——1到5年	93,810					
淨現值	$ 13,810	(18%，5年)：$30,000 × 3.127				

方案2：

	投資	計畫期間				
年度	0	1	2	3	4	5
現金流量	$(22,000)	$9,000	$9,000	$9,000	$9,000	$9,000
現值——1到5年	28,143					
淨現值	$ 6,143	(18%，5年)：$9,000 × 3.127				

方案3：

	投資	計畫期間				
年度	0	1	2	3	4	5
現金流量	$(46,000)	$12,500	$12,500	$12,500	$12,500	$12,500
現值——1到5年	39,088					
淨現值	$ (6,912)	(18%，5年)：$12,500 × 3.127				

前兩個方案淨現值大於零，故可接受之。和問題1所得的結論相同。

A 11-3 還本期間；會計報酬率；淨現值

元大公司正審核一個投資案，其相關資料如下：

年度	原始成本與帳面價值	年度稅後淨現金流量	年度淨利
0	$(105,000)		
1	70,000	$50,000	$15,000
2	42,000	45,000	17,000
3	21,000	40,000	19,000
4	7,000	35,000	21,000
5	0	30,000	23,000

元大公司對於此投資方案採用 14% 的稅後目標報酬率。

試作：

1. 計算此計畫的還本期間。
2. 計算此投資計畫的會計報酬率。以投資的原始成本來計算。

3. 計算此計畫的淨現值。

解:

1. 此計畫的還本期間為2.25年，計算如下：

年　度	稅後淨現金流量
1	$ 50,000
2	45,000
3（第一季）	10,000(0.25 × $40,000)
總　和	$105,000
原始成本	$105,000

2. 會計報酬率為 18.1%，其計算如下：

$$會計報酬率 = \frac{平均淨利}{投資額} = \frac{\$19,000^*}{\$105,000} = 18.1\%$$

*($15,000 + $17,000 + $19,000 + $21,000 + $23,000) ÷ 5 = $19,000

3. 淨現值計算：

年　度	稅後現金流量	折現率(14%)	現　值
0	$(105,000)	1.000	$(105,000)
1	50,000	0.877	43,850
2	45,000	0.769	34,605
3	40,000	0.675	27,000
4	35,000	0.592	20,720
5	30,000	0.519	15,570
淨現值			$ 36,745

A 11–4　淨現值法

艾瑪公司正考慮以現有廠房為場所， 購買新設備成本$150,000，使用期限5年，無殘值。準備用於製造新產品的現有廠房空間，目前是用來做倉庫使用。當開始製造新產品時，為防止倉庫不敷使用，艾瑪公司計畫再租用新倉庫，租金每年$25,000。此新產品於第一年期末，需要$50,000的營運資金，這筆款項於第5年期末才能回收。

有關每年的現金收入與費用估計如下：

銷售收入	$500,000
製造費用（包括房租）	385,000
行銷費用	10,000

公司要求投資方案至少有16%的報酬率。

試作：

1. 計算1到5年的淨現金流量。
2. 艾瑪公司應該製造此新產品嗎？

解：

1. 淨現金流量：

項　目	第1年	第2～4年	第5年
銷售收入	$ 500,000	$ 500,000	$ 500,000
製造費用	(385,000)	(385,000)	(385,000)
行銷費用	(10,000)	(10,000)	(10,000)
倉庫租金成本	(25,000)	(25,000)	(25,000)
營運資金的增加	(50,000)		
營運資金的回收			50,000
淨現金流量	$ 30,000	$ 80,000	$ 130,000

2. 淨現值：

年　度	現金流量	16%的現值	現金流量現值
0	$(150,000)	1.0000	$(150,000)
1	30,000	0.862	25,860
2～4	80,000	2.246 × 0.862	154,884
5	130,000	0.476	61,880
			$ 92,624

艾瑪公司應該生產新產品，因為它的淨現值為正的。

A 11–5 投資計畫評估綜合題

1. 明達公司要求所有投資皆要有至少18%的報酬率才可接受，公司計畫購買$40,350的新機器，此新機器將產生每年$15,000的現金流量，並且使用期間4年，無殘值。計算機器的淨現值。此機器是一個可接受的投資案嗎？請解釋。
2. 雷蒙生產事業正考慮一個使用期限15年的新機器，且估計此機器每年可節省現金營運成本$20,000。如果機器成本$96,000，則計畫的內部報酬率為何？
3. 協和印刷公司剛購買一臺成本為$14,125的新裁紙機器，此機器預期可節省每年$2,500 的現金營運成本，且有10年耐用期限。計算機器的時間調整報酬率。如果公司的資本成本是16%，則這是一個明智的投資嗎？請解釋。

解：

1.

項　目	年　度	現金流量	18%	現金流量現值
原始投資額	0	$(40,350)	1.000	$(40,350)
年度現金流量	1～4	15,000	2.690	40,350
淨現值				$　0

是的，這是一個可接受的投資，因為它確實提供了公司要求至少18%的報酬率。

2. $\frac{\text{機器成本\$96,000}}{\text{年度成本節省\$20,000}} = 4.8$

$$\text{IRR} = 18\% + \frac{5.092 - 4.8}{5.092 - 4.675} \times 2\% = 19.4\%$$

該計畫的內部報酬率為19.4%。

3. $\frac{\text{機器成本\$14,125}}{\text{年度成本節省\$2,500}} = 5.650$

看《管理會計》附錄11.4，我們可發現5.650為12%的10年年金現值係數，這表示該計畫有12% 的內部報酬率。如果公司的資本成本為16%，則它將不是個明智的投資，因為機器的報酬率低於資本成本。

A 11-6　淨現值與獲利能力指數

設有甲、乙兩投資方案，其相關資料如下：

投資方案	甲	乙
投資額	$10,000	$5,000
投資年限	5年	3年

每年稅前現金流入：

第1年	$3,000	$2,000
第2年	3,000	3,000
第3年	3,000	4,000
第4年	3,000	
第5年	3,000	
折舊方法	直線法	直線法
殘　值	0	$ 200

又稅率40%，資金成本率10%，試求兩方案淨現值及獲利能力指數。

解：

甲方案：

每年稅後淨現金流入＋折舊稅盾效果

$= \$1,800 + \$800 = \$2,600$

淨現值 $= \$2,600 \times 3.79 - \$10,000 = \$(146)$

獲利能力指數 $= \dfrac{\$2,600 \times 3.79}{\$10,000} = 0.9854$

乙方案：

	1	2	3
稅後淨現金流入	$1,200	$1,800	$2,400
折舊稅盾效果	640	640	640
稅後淨現金流入	$1,840	$2,440	$3,040

淨現值 = $1,840 × 0.909 + $2,440 × 0.826 + $3,040 × 0.751 + $200 × 0.751

− $5,000

= $1,121.24

$$\text{獲利能力指數} = \frac{\$6,121.24}{\$5,000} = 1.2242$$

A 11–7 不同資本預算方法的使用

班尼特公司的總經理正評估下列三種投資計畫，公司的資金成本為12%。每一個計畫的淨現金流量估計如下：

	投資計畫		
年	1	2	3
1	$ 90,000	$ 60,000	$ 50,000
2	90,000	60,000	50,000
3	90,000	60,000	50,000
4	–	60,000	50,000
5	–	60,000	50,000
6	–	–	50,000
7	–	–	50,000
8	–	–	50,000
原始成本	(216,162)	(227,448)	(217,180)

試作：

1. 每個投資計畫的還本期間。
2. 每個投資計畫的淨現值。
3. 每個投資計畫的獲利能力指數。

4. 每個投資計畫的內部報酬率。

解:

1. 還本期間:

計畫1	計畫2	計畫3
$\frac{\$216,162}{\$90,000} = 2.4018$年	$\frac{\$227,448}{\$60,000} = 3.7908$年	$\frac{\$217,180}{\$50,000} = 4.3436$年

2. 淨現值:

年	現值12%	計畫1	計畫2	計畫3
1		$(216,162)	$(227,448)	$(217,180)
1～3	$90,000 × 2.402	216,180		
		$ 18		
1～5	$60,000 × 3.605		216,300	
			$ (11,148)	
1～8	$50,000 × 4.968			248,400
				$ 31,220

3. 獲利能力指數:

計畫1	計畫2	計畫3
$\frac{\$216,180}{\$216,162} = 1.000$	$\frac{\$216,300}{\$227,448} = 0.951$	$\frac{\$248,400}{\$217,180} = 1.144$

4. 內部報酬率:

計畫1: $\frac{\$216,162}{\$90,000} = 2.4018 = 12\%$ (3年)

計畫2: $\frac{\$227,448}{\$60,000} = 3.7908 = 10\%$ (5年)

計畫3: $\frac{\$217,180}{\$50,000} = 4.3436 = 16\%$ (8年)

A 11-8 投資計畫的偏好順序

奧斯丁公司正調查五個不同的投資計畫。調查後有關的資料如下：

	計畫號碼				
	1	2	3	4	5
投資金額	\$(720,000)	\$(540,000)	\$(405,000)	\$(675,000)	\$(600,000)
10%折現之現金流入現值	850,905	650,100	504,210	784,455	569,640
淨現值	\$ 130,905	\$ 110,100	\$ 99,210	\$ 109,455	\$ 30,360
計畫年限	6年	12年	6年	3年	5年
內部報酬率	16%	14%	18%	19%	8%

因為公司的資金成本為10%，故上列表已經使用10%的折現率來計算現值。由於可供投資的基金有限，因此，公司無法接受全部的計畫。

試作：

1. 計算每個投資計畫的獲利能力指數。
2. 試以下列的方法來排列五個計畫的優先選擇順序：
   (1)淨現值。
   (2)獲利能力指數。
   (3)內部報酬率。

解：

1. 獲利能力指數的公式為：

$$\frac{\text{除原始投資外的現金流量現值之總和}}{\text{原始投資金額}} = \text{獲利能力指數}$$

各個計畫的指數為：

計畫1：$\frac{\$850,905}{\$720,000} = 1.18$

計畫2：$\frac{\$650,100}{\$540,000} = 1.20$

計畫3：$\frac{\$504,210}{\$405,000} = 1.24$

計畫4：$\frac{\$784,455}{\$675,000} = 1.16$

計畫5：$\frac{\$569,640}{\$600,000} = 0.95$

2.(1)、(2)及(3)

	淨現值	獲利能力指數	內部報酬率
偏好1	1	3	3
偏好2	2	2	4
偏好3	4	1	2
偏好4	3	4	1
偏好5	5	5	5

A 11-9 不同資本預算方法的使用

甲公司擬增添一套設備，該設備成本$180,000，五年後必須報廢無殘值，若公司使用該設備，每年稅前可節省現金 $70,000，設甲公司採直線法計提折舊，公司所得稅率40%，預計稅後投資報酬率為14%。

試作：

1. 淨現值。
2. 獲利能力指數。
3. 內部報酬率。

解：

1. 每年稅後淨現金流入 = $70,000 × 60% + $180,000 ÷ 5 × 40% = $56,400

   淨現值 = $56,400 × 3.433 − $180,000 = $13,621.2

2. 獲利能力指數 = $\frac{\text{除原始投資外的現金流量現值總和}}{\text{原始投資額}}$

$$= \frac{\$13,621.2}{\$180,000} = 0.076$$

3. 內部報酬率：$\$56,400 \times P_{\overline{5|}r} = \$180,000$

用插補法：$P_{\overline{5|}r} = 3.191$

r=16%　　3.274

X　　3.191

r=18%　　3.127

$$\frac{0.16 - X}{0.16 - 0.18} = \frac{3.274 - 3.191}{3.274 - 3.127}$$

求解X = 17.13%

故內部報酬率 = 17.13%

參、自我評量

11.1　資本預算決策的意義與種類

1. 收益支出為：

A. 不經常性支出。

B. 長期性支出。

C. 經常性支出。

D. 如新廠房的設置成本。

解：C

2. 資本預算是指評估資本支出的過程，以數量性方法來衡量資本投資的成本與效益。

解：○

11.2　現金流量的意義

1. 在資本預算決策中，現金流出量主要包括：

A. 與該項投資有關的維修費用。

B. 償付到期的應付帳款。

C. 第一次的投資總額。

D. 以上皆是。

解：D

2. 在資本預算決策中，現金流出量主要包括：

A. 與該項投資有關的維修費用。

B. 折舊費用所導致的所得稅減少額。

C. 為該項投資每年所需增加的營運成本。

D. 以上皆非。

解：B

11.3　現值觀念

1. 假若年利率為8%，則今天的 $1,000在5年後價值多少?（以單利與複利分別計算）

解：

單利：

	本　金	×	利　率	=	利　息
第1年	$1,000	×	8%	=	$80
第2年	$1,000	×	8%	=	$80
第3年	$1,000	×	8%	=	$80
第4年	$1,000	×	8%	=	$80
第5年	$1,000	×	8%	=	$80

$1,000 + ($80 × 5) = $1,400

複利：

	本金＋前期利息	×	利　率	=	利　息
第1年	\$1,000	×	8%	=	\$ 80.0
第2年	(\$1,000+\$80)	×	8%	=	\$ 86.4
第3年	(\$1,000+\$166.4)	×	8%	=	\$ 93.3
第4年	(\$1,000+\$259.7)	×	8%	=	\$100.8
第5年	(\$1,000+\$360.5)	×	8%	=	\$108.8

$\$1,000 + (\$80.0 + \$86.4 + \$93.3 + \$100.8 + \$108.8) = \$1,469.3$

2. 假若年利率為8%，則5年後的 \$1,000在今天價值多少？（以單利與複利分別計算）

解：

單利：

$$P = \$1,000\left[\frac{1}{(1+8\%)^5}\right]$$

$$= \$1,000\left(\frac{1}{1.47}\right)$$

$$= \$1,000\,(0.681)$$

$$= \$681$$

複利：

第1年　$\$1,000 \times \left[\frac{1}{(1+0.08)^1}\right] = \$1,000 \times (0.926) = \$\ 926$

第2年　$\$1,000 \times \left[\frac{1}{(1+0.08)^2}\right] = \$1,000 \times (0.857) = \$\ 857$

第3年　$\$1,000 \times \left[\frac{1}{(1+0.08)^3}\right] = \$1,000 \times (0.794) = \$\ 794$

第4年　$\$1,000 \times \left[\frac{1}{(1+0.08)^4}\right] = \$1,000 \times (0.735) = \$\ 735$

第5年　$\$1,000 \times \left[\frac{1}{(1+0.08)^5}\right] = \$1,000 \times (0.681) = \$\ 681$

連續五年的複利現值之總和：　\$3,993

11.4 投資計畫的評估方法

1. 假設有一投資方案，原始投資額為 $500,000，執行期間為三年，每年年底將產生 $200,000的淨現金流入，所採用之折現率為10%，請問部門經理是否該執行此投資方案?（請用淨現值法）

解:

年 度		
0	$\$(500{,}000) \div (1+0.1)^0 =$	$(500,000)
1	$200{,}000 \div (1+0.1)^1 =$	181,818
2	$200{,}000 \div (1+0.1)^2 =$	165,289
3	$200{,}000 \div (1+0.1)^3 =$	150,263
	淨現值 =	$ (2,630)

三年後會有$2,630的損失，故部門經理不該執行此投資案。

2. 採用淨現值法的缺點:

A. 當各期現金流量呈現規律變動時，較易於運用。

B. 未考慮貨幣的時間價值。

C. 折現率的決定偏向主觀。

D. 未考慮投資計畫整個經濟年限內的現金流量。

解: C

詳解: A. 此為淨現值法的優點；B. 淨現值法有考慮到貨幣的時間價值；D. 淨現值法有考慮投資計畫整個經濟年限內的現金流量。

第12章 資本預算決策（二）

壹、作業解答

一、選擇題

1. 投資抵減和租稅扣抵:

   A. 兩者都減少租稅負債，但租稅扣抵的效用較大。

   B. 兩者都減少租稅負債，但投資抵減的效用較大。

   C. 兩者同樣影響邊際稅率。

   D. 兩者皆包括折舊稅盾計算。

解：B

2. 淨營業流量乘以1與邊際稅率的差額，其計算產生了:

   A. 風險調整折現率。

   B. 內部報酬率的要素。

   C. 稅後營業現金流量。

   D. 每年從折舊額中所獲得的租稅節省。

解：C

3. 三點估計法不包括下列哪一點預測?

   A. 悲觀的預測。

   B. 最好的預測。

   C. 最可能的預測。

   D. 樂觀的預測。

解：B

4.下列何者不是蒙地卡羅模擬法的缺點?

A.不易將其量化。

B.忽略了同一公司由各項不同之專案所組成，專案間可能彼此相關。

C.投入變數的機率分配不易得到。

D.當分析完成時，沒有明確的決策規則。

解：A

5.正確的資本預算分析可用下列何種方法?

A.現金流量以名目貨幣來衡量，並且以名目利率決定折現率。

B.現金流量以名目貨幣來衡量，並且以實質利率決定折現率。

C.現金流量以實質貨幣來衡量，並且以名目利率決定折現率。

D.以上皆可。

解：A

二、問答題

1.為何在評估長期投資方案時，需考慮所得稅的影響?

解：任何營利事業單位都必須在年底申報所得，並繳納營利事業所得稅。在評估長期投資方案時，資本預算方法主要是以現金流量來衡量各項投資的效益，故必須將所得稅的影響列入現金流量的分析過程，以求得稅後的現金流量。

2.何謂租稅抵減?何謂租稅扣抵?說明兩者間的差異。

解：(1)①租稅抵減為直接減少租稅款。

②租稅扣抵(Tax Deduction)是指課稅所得的扣抵數，其所引起的租稅減少額等於可扣抵額乘上邊際稅率。

(2)對於企業現金流量的影響而言，若抵減比率與扣抵比率相等，則租稅抵減比租稅扣抵的影響力大，因為所減負的稅金較多。

3.試述我國適用投資抵減的相關法令。

解：在我國所適用的投資抵減相關法令如下：

⑴在我國原本適用於投資抵減的相關法令為「獎勵投資條例」。

⑵在民國79年12月29日為促進產業升級條例所取代。

4. 何謂資本分配決策？當進行資本分配決策時，管理者的投資準則又為何？

解：⑴資本分配決策(Capital Rationing Decision)是指企業管理者同時面臨多項投資計畫，每一項計畫的淨現值皆為正數，但由於資金有限無法實行全部投資計畫，而只能從中挑選較好者的決策。

⑵投資準則：找出一組投資組合，該組合內各計畫的投資總額不超過現有資金，而總淨現值為各種組合中最高者。

5. 何種查核程序稱為事後稽核？此時管理會計人員應如何進行事後稽核？

解：⑴事後稽核(Postaudit or Reappraisal)：為避免發生一些人為的失誤，許多組織系統性地追蹤進行中之專案計畫的成效，找出差異之處，以便予以修正的查核程序。

⑵管理會計人員進行事後稽核的程序如下：

①管理會計人員應蒐集與專案計畫實際現金流量相關的資料，並且重新計算淨現值。

②把原來預估的數據和實際發生者相比，若相去太遠，則須謹慎分析其原因。

③有時事後稽核會揭露出當初現金流量過程的缺失，應馬上採取預算重估的改善措施。

④如果錯誤已無法更正，即可推論當初所作的決策是不正確的，應放棄此投資計畫。

6. 說明三點估計法。當計算出的三組數字，一組顯示應拒絕該方案，而另二組則顯示為可接受，此時經理人員應有哪些相關考慮？

解：面臨複雜的決策過程，經理人員應考慮下列二點：

⑴公司是否願承受預估錯誤的風險。

⑵是否願接受較低的報酬率。

7.試述蒙地卡羅模擬法及其步驟。

解：(1)蒙地卡羅模擬法(Monte Carlo Simulation)是一種將敏感度分析與投入變數的機率分配二者結合起來，以衡量投資專案風險的分析技術。

(2)蒙地卡羅模擬法的實施步驟如下：

①確認每項有關現金流量變數之可能出現的機率，最好是能達到連續分配(Continuous Distributions)。

②基於特定的機率分配，由電腦為每個不確定的變數隨機取值。

③電腦依據不確定之諸變數的隨機值與其他確定的變數值，計算每年的淨現金流量，再依此算出專案的淨現值。

④重複②③步驟多次，形成一專案的淨現值的機率分配。

8.分別說明實質與名目的利率和貨幣。

解：(1)①實質利率：補償投資人之投資風險及貨幣的時間價值報酬率。

②實質貨幣：經過物價指數調整後，反映實質購買力的現金流量。

(2)①名目利率：實質利率加上通貨膨脹之貼水。

②名目貨幣：實際看到的現金流量。

9.何謂策略性價值?

解：策略性價值(Strategic Value)係指未來之投資機會（未來專案）的價值，而此一價值只有在目前所考慮之專案被接受的前提下才可實現。

10.在何種情形下，通常會放棄某專案?

解：在下列兩種情形下，通常會放棄某專案。

(1)將仍可營運的資產賣給其他可利用該資產而獲得更大之淨現金流入的公司。

(2)結束虧損的計畫。

11.何謂選擇權?

解：選擇權(Option)：一種允許持有人在某特定期間內，以某一既定價格，買賣某種特定資產的契約。若是購買之權利,稱為買進選擇權或買權(Call Option);若是賣出之權利,則稱為賣出選擇權或賣權(Put Option)。

12.說明折舊稅盾的意義。

解:折舊稅盾(Depreciation Tax Shield):折舊費用為一項費用,要列入利潤的計算過程中,為所得稅款的減項,此一現象謂之。

貳、習　題

一、基礎題

B 12-1　資本支出決策:還本期間

貝麗公司正考慮以自動化機器來代替原有的包裝機器,自動化機器可全自動地包裝產品。新機器的成本為$28,340,在使用7年後,殘值為$900。管理人員預估稅前現金流量如下:

	第1年	第2～6年	第7年
人工成本節省數	$18,800	$18,800	$18,800
電力成本	(800)	(800)	(800)
維修成本	(900)	(900)	(900)
稅前淨節省數	$17,100	$17,100	$17,100

貝麗公司所得稅率為25%,此機器為了所得稅目的,使用年數限為7年,並用直線法提列折舊,因此每年所提的數目相同。

試作:

1. 計算上表所列期間之稅後淨現金流量。
2. 計算此投資之還本期間。

解:

1. 稅後淨現金流量:

項　目	第 1 年的節省數	第2～6年的節省數	第 7 年的節省數
人工成本節省數	$18,800	$18,800	$18,800
電力成本	(800)	(800)	(800)
維修成本	(900)	(900)	(900)
稅前淨節省數	$17,100	$17,100	$17,100
減：所得稅(25%)	(4,275)	(4,275)	(4,275)
加：折舊稅盾($28,340 − 900) ÷ 7 × 25%	980	980	980
殘　值			900
稅後淨現金流量	$13,805	$13,805	$13,805

2. 還本期間：

年　度	稅後現金流量	未收回金額
投資年	$(28,340)	$28,340
1	13,805	14,535
2	13,805	730
3	14,705	0

還本期間 = 2 + ($730 ÷ $14,705) = 2.05（年）

B 12-2　淨現值法

太古公司正考慮採用新生產方法，可減少原料成本$90,000，預期這個新方法可節省人工與製造成本$80,000。這個方法所需的新設備將花費$400,000。為了租稅上的目的，將採直線法提列折舊，10年後無殘值。所得稅稅率為25%。

試作：

1. 計算此投資計畫每年的淨現金流量。
2. 此投資可賺取18%的稅後報酬率嗎？

解：

1. 年度淨現金流量：

節省的原料成本	$ 90,000
節省的人工成本	80,000
總成本節省	$170,000
減：折舊費用($400,000 ÷ 10)	40,000
可課稅之成本節省	$130,000
所得稅(25%)	32,500
稅後成本節省	$ 97,500
加：折　舊	40,000
年度淨現金流量	$137,500

2. 此計畫的稅後報酬率：

年　度	年度現金流量	× PV值	= 現金流量的現值
1～10	$137,500	4.494	$617,925
投資額		$(400,000)	
淨現金流量現值		617,925	
淨現值		$ 217,925	

此投資計畫的現金流量，以18%為折現率來計算淨現值為$217,925。這表示此投資計畫的報酬率是高於18%。

B 12-3　稅後淨現值

某一計畫的現金流量為每年$5,000，期間共5年，公司的所得稅稅率是25%。

試作：

1. 先不考慮稅的影響，假設折現率 18%，5年的年金現值為何？
2. 計算公司由$5,000年金所得到的稅後之淨現金流量。
3. 若使用下列的折現率， 試重新計算問題2中之稅後淨現金流量現值。
   (1)18%折現率，(2) 9%折現率，(3) 8%折現率。

解:

1. $\$5,000 \times 3.127 = \$15,635$

2. $\$5,000 \times (1 - 0.25) = \$3,750$

3. (1) $\$3,750 \times 3.127 = \$11,726.25$

   (2) $\$3,750 \times 3.890 = \$14,587.50$

   (3) $\$3,750 \times 3.993 = \$14,973.75$

B 12-4 資本預算決策

興榮公司計畫更換過時的設備，此設備已完全折舊，無殘值。該公司正考慮購買新的設備可節省每年之稅前現金、人工和維修成本為$7,000。設備成本$23,000，預期使用年限為7年，無殘值。

興榮公司為了租稅目的而採直線法折舊，公司所得稅稅率為25%，最低稅後報酬率為14%。

試作:

1. 計算新設備的還本期間。
2. 計算新設備的淨現值。
3. 計算新設備的獲利能力指數。

解:

1. 還本期間:

項　目	第1～7年
現金節省	$ 7,000
所得稅(25%)	(1,750)
折舊稅盾($23,000 ÷ 7 × 25%)	821
年度淨現金流量	$ 6,071

$$還本期間 = \frac{\$23,000}{\$6,071} = 3.79\text{（年）}$$

2. 淨現值 = $\$(23,000) + \$6,071 \times 4.288 = \$3,032$

3. 獲利能力指數 $= \frac{\$26,032}{\$23,000} = 1.132$

B 12-5 投資方案選擇

大華公司的財務長決定將$80,000 資金用於下面兩個投資案之一：

1. 投資利率12%的國庫券6個月，然後於剩下的6個月將所得再進一步投資利率16%的公司債6個月。
2. 投資利率為16%的公司債3個月，然後再將所得投資於利率12%的國庫券6個月，在剩下3個月中將投資所得存在利率6%的支票帳戶中。

試作：哪一個投資案在一年後獲利較高？

解：

大華公司投資分析：

投資案1：

投資額	$80,000
6個月的利息($\$80,000 \times \frac{12\%}{2}$)	4,800
再投資額	$84,800
6個月的利息($\$84,800 \times \frac{16\%}{2}$)	6,784
一年後的現金餘額	$91,584

投資案2：

投資額	$80,000
3個月的利息($\$80,000 \times \frac{16\%}{4}$)	3,200
再投資額	$83,200
6個月的利息($\$83,200 \times \frac{12\%}{2}$)	4,992
再投資額	$88,192
3個月的利息($\$88,192 \times \frac{6\%}{4}$)	1,323

一年後的現金餘額 $89,515

因為方案1可產生較高的現金餘額，所以大華公司應該選擇投資方案1。

B 12-6 敏感度分析與現值分析

凱城傳播公司的管理階層正在評估一個5年的資本計畫。預計從第1年到第5年的年底，每年可獲得$15,600的現金流入。其原始的支出為$53,682。凱城公司管理階層使用現值分析及9%的折現率。管理階層較憂慮的是每年估計的現金流入量可能太高，或其原始支出的估計可能太低。

試作：

1. 若使用管理階層每年所估計的現金流入量及原始的支出，此計畫的淨現金流量為多少？
2. 若每年現金流入量為$15,600，且計畫的淨現值為零，原始的支出應為多高？
3. 若此計畫的原始支出改為$53,682，計畫的淨現值為零，每年現金流入量能多低？

解：

1.

年	現金流量	現值
0	$(53,682) × 1.000 =	$(53,682)
1～5	$15,600 × 3.890 =	$ 60,684
淨現值		$ 7,002

2. 因為每年現金流量的總現值是$60,684，原始支出亦為$60,684才會使淨現金為零。

3. 在這個例子中，每年現金流量的現值將為$53,682。

每年現金流量 × 3.890 = $53,682

$$每年現金流量 = \frac{\$53,682}{3.890} = \$13,800$$

B 12-7 淨現值法

甲公司正計畫投資購買一部機器，有關資料如下：

1. 耐用年限：5年。
2. 要求之最低報酬率：10%（未調整通貨膨脹前）。
3. 通貨膨脹率：預估未來將以每年10%呈複利方式上揚。
4. 折舊方法：直線法。
5. 殘值：5年後無殘值。
6. 機器成本：$300,000。
7. 投資當初需營運資金$50,000，該資金於第五年底回收。
8. 使用這部機器每年可節省現金流出$100,000。此一金額是稅前金額，且按投資當時之物價水準估計，於每一年底實現。
9. 所得稅率：30%，假設所得稅於每年底發生。

試作：此一投資方案之淨現值，並列示出計算式。

解：

年 度	機器成本	×	折舊比例	=	折舊值
1	$300,000	×	$\frac{1}{5}$	=	$60,000
2	300,000	×	$\frac{1}{5}$	=	60,000
3	300,000	×	$\frac{1}{5}$	=	60,000
4	300,000	×	$\frac{1}{5}$	=	60,000
5	300,000	×	$\frac{1}{5}$	=	60,000

通貨膨脹率下之折現率 $= (1 + 10\%)^2 - 1 = 21\%$

現金節省 $= \$100,000 \times (1 - 30\%) \times \left[\frac{1.1}{1.21} + \frac{(1.1)^2}{(1.21)^2} + \frac{(1.1)^3}{(1.21)^3} + \frac{(1.1)^4}{(1.21)^4} + \frac{(1.1)^5}{(1.21)^5}\right] = \$265,355$

$$折舊抵稅 = \frac{\$60,000 \times 30\%}{1.21} + \frac{\$60,000 \times 30\%}{(1.21)^2} + \frac{\$60,000 \times 30\%}{(1.21)^3} + \frac{\$60,000 \times 30\%}{(1.21)^4} + \frac{\$60,000 \times 30\%}{(1.21)^5} = \$52,668$$

營運資金收回：$\$50,000 \times (\frac{1.1}{1.21})^5 = \$31,046$

NPV = \$265,355 + \$52,668 + \$31,046 − \$350,000 = \$(931)

B 12-8 通貨膨脹與資本預算

教育局局長正考慮要購買一部價值$100,000的新電腦。根據成本資料指出，購買後8年內此新電腦每年可節省$30,000（以實質貨幣衡量）。實質利率22%，通貨膨脹率10%。由於是政府的組織，因此教育局不用支付租稅。

試作：

1. 編製一以實質貨幣衡量的現金流量表。內容包括原始取得成本及往後8年所節省的成本。
2. 利用以實質貨幣衡量的現金流量來計算即將購置電腦的淨現值（實質折現率等於實質利率）。

解：

1.

年	現金流量 （以實質貨幣衡量）	現值係數 （實質利率 = 0.22）	現　值
0	$(100,000)	1.000	$(100,000)
1	30,000	0.820	24,600
2	30,000	0.672	20,160
3	30,000	0.551	16,530
4	30,000	0.451	13,530
5	30,000	0.370	11,100
6	30,000	0.303	9,090
7	30,000	0.249	7,470
8	30,000	0.204	6,120

淨現值	$ 8,600

2. 淨現值 = $8,600（參閱A12–4）

以實質貨幣衡量，因為節省的金額每年相同，故計算淨現值一個較簡短的方法可使用每年的現值係數來計算。

淨現值 = $30,000 × 3.619 – $100,000

= $8,570（因為小數點取捨不同，故有$30的誤差）

B 12–9 放棄價值

甲公司剛購買一設備，成本$25,000，可使用5年，預計每年可帶來的現金流量（包含折舊）及放棄價值（稅後處分價值）如下：

年	現金流量	放棄價值
1	$6,500	$23,000
2	6,500	18,000
3	6,500	13,000
4	6,500	10,000
5	6,500	4,000

試問該設備最適使用年限為何？（資金成本10%）

解：

使用1年　$(25,000) + $6,500 × 0.909 + $23,000 × 0.909 = $1,815.5

使用2年　$(25,000) + $6,500 × 1.736 + $18,000 × 0.826 = $1,152

使用3年　$(25,000) + $6,500 × 2.487 + $13,000 × 0.751 = $928.5

使用4年　$(25,000) + $6,500 × 3.169 + $10,000 × 0.683 = $2,428.5

使用5年　$(25,000) + $6,500 × 3.791 + $4,000 × 0.621 = $2,125.5

由於使用4年的淨現值最大，所以甲公司應使用至第4年。

二、進階題

A 12-1 資本支出決策：淨現值

惠輪腳踏車店正考慮設立自助腳踏車修理站，由於客人可在店裡修理腳踏車，所以會增加小零件的銷售量。這個修理站需要$300 的設備，但不需要額外的營運資金。此設備有7年的使用期限，惠輪腳踏車店預期此修理站每年將可增加收入$200，每年現金營業費用$40。

此設備在所得稅上屬7年期資產，使用直線折舊法，第一年之折舊減半提列，但損益表上的折舊費用仍為全年計算。所得稅率為 25%，管理當局要求的稅後投資報酬率為 12%。

試作：

1. 計算此服務站之稅後淨現值。
2. 此項投資可獲得12%的最低報酬率嗎？

解：

1. 資本支出工作底稿（整數位，四捨五入）：

項　目	期　間	現金流量	12%之現值	現金流量之現值
投資額		$(300)	1.0000	$(300)
加：銷貨收入	1	$ 200		
減：營業費用	1	(40)		
小　計	1	$ 160		
減：所得稅(25%)		(40)		
加：折舊稅盾($300 ÷ 7 ÷ 2 × 25%)	1	5		
淨現金流量	1	$ 125	0.893	112
加：銷售收入	2～7	$ 200		
減：營業費用	2～7	(40)		
小　計	2～7	$ 160		
減：所得稅(25%)	2～7	(40)		
加：折舊稅盾	2～7	10		
淨現金流量	2～7	$ 130	4.111 × 0.893	477

加：折舊稅盾	8	5	0.404	2
現金流量之淨現值				$ 291

2. 投資評估：

由於上面所得的淨現值為正數，這顯示投資報酬率會大於惠輪腳踏車店所要求的最低之報酬率12%。

A 12-2 資本支出決策：獲利能力指數

貝妮餐廳正考慮在7月初更換一些桌子，餐廳經理相信這將會提升餐廳形象及增加銷售。這些新桌子將花費$40,000，且有7年使用期限。貝妮餐廳預期每年可增加收入$63,000，現金營業費用每年$46,500。

這些桌子耐用期間為7年，並且採用直線法提列折舊。貝妮餐廳的所得稅稅率為25%，在稅法上第一年只以半年折舊費用認列，管理當局要求稅後投資報酬率為16%。

試作：

1. 計算投資的獲利能力指數。
2. 新桌子將產生 16% 的報酬率嗎？

解：

1. 投資獲利能力指數計算如下（整數位，四捨五入）：

項 目	年 數	現金流量	16%之現值	現金流量現值
投資額		$(40,000)	1.0000	$(40,000)
加：銷售收入	1	$ 63,000		
減：營業費用	1	(46,500)		
小 計	1	$ 16,500		
減：所得稅(25%)		(4,125)		
加：折舊稅盾($40,000 ÷ 7 ÷ 2 × 25%)	1	714		
淨現金流量	1	$ 13,089	0.862	11,283
加：銷售收入	2～7	$ 63,000		
減：營業費用	2～7	(46,500)		

小　計	2～7	$ 16,500		
減：所得稅(25%)	2～7	(4,125)		
加：折舊稅盾	2～7	1,428		
淨現金流量	2～7	$ 13,803	3.685 × 0.862	43,845
加：折舊稅盾	8	714	0.305	218
現金流量的淨現值				$ 15,346

$$獲利能力指數 = \frac{除原始投資外的現金流量現值之總和}{原始投資額} = \frac{\$55,346}{\$40,000} = 1.38$$

2. 投資評估：

淨現值為正的，且獲利能力指數大於1，這兩者都顯示此投資所產生之報酬率大於貝妮餐廳要求的最低報酬率16%。

A 12-3　投資報酬與銷售數量

塑膠產品公司考慮投資$3,000,000於一新產品生產線，未來10年中，每年折舊$300,000，預計沒有殘值。該產品的每單位售價$50，單位變動成本為$20。銷售部門確信每年可銷售50,000單位，但主計長認為現有的市場一年只有20,000單位的需求。計畫必須符合15%的報酬率的最低要求，所得稅預計為稅前所得的25%。

試作：

1. 分別以兩種已知之銷售數量，來評估此計畫。使用淨現值法。
2. 公司需銷售多少數量才能使此計畫恰能賺取15%的報酬率？請使用內部報酬率法。

解：

1. 塑膠產品公司：

	銷售數量	
	20,000單位	50,000單位
銷貨收入($50)	$ 1,000,000	$ 2,500,000
變動成本($20)	(400,000)	(1,000,000)

邊際貢獻($30)	$ 600,000	$ 1,500,000
減：折　舊	(300,000)	(300,000)
課稅所得	$ 300,000	$ 1,200,000
所得稅(25%)	(75,000)	(300,000)
稅後淨利	$ 225,000	$ 900,000
加：折　舊	300,000	300,000
年度現金流量	$ 525,000	$ 1,200,000
折現率15%，期間10年之現值係數	× 5.019	× 5.019
現　值	$ 2,634,975	$ 6,022,800
減：投資額	(3,000,000)	(3,000,000)
淨現值	$ (365,025)	$ 3,022,800

當銷售數量為50,000單位時，可產生$3,022,800的淨現值，是一個相當有吸引力的計畫；當銷售數量為20,000單位時，則不具吸引力，因其淨現值為負的$365,025。

2. 損益平衡銷售數量：

首先，找出可賺得15%報酬率的現金流量

$$現金流量 = \frac{投資}{現值係數} = \frac{\$3{,}000{,}000}{5.019} = \$597{,}729$$

題中淨現金流量的計算可發現為了賺取15%報酬率之邊際貢獻：

年度現金流量	$ 597,729
減：折　舊	(300,000)
稅後淨利	$ 297,729
所得稅（課稅所得的25%）	99,243
課稅所得	$ 396,972
加：折　舊	300,000
邊際貢獻	$ 696,972
除以每單位邊際貢獻	$ 30
需要的銷售數量	23,232 單位

A 12-4 通貨膨脹與投資分析

清泉健康公司正評估今年秋季是否擴充既有溫泉設備，此方案需要6年房屋租賃合約，每年租金$10,000。設備的購買及工具的改良預期會花費$60,000，以直線法提列折舊。其他現金營運費用預計為每年$25,000。基於過去經驗，公司認為新投資的收入應該每年為$50,000，除非預期報酬率達15%，否則清泉公司不會擴充。公司所得稅率為25%。

考慮通貨膨脹因素，主計長認為收入方面每年將膨脹5%，且現金營運成本方面每年將增加8%。

試作：使用淨現值法來評估此計畫，並且決定是否應該採納此計畫。

解:

清泉健康公司

	投　資	計畫期間					
年　度	0	1	2	3	4	5	6
購買成本	$(60,000)						
收　入（通貨膨脹5%）		$ 50,000	$ 52,500	$ 55,125	$ 57,881	$ 60,775	$ 63,814
現金成本（通貨膨脹8%）		(25,000)	(27,000)	(29,160)	(31,493)	(34,012)	(36,733)
房　租		(10,000)	(10,000)	(10,000)	(10,000)	(10,000)	(10,000)
折　舊($60,000 ÷ 6)		(10,000)	(10,000)	(10,000)	(10,000)	(10,000)	(10,000)
課稅所得		$ 5,000	$ 5,500	$ 5,965	$ 6,388	$ 6,763	$ 7,081
租　稅(25%)		(1,250)	(1,375)	(1,491)	(1,597)	(1,691)	(1,770)
稅後所得		$ 3,750	$ 4,125	$ 4,474	$ 4,791	$ 5,072	$ 5,311
折　舊		10,000	10,000	10,000	10,000	10,000	10,000
淨現金流量		$ 13,750	$ 14,125	$ 14,474	$ 14,791	$ 15,072	$ 15,311
折現率(15%)	× 1.000	× 0.870	× 0.756	× 0.658	× 0.572	× 0.497	× 0.432
現　值	$(60,000)	$ 11,963	$ 10,679	$ 9,524	$ 8,460	$ 7,491	$ 6,614
總現金流量現值	54,731						
淨現值	$(5,269)						

因為此計畫的淨現值為負，所以不應採納此計畫。

參、自我評量

12.1 所得稅法的影響

1. 租稅扣抵為直接減少租稅款。

解：×

詳解：租稅扣抵是指課稅所得的扣抵數；租稅抵減才是直接減少租稅款。

2. 租稅扣抵和租稅抵減為一般常見的獎勵措施。

解：○

12.2 資本分配決策

1. 資本分配決策是指企業管理者同時面臨多項投資計畫，每一項計畫的淨現值皆為正數，但由於資金有限無法執行全部投資計畫，而只能從中挑選較好者的決策。

解：○

2. 假設八德公司為一家手機用品批發商，正在考慮增設幾家零售店，以增加其銷售量，其目前可運用的資金為 $285,000,000。經過該公司市場調查部的分析，提出了四個可行方案，在各個不同地區設立零售商，各項方案所需的投資總額和所得的淨現值列於下表。由表中得知每一項投資方案的淨現值都為正數，皆為可接受的方案。如果八德公司四個方案都採行，總共需要資金$350,000,000，超過了該公司目前可運用的資金$285,000,000。因此，管理者只從其中挑選出幾項方案，在有限的資金範圍內，找出投資組合的最高總淨現值者。請你幫他找出最佳的投資組合。

投資方案	投資總額	淨現值
A	$125,000,000	$10,000,000
B	50,000,000	6,000,000
C	80,000,000	10,000,000

D	95,000,000	10,500,000

解:

投資組合	投資總額	總淨現值
A、B、C	$255,000,000	$26,000,000
A、B、D	270,000,000	26,500,000
A、C、D	300,000,000	30,500,000
B、C、D	225,000,000	26,500,000

八德公司可選擇B、C、D投資組合，因其只需用 $225,000,000的成本，就可得到總淨現值 $26,500,000。

12.3 投資計畫的再評估

1. 淨現金流量估計的準確度對資本預算決策之正確性有著關鍵性的影響力。

解: ○

2. 進行事後稽核時，管理會計人員應蒐集與專案計畫實際現金流量相關的資料，但不需重新計算淨現值。

解: ×

詳解: 進行事後稽核時，管理會計人員應蒐集與專案計畫實際現金流量相關的資料，並且重新計算淨現值，再把預估值與實際值相比較，並分析其原因。

12.4 投資計畫風險的衡量技術

1. 投資計畫風險衡量技術，不包括:

A. 淨現值法。

B. 三點估計法。

C. 敏感度分析法。

D. 蒙地卡羅模擬法。

解: A

2. 下列關於蒙地卡羅模擬法的描述，何者錯誤?

A. 被David B. Hertz應用在資本投資的風險分析上。

B. 在實務界的使用漸普及。

C. 是從賭場中發展出來的。

D. 並無缺點存在。

解：D

詳解：蒙地卡羅模擬法會遇到的問題：

(1)投入變數的機率分配不易得到。

(2)分析完成時，無明確的決策規則。

(3)忽略了同一公司由各項不同之專案所組成，專案間可能彼此相關。

12.5 資本預算的其他考慮

1. 在作資本預算時，需考慮到：

A. 放棄價值。

B. 策略性價值。

C. 通貨膨脹的影響。

D. 以上皆是。

解：D

2. 名目利率是補償投資人投資風險及貨幣的時間價值；實質利率則為名目利率加上通貨膨脹的溢酬。

解：×

詳解：實質利率是補償投資人投資風險及貨幣的時間價值；名目利率則為實質利率加上通貨膨脹的溢酬。

3. 八德公司為一家手機用品批發商，現有一專案計畫其現金流量及放棄價值如下表，若資金成本為10%，則該專案計畫應運作幾年較佳?

解：

年份(t)	現金流量	第t年之放棄價值
0	$(6,000)	$6,000
1	3,000	3,500
2	2,100	2,300
3	1,750	0

存續期間三年，專案的預期淨現值：

$$\$(6{,}000)+\frac{\$3{,}000}{(1.10)^1}+\frac{\$2{,}100}{(1.10)^2}+\frac{\$1{,}750}{(1.10)^3}=\$(222)$$

存續期間二年，專案的預期淨現值：

$$\$(6{,}000)+\frac{\$3{,}000}{(1.10)^1}+\frac{\$2{,}100}{(1.10)^2}+\frac{\$2{,}300}{(1.10)^2}=\$364$$

存續期間一年，專案的預期淨現值：

$$\$(6{,}000)+\frac{\$3{,}000}{(1.10)^1}+\frac{\$4{,}500}{(1.10)^1}=\$(91)$$

所以，此專案之最適運作期間為二年。

第三篇

管理會計的控制功能

第13章

標準成本法

壹、作業解答

一、選擇題

1. 在編製預算時，

A. 使用的標準是一個鬆弛的標準。

B. 使用的標準是一個預期實際的標準。

C. 使用的標準是一個嚴謹的標準。

D. 以上皆是。

解：B

2. 有利的人工效率差異是指：

A. 所允許的標準時數超過實際工作時數。

B. 實際工作時數超過所允許的標準時數。

C. 實際工資率超過標準工資率。

D. 標準工資率超過實際工資率。

解：A

3. 當實際原料價格超過標準原料價格時，

A. 存在著不利的原料價格差異。

B. 存在著有利的原料價格差異。

C. 存在著不利的原料數量差異。

D. 存在著有利的原料數量差異。

解：A

4. 請考慮下列三個敘述：

Ⅰ. 只有相當大的差異才應該調查。

Ⅱ. 有利與不利差異，只是指標準與實際間的差異而已。

Ⅲ. 由於經理都有其責任範圍，所以差異的責任是很容易決定歸屬的。

上面敘述何者為真?

A. 只有Ⅰ。

B. 只有Ⅱ。

C. 只有Ⅲ。

D. 只有Ⅰ與Ⅱ。

解：B

5. 直接人工成本差異可分為：

A. 直接人工率差異和直接原料數量差異。

B. 不利差異和有利差異。

C. 工資率差異和效率差異。

D. 聯合率、使用差異及價格差異。

解：C

二、問答題

1. 何謂標準成本?

解：所謂標準成本(Standard Cost)，是指某一特定期間下，生產某一個特定產品的應有成本或規劃成本。

2. 比較標準成本與預算的異同。

解：標準成本與預算的相同點與相異點分別敘述如下：

(1)相同點：均可作為管理控制的工具。

(2)相異點：

①預算：屬於總額觀念，為預定產量水準下的總標準成本，可用來指引企業在經營過程中應保持的產量與成本水準。

②標準成本：為單位成本的概念，為生產一個單位產品應有的目標成本，其重點乃在成本的最高值，當企業能將生產的成本降至低於標準成本，即可增加利潤。

3. 試述標準成本之功能。

解：標準成本功能如下：

⑴績效衡量的依據。

⑵節省帳務處理成本。

⑶便於管理者實施例外管理。

⑷有助責任會計制度的實施。

⑸協助規劃及決策工作。

⑹激勵員工士氣。

4. 簡單說明標準成本設定的三種標準。

解：設定標準成本的三種標準如下：

⑴理論標準(Theoretical Standard)或理想標準(Ideal Standard)是指企業在營運過程中，不允許有任何浪費或無效率產生所設定的標準。

⑵現時可達成標準(Current Attainable Standard)或可達成之優良績效標準(Attainable Good Performance Standard)是指企業在營運過程考慮可能的人工休閒、機器維修及正常原料損耗所設定的標準。

⑶過去績效標準是指企業依據過去幾年實際營運資料所設定的標準。

5. 舉例說明原料價格差異及數量差異。

解：心心公司原料資料如下：

標準單位成本 = \$3.0

實際單位成本 = \$2.8

購料單位 = 10,000公斤

用料 = 9,500公斤

生產單位 = 4,900單位

標準產出量：每單位2公斤

原料價格差異 = (\$2.8 − \$3.0) × 10,000 = \$(2,000) 有利

數量差異 = (9,500 − 4,900 × 2) × \$3.0 = \$(900) 有利

6. 為何會產生價格差異?

解：產生價格差異的原因如下：

(1)市價的不正常隨機波動。

(2)原料的替代。

(3)市場短缺或過多。

(4)採購量多寡、運送型態改變、緊急採購、未預期價格增加或未取得現金折扣等。

7. 衡量原料價差與量差相關性。

解：原料的價格差異和數量差異可能彼此互相獨立，但也可能有互動的關係，所以管理者在評估部門績效時，要作整體的考慮。如：

(1)採購部門以低價購買質差的次級品料，則有利價差會反映在採購上。但原料使用時的損耗量會高於正常範圍，則會產生不利量差。

(2)生產部門的不利量差，也可能會促使採購人員另找原料替代品以造成採購部門的不利價差。

8. 說明人工差異產生的原因。

解：人工差異產生的原因如下：

(1)人工工資率的差異是由生產部門主管負責，安排合適的工人來做各種工作，並且避免加班而造成超額工資。

(2)人工效率差異，與工人的熟練程度和生產排程有關。

9. 分析原料成本及人工成本交互影響差異。

解：(1)原料及人工差異也許是由相同因素所造成。假定採購單位買了品質較差的原料，雖然反映有利價格差異，然而原料在投入生產時，可能會

造成比預期更多的浪費，也就是造成原料不利數量差異。由於劣質品所引起的高不良率，會影響工人的生產效率，有時機器有當機的情況，反而要技術高的人員來操作，此時導致不利的人工工資率差異，及可能影響人工效率差異。

⑵若工人有過多的壓力、疲倦的加班，導致使用更多的時間，會同時產生不利原料數量及人工效率差異。因為使用更多原料，生產單位從倉庫領料，可能造成超額領料和缺貨，因而發生緊急採購，以免生產中斷。這種緊急採購導致採購成本增加，所以不利價差增加。

10.說明自動化生產對原料及人工差異的影響。

解：人工差異分析的重要性會隨著自動化程度的增加而減少，導入自動化生產作業可增加生產力及品質，並降低產品成本。當採用自動化設備，需要更高層次技術人工，而低層次直接人工逐漸被淘汰。在此情況下，直接人工工資率差異變得不重要。又由於自動化生產作業，所需要的工人人數較少，甚至達到無人化的境界，此時人工效率差異也變得不重要。

11.試述原料及人工的實際成本與標準成本之差異處理方式。

解：⑴結轉本期損益法，將成本差異總數作為銷貨成本，銷貨毛利或淨利之調整項目，一般在差異未超過正常情況時，或為簡化會計作業時採用此法。

⑵分攤至銷貨成本及存貨，將成本差異依比例結轉至存貨（在製品與製成品）和銷貨成本，以顯示各項產品之實際成本。本法主要缺點在於計算繁瑣，但基於財務會計客觀性原則與所得稅申報規定，應採用實際成本的要求下，宜採用此法。至於成本分配比例，是依在製品存貨、製成品存貨和銷貨成本的期末餘額來決定。

貳、習　題

一、基礎題

B 13-1　原料成本差異

雷恩零件公司使用標準成本會計制度來記帳，即1單位的產品投入4單位的原料，每單位原料標準成本為$5.5。本月份公司以每單位$6的價格購入250,000單位的原料，並使用了199,800單位的原料製成50,000單位的產品。

試作：

1. 原料價格差異。
2. 原料數量差異。

解：

1. 原料價格差異：

   (\$6 − \$5.5) × 250,000 = \$125,000（不利）

2. 原料數量差異：

   (199,800 − 50,000 × 4) × \$5.5 = \$(1,100)　有利

B 13-2　原料價格差異及原料數量差異

某工廠之標準成本與實際成本之相關資料如下：

標準：

直接材料甲	30磅	@$30	$ 900
直接材料乙	20磅	@$25	500
			$1,400

實際：

直接材料甲	購入1,200磅	成本42,000	領用1,080磅
直接材料乙	購入820磅	成本16,400	領用660磅

某月份生產32單位，銷售300單位，試計算原料價格差異及原料數量差異。

解：

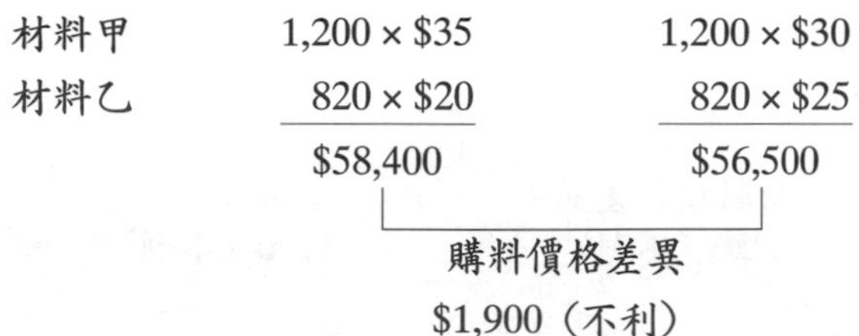

材料甲	1,200 × $35	1,200 × $30
材料乙	820 × $20	820 × $25
	$58,400	$56,500

購料價格差異 $1,900（不利）

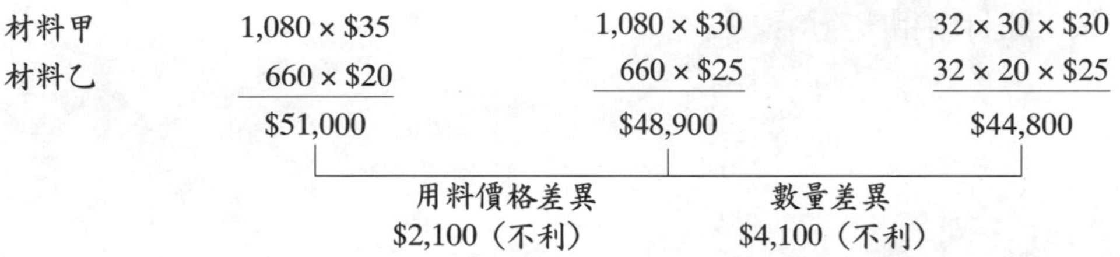

材料甲	1,080 × $35	1,080 × $30	32 × 30 × $30
材料乙	660 × $20	660 × $25	32 × 20 × $25
	$51,000	$48,900	$44,800

用料價格差異 $2,100（不利）；數量差異 $4,100（不利）

B 13-3 成本差異分析

甲公司為提升內部管理效益，針對材料作分析，有關資料如下：

標準成本	用　量	單位成本
材　料	10單位	$10

實際成本	數　量	單位成本
進　料	1,000單位	$12
領　料	960單位	
期末在製品	5件	
完成品	90件	

又材料於一開始即投入生產，本期領用的材料全數投入生產，試作材料成本差異分析。

解:

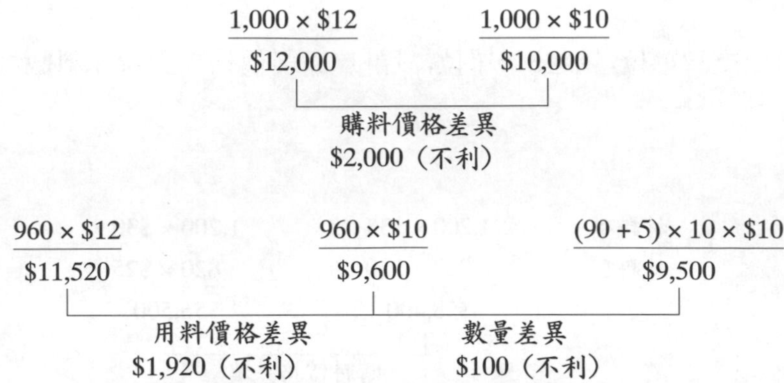

B 13-4 成本差異分析

某工廠材料相關資料如下:

	標 準	實 際
單位成本	$20	$18
耗用量	200	220

試作: 材料成本差異分析。

解:

220 × $18	220 × $20	200 × $20
$3,960	$4,400	$4,000

價格差異 $(440) 有利

數量差異 $400（不利）

B 13-5 原料標準成本

田納西化學公司製造工業用化學品。該公司計畫推出一種新的化學溶液，因此需要發展出一套標準的產品成本制度。這新的化學溶液需要用A化合物及B溶液混合後加熱，再加入C化合物，然後以每20公升的容器裝瓶。最初的混合物是包含了24公斤的A及18公升的B，總容量為22公升。於煮沸的過程中減少了2公升的量。於10公斤的C化合物加入之前，溶液要稍微冷卻。C化合物的加入並不會影響此溶液的總容量。

此新的化學溶液製造所需之原料的購買價格如下：

原　料	單位價格
A	$2　（每公斤）
B	2.5（每公升）
C	3　（每公斤）

試作：決定此新產品每20公升的原料標準成本。

解：

原　料	最初混合量	單位成本	原料標準成本
A	24公斤	$2	$ 48
B	18公升	2.5	45
C	10公斤	3	30
原料標準成本（每20公升）			$123

B 13-6　人工成本差異分析

馬克公司上個月實際的人工成本為$222,000，其中$56,000為間接人工的薪資。直接人工成本中的$54,000是採用每小時$8的工資率來計算，其餘的直接人工成本是16,000小時的成本，是以每小時標準工資率來計算。

馬克公司標準的生產量為每200直接人工小時製造350單位的產品，上個月中公司製造了37,800單位的產品。

試作：

1. 計算上個月的總直接人工成本差異。
2. 計算直接人工工資率差異。
3. 計算直接人工效率差異。

解:

1. 總直接人工成本差異:

實際直接人工成本($222,000 − $56,000)	$166,000
標準直接人工成本($\frac{37,800}{350}$ × 200 × $7*)	151,200
總直接人工成本差異（不利）	$ 14,800

$* \frac{\$222,000 - \$56,000 - \$54,000}{16,000} = \$7$

2. 直接人工工資率差異:

$(\$8 - \$7) \times \frac{\$54,000}{\$8} = \$1 \times 6,750$（小時）$= \$6,750$（不利）

3. 直接人工效率差異:

實際直接人工時數(6,750 + 16,000)	22,750
標準直接人工時數($\frac{37,800}{350}$ × 200)	21,600
差異數	1,150

$1,150 \times \$7 = \$8,050$（不利）

B 13–7 直接原料及直接人工差異分析

艾爾工業公司提供每單位產品在標準成本制度下的主要成本如下:

	標準數量	標準價格或標準率	標準成本
直接原料	10磅	$1.5每磅	$15
直接人工	0.5小時	6每小時	3
總　計			$18

在6月份，該公司購買150,000 磅的直接原料，其總成本為$240,000。6月份的總薪資為$30,000，其中80%為直接人工。於6月份中製造了20,000單位的產品，使用了140,000磅的直接原料及4,500小時的直接人工。

試作:

1. 直接原料的價格差異。
2. 直接原料的數量差異。
3. 直接人工工資率的差異。
4. 直接人工的效率差異。

解:

1. 直接原料價格差異 = (購買數量 × 實際購買單位價格) − (購買數量 × 標準單位價格)
= $240,000 − (150,000 × $1.5)
= $240,000 − $225,000
= $15,000 (不利)

2. 直接原料數量差異 = 標準單位價格 × (實際使用量 − 標準使用量)
= $1.5 × (140,000 − 200,000*)
= $(90,000) 有利

*標準使用量 = 20,000單位 × 10 (磅 / 每單位) = 200,000磅。

3. 直接人工工資率差異 = (實際人工小時 × 實際直接人工工資率) − (實際人工小時 × 標準直接人工工資率)
= $24,000* − (4,500 × $6)
= $(3,000) 有利

*80% × 30,000 = 24,000

4. 直接人工效率差異 = 標準直接人工工資率 × (實際人工小時 − 標準人工小時)
= $6 × (4,500 − 10,000*)
= $(33,000) 有利

*20,000單位 × 0.5 (小時 / 每單位) = 10,000小時

B 13-8　直接原料及直接人工差異分析

沛雅公司製造一產品，其標準成本如下:

直接原料：10碼，每碼$1.5	$15
直接人工：3小時，每小時$10	30
每單位產品的主要標準成本	$45

下列的資料是有關於本年度9月份的生產活動：

直接原料的購買：25,000碼，每碼$1.6	$40,000
直接原料的使用：8,000碼，每碼$1.6	12,800
直接人工：2,000小時，每小時$11	22,000

於9月份實際生產600單位產品。

試作：

1. 直接原料價格差異。
2. 直接原料數量差異。
3. 直接人工工資率差異。
4. 直接人工效率差異。

解：

1. 直接原料價格差異 = (25,000 × $1.6) − (25,000 × $1.5)
 = $40,000 − $37,500
 = $2,500（不利）
2. 直接原料數量差異 = (8,000 × $1.5) − (6,000* × $1.5)
 = $3,000（不利）

 *600單位 × 10（碼／每單位）= 6,000碼
3. 直接人工工資率差異 = (2,000 × $11) − (2,000 × $10)
 = $22,000 − $20,000
 = $2,000（不利）
4. 直接人工效率差異 = (2,000 × $10) − (1,800* × $10)
 = $2,000（不利）

 *600單位 × 3小時（每單位）= 1,800小時

B 13-9 直接原料及直接人工差異分析

於本年年初開始，鮑爾公司為其每單位單一產品採用下列之標準：

直接原料：4磅，每磅$3	$12
直接人工：4.5小時，每小時$16	72
每單位主要標準成本	$84

於1月間，該公司生產了 8,000 單位，有關資料如下：

直接原料購買	20,000磅，$3.2 / 磅
直接原料使用	18,500磅
直接人工	42,000小時，$15 / 小時

試作：

1. 根據實際產量8,000單位，編製1月份的標準生產成本表。
2. 就1月份資料，計算下列的差異，並指出為有利或不利的差異：
   (1)直接原料價格差異。
   (2)直接原料數量差異。
   (3)直接人工工資率差異。
   (4)直接人工效率差異。

解：

1. 標準生產成本表：

鮑爾公司
標準生產成本表
(8,000單位)
1月份

		標準成本
直接原料	8,000單位 × 4磅 × $3	$ 96,000
直接人工	8,000單位 × 4.5小時 × $16	576,000
合　計		$672,000

2. 差異分析：

⑴直接原料價格差異 = (20,000 × \$3.2) − (20,000 × \$3)

= \$4,000（不利）

⑵直接原料數量差異 = (18,500 × \$3) − (32,000* × \$3)

= \$(40,500) 有利

*8,000單位 × 4（磅 / 每單位）= 32,000磅

⑶直接人工工資率差異 = (42,000 × \$15) − (42,000 × \$16)

= \$(42,000) 有利

⑷直接人工效率差異 = (42,000 × \$16) − (36,000* × \$16)

= \$96,000（不利）

*8,000單位 × 4.5（小時 / 每單位）= 36,000小時

B 13-10 直接原料與直接人工差異分析

卡迪公司將該公司每單位產品所使用的直接原料和直接人工，設定其標準數量及標準成本如下：

直接原料	直接人工
使用數量：每單位產品3磅	使用數量：每單位產品4小時
單位價格：每磅\$14	單位價格：每小時\$24

卡迪公司以每單位\$14.6 的價格，購買直接原料 10,000 磅，而生產產品 3,000 個，其實際成本列示如下：

直接原料：\$140,160（每磅\$14.6）

直接人工：\$302,500（每小時\$24.2）

試作：計算直接原料的價格及數量差異，與直接人工工資率及效率差異，並指出每個差異為有利差異或不利差異。

解：

直接原料價格差異 = 10,000(\$14.60 − \$14.00) = \$6,000（不利）

直接原料數量差異 = \$14.00(9,600* − 9,000**) = \$8,400（不利）

*9,600磅 = \$140,160 ÷ \$14.6 / 磅

**9,000磅 = 3,000個 × 3磅 / 個

直接人工工資率差異 = 12,500***(\$24.20 − \$24.00) = \$2,500（不利）

***12,500小時 = \$302,500 ÷ \$24.2 / 小時

直接人工效率差異 = \$24(12,500 − 12,000****) = \$12,000（不利）

****12,000小時 = 3,000個 × 4小時 / 個

B 13-11　直接原料和直接人工差異分析

利維亞公司製造的產品，與每單位所相關的標準成本及標準數量如下：

直接原料：25碼，每碼\$1.4	\$35
直接人工：5小時，每小時\$10	50
總單位標準成本	\$85

下列是利維亞公司民國90年6月份的資料：

直接原料購買：20,000碼，每碼\$1.42	\$28,400
直接原料使用：14,000碼，每碼\$1.42	\$19,880
直接人工：2,400小時，每小時\$10.25元	\$24,600

利維亞公司在90年6月，實際產品的生產數量為600單位。

試作：計算下列6月份差異，並指出為有利差異或不利差異。

1. 直接原料價格差異。
2. 直接原料數量差異。
3. 直接人工工資率差異。
4. 直接人工效率差異。

解：

1. 直接原料價格差異 = (20,000 × \$1.42) − (20,000 × \$1.4)

　　　　　　　　　= \$28,400 − \$28,000

= \$400（不利）

2. 直接原料數量差異 = (14,000 × \$1.4) − (15,000* × \$1.4)

= \$19,600 − \$21,000

= \$(1,400) 有利

*25碼 × 600單位 = 15,000碼

3. 直接人工工資率差異 = (2,400 × \$10.25) − (2,400 × \$10.00)

= \$24,600 − \$24,000

= \$600（不利）

4. 直接人工效率差異 = (2,400 × \$10.00) − (3,000** × \$10.00)

= \$24,000 − \$30,000

= \$(6,000) 有利

**5小時 × 600單位 = 3,000小時

B 13-12 直接原料和直接人工差異分析

在民國90年2月，泰爾公司對該公司的一項產品，採以下的標準成本：

直接原料：4磅，每磅\$2.7	\$10.8
直接人工：5小時，每小時\$16	80.0
單位產品主要成本	\$90.8

在2月份的時候，泰爾公司共生產了該項產品8,000單位，其詳細的記錄如下：

直接原料購買：26,000磅，每磅\$2.8
直接原料使用：24,200磅
直接人工：41,000小時，每小時\$15.5

試作：

1. 編製2月份實際生產之8,000單位產品之標準生產成本表。
2. 計算下列的差異，並指出為有利差異或不利差異。
   (1)直接原料價格差異。

⑵直接原料數量差異。

⑶直接人工工資率差異。

⑷直接人工效率差異。

解：

1.標準生產成本表：

泰爾公司
標準生產成本表
(8,000單位)
民國90年2月份

		標準成本
直接原料	8,000單位 × 4磅 × $2.7	$ 86,400
直接人工	8,000單位 × 5小時 × $16	640,000
合　計		$726,400

2.差異：

⑴直接原料價格差異 = (26,000 × $2.8) − (26,000 × $2.7)

= $2,600（不利）

⑵直接原料數量差異 = (24,200 × $2.7) − (32,000* × $2.7)

= $(21,060)　有利

*32,000磅 = 4磅 × 8,000單位

⑶直接人工工資率差異 = (41,000 × $15.5) − (41,000 × $16.0)

= $(20,500)　有利

⑷直接人工效率差異 = (41,000 × $16.0) − (40,000** × $16.0)

= $16,000（不利）

**40,000小時 = 5小時 × 8,000單位

B 13–13　直接原料與直接人工的差異分析

哥倫布罐頭公司，生產可回收使用的汽水罐，單位產量為6打，哥倫布公司的生產工程人員訂定了每單位產量，所使用的直接原料和直接人工的

標準數量和標準成本如下：

直接原料	直接人工
使用數量：每單位產量2公斤	使用數量：每單位產量0.15小時
單位價格：每公斤$1.0	單位價格：每小時$20

哥倫布公司以每公斤$1.1的價格，購買直接原料100,000公斤，生產40,000單位產量的實際成本列示如後：

直接原料：$90,200，共82,000公斤
直接人工：$130,200，共6,200小時

試作：計算直接原料價格和數量差異，及直接人工工資率和效率差異，並指出為有利差異或不利差異。

解：

直接原料價格差異 = 100,000 × ($1.1 − $1.0) = $10,000（不利）

直接原料數量差異 = $1.0 × (82,000 − 80,000*) = $2,000（不利）

*80,000公斤 = 40,000單位 × 2公斤／單位

直接人工工資率差異 = 6,200($21** − $20) = $6,200（不利）

**$130,200 ÷ 6,200小時

直接人工效率差異 = $20(6,200 − 6,000***) = $4,000（不利）

***6,000小時 = 40,000單位 × 0.15小時／單位

B 13–14　標準成本下之分錄

利用B 13–13的資料，作下列之日記帳分錄。

1. 記錄會計帳上直接原料購買。
2. 將直接原料和直接人工成本轉至在製品存貨上。
3. 記錄直接原料和直接人工的差異。
4. 結轉這些差異到銷貨成本上。

解：

1. 原料存貨	100,000	
直接原料價格差異	10,000	
應付帳款		110,000
2. 在製品存貨	80,000	
直接原料數量差異	2,000	
原料存貨		82,000
3. 在製品存貨	120,000	
直接人工工資率差異	6,200	
直接人工效率差異	4,000	
應付薪資		130,200
4. 銷貨成本	22,200	
直接原料價格差異		10,000
直接原料數量差異		2,000
直接人工工資率差異		6,200
直接人工效率差異		4,000

二、進階題

A 13-1　直接人工成本差異分析

蘭德製造公司的經理欲比較5月份預計與實際的營運結果，目前可得的資料如下：

工人等級	標準的直接人工工資率／每小時	標準直接人工時數
資深工人	$15	400
一般工人	12	400
新進工人	8	400

由於該公司在4月時，訂定新的工會契約，導致實際工資率與標準工資率有差異產生。實際的直接人工每小時工資率及5月份實際直接人工時數如下：

工人等級	實際直接人工工資率／每小時	實際直接人工時數
資深工人	$16	500
一般工人	13	600
新進工人	9	350

試作：

1. 就5月份而言，計算下列差異，並指出為有利或不利差異。
   (1)就每一工人等級，計算其直接人工工資率的差異。
   (2)就每一工人等級，計算直接人工效率差異。
2. 即使新工會契約的事件，不會改變標準的直接人工工資率，試討論標準成本制下的優、缺點。

解：

1. 差異（U代表不利差異，F代表有利差異）：

(1)每一工人等級，直接人工工資率的差異：

工人等級	實際人工率	標準人工率	人工率差異	實際小時	差　異
資深工人	$16	$15	$1.00	500	$ 500 U
一般工人	13	12	1.00	600	600 U
新進工人	9	8	1	350	350 U
總　計					$1,450 U

(2)直接人工效率差異：

工人等級	實際小時	標準小時*	小時差異	標準人工率	效率差異
資深工人	500	400	100	$15	$1,500 U
一般工人	600	400	200	12	2,400 U
新進工人	350	400	(150)	8	(400) F
總　計					$3,500 U

*既定5月份之產量的標準小時

2. 標準成本制度的優、缺點分別敘述如下：

優點：

⑴可將實際營運結果和管理者核准過後的預定目標相比較。

⑵標準成本資料不必隨著實際情況變更而改變,可以節省會計或電腦成本。

缺點:

⑴標準成本無法反應出實務上某些因素改變對成本的影響,因此無法明確地區分出可控制和不可控制的差異。

⑵標準成本若未定期更新資料,則缺乏正確性與客觀性。

A 13-2 綜合題

達許公司幾年前採用了標準成本系統,該公司唯一生產的產品其標準成本如下:

直接原料:9公斤,每公斤$6	$54
直接人工:7小時,每小時$9.2	$64.4

下列為達許公司12月份的營運資料:

1. 12月1日在製品存貨:無
2. 12月31日在製品存貨:850單位(80%的人工投入;原料在開始製造時,即全部投入)
3. 製成品:5,700單位
4. 原料採購:55,000公斤,共$324,500
5. 實際人工總成本:$392,700
6. 實際人工小時:42,500小時
7. 直接原料數量差異為$1,500 不利差異

試作:

1. 計算下列各差異,並指出為有利差異或不利差異。
   ⑴12月份直接人工工資率差異。
   ⑵12月份直接人工效率差異。
   ⑶在12月份實際的原料使用量之成本。
   ⑷12月份,原料每公斤實際支付的價格。

⑸12月份，製成品所投入的直接人工和直接原料成本。

⑹12月份在製品存貨的直接人工和直接原料成本。

2.作下列之日記帳分錄。

⑴原料採購。

⑵結轉原料至在製品存貨中。

⑶結轉直接人工至在製品存貨中。

⑷結轉差異到銷貨成本上。

解:

1.⑴12月份直接人工工資率差異 = (42,500 × $9.24*) − (42,500 × $9.2)

= $1,700（不利）

*$9.24 = $392,700 ÷ 42,500

⑵12月份直接人工效率差異 = (42,500 × $9.2) − (44,660** × $9.2)

= $(19,872) 有利

**44,660小時 = 5,700單位 × 7小時 + 850單位 × 0.8 × 7小時

⑶12月份實際原料使用量成本 = (5,700 + 850) × 9 × $6 + $1,500

= $355,200

⑷原料每公斤實際支付的價格：

$$實際價格 = \frac{\$324,500}{55,000} = \$5.9 / 公斤$$

⑸製成品使用之直接原料和直接人工成本：

直接原料成本	5,700 × $54 =	$307,800
直接人工成本	5,700 × $64.4 =	$367,080
製成品總成本		$674,880

⑹在製品使用之直接原料和直接人工成本：

直接原料成本	850 × $54 =	$45,900
直接人工成本	850 × 0.8 × $64.4 =	$43,792
在製品存貨總成本		$89,692

2.(1)原料存貨 330,000
    直接原料價格差異 5,500*
    應付帳款 324,500

*55,000 × ($5.9 − $6.0) = $(5,500) 有利（記錄原料採購和直接原料價格差異）

(2)在製品存貨——直接原料 353,700**
直接原料數量差異 1,500
    原料存貨 355,200**

**(5,700 + 850) × 9 × $6 = $353,700

***(5,700 + 850) × 9 × $6 + $1,500 = $355,200（計算投入之直接原料成本及記錄直接原料數量差異）

(3)在製品存貨——直接人工 410,872****
直接人工工資率差異 1,700
    直接人工效率差異 19,872
    應付薪資 392,700

****(5,700 + 850 × 0.8) × 7 × $9.2 = $410,872

(4)直接原料價格差異 5,500
直接人工效率差異 19,872
    直接原料數量差異 1,500
    直接人工工資率差異 1,700
    銷貨成本 22,172

A 13-3 直接原料及直接人工差異（分批成本制）

芃妮流行公司製造一種高級品質的女用短衫，該公司的顧客為各大城市的百貨公司。一盒六件短衫的標準成本如下：

直接原料，20碼，$1.5	$ 30
直接人工，4小時，$15	60
間接製造費用，4小時，$11	44
每盒的標準成本	$134

於5月間，該公司接下3個訂單，當月的訂單成本資料如下：

訂單批號	每批盒數	原料使用量（碼）	耗用時間（小時）
10	900	24,000	2,900
11	1,500	41,000	5,000
12	1,000	28,500	2,800

其他資料：

1. 該公司於5月間購買了105,000碼的原料，成本$159,600。
2. 於5月間直接人工費用總計$166,100。根據工資記錄表，生產性員工每小時支付$15.10。
3. 於5月1日時，並沒有在製品存貨。於5月間完成了第10及11批訂單。第12批所需原料已全部發出，就直接人工的部分已完成90%。

試作：

1. 編製並計算於5月間第10、11及12批的標準成本表。
2. 編表，並列出於5月間，每一批訂單所產生的下列差異，同時註明每一差異是有利或不利差異。
   (1)直接原料價格差異。
   (2)直接原料數量差異。
   (3)直接人工效率差異。
   (4)直接人工工資率差異。

解：

1. 第10、11及12批訂單的標準成本：

芃妮流行公司
標準成本表
5月份

訂單批號	數　量（盒）	每盒標準成本	總標準成本
10	900	$134	$120,600
11	1,500	134	201,000
12	1,000	123.6*	123,600
標準生產成本			$445,200

*標準原料成本加上90%的標準直接人工成本及間接製造費用：
$30 + 90% × ($60 + $44) = $123.6

2. 差異（U代表不利差異，F代表有利差異）：

(1)

芃妮流行公司
直接原料價格差異
5月份

原料購買的實際成本	$159,600
原料購買的標準成本(105,000 × $1.5)	157,500
直接原料價格差異	$ 2,100 U

(2)

芃妮流行公司
直接原料數量差異
5月份

	訂單批號 10	11	12	合計
直接原料：				
數量差異：				
標準用碼數：				
每批單位數	900	1,500	1,000	3,400
每單位用碼數	× 20	× 20	× 20	× 20
總標準數量	18,000	30,000	20,000	68,000
實際用碼數	24,000	41,000	28,500	93,500
用碼數差異	6,000	11,000	8,500	25,500
標準單位價格	× $1.5	× $1.5	× $1.5	× $1.5
直接原料數量差異	$ 9,000 U	$16,500 U	$12,750 U	$38,250 U

(3)

艽妮流行公司
直接人工效率差異

	訂單批號			
	10	11	12	總　計
直接人工:				
標準小時:				
每批的單位數量	900	1,500	1,000	
每單位所需標準小時	× 4	× 4	× 4	
總　計	3,600	6,000	4,000	
完成百分比	100%	100%	90%	
總標準小時	3,600	6,000	3,600	13,200
實際工作小時	2,900	5,000	2,800	10,700
直接人工小時差異*	(700)	(1,000)	(800)	(2,500)
標準直接人工工資率	× $15	× $15	× $15	× $15
直接人工效率差異	$(10,500) F	$(15,000) F	$(12,000) F	$(37,500) F

(4)

艽妮流行公司
直接人工工資率差異

	訂單批號			
	10	11	12	總　計
直接人工:				
實際工作小時	2,900	5,000	2,800	10,700
超過標準成本應支付的部分 ($15.10 – $15)	× $0.1	× $0.1	× $0.1	× $0.1
直接人工工資率差異	$ 290 U	$ 500 U	$ 280 U	$ 1,070 U

A 13-4 差異分析與會計分錄

大慶公司幾年前已採用標準成本制，對其單一產品的標準成本如下:

直接原料: 9公斤，每公斤$3	$27.00
直接人工: 5小時，每小時$8	$40.00

下列是從10月份的資料中摘錄:

1. 10月1日無在製品存貨。
2. 10月31日有在製品存貨700單位（已完成80%人工小時，於製造過程開始時，原料已全部投入）。
3. 製成品有6,000單位。
4. 直接原料的購買量為40,000公斤，總計$116,000。
5. 實際的總人工成本為$324,000。
6. 實際的人工小時為 40,000 小時。
7. 直接原料數量差異為$5,100 不利差異。

試作：

1. 計算下列的數字，並指出每一項差異是有利差異或不利差異。
   (1)直接人工工資率差異（10月份）。
   (2)10月份之直接人工效率差異。
   (3)於10月間，直接原料實際使用量。
   (4)於10月內，直接原料每公斤實際支付之價格。
   (5)於10月內，直接原料及直接人工成本移轉至製成品存貨的總金額。
   (6)於10月底在製品存貨之直接原料及直接人工成本的期末總金額。
2. 將下列事項作成分錄：
   (1)原料之購買。
   (2)將直接原料移轉至在製品存貨。
   (3)將直接人工移轉至在製品存貨。
   (4)結轉差異到銷貨成本上。

解：

1. (1)直接人工工資率差異 = $324,000 − ($8 × 40,000)

   = $4,000（不利）

   (2)直接人工效率差異 = (40,000 × $8) − (32,800* × $8)

   = $57,600（不利）

   *允許的標準直接人工小時：

製成品	6,000單位 × 每單位5小時	30,000小時
在製品已完成的部分	700單位 × 80% × 5小時 / 每單位	2,800小時
所允許總標準小時		32,800小時

(3)直接原料的實際使用量：

直接原料數量差異 =(實際使用量 × 標準單位價格)−(標準使用量 × 標準單位價格)

= (實際使用量 × $3) − (60,300** × $3)

= $5,100（不利）

實際使用量 = 62,000公斤

**標準原料使用量：

製成品	6,000單位 × 9公斤	54,000公斤
在製品已完成的部分	700單位 × 9公斤	6,300公斤
所允許的總標準使用量		60,300公斤

(4)每公斤直接原料的實際價格：

$$實際單位價格 = \frac{\$116,000}{40,000} = 2.9 / 公斤$$

(5)移轉至製成品的直接原料及直接人工成本的金額：

直接原料移轉的成本	6,000單位 × $27	$162,000
直接人工移轉的成本	6,000單位 × $40	240,000
合　計		$402,000

(6)於10月31日轉至在製品中的直接原料及直接人工成本的金額：

直接原料	700單位 × $27 / 每單位	$18,900
直接人工	700單位 × 80% × $40	22,400
在製品期末存貨總成本		$41,300

2.(1)

直接原料存貨	120,000	
直接原料價格差異		4,000*
應付帳款		116,000

*直接原料價格差異 = $116,000 − 40,000 × $3 = $(4,000) 有利（記錄原料之購買及直接原料價格差異）

(2)在製品存貨	180,900**	
直接原料數量差異	5,100	
直接原料存貨		186,000***

**60,300 × $3 = $180,900

***62,000 × $3 = $186,000（將直接原料成本移轉至在製品存貨，及記錄直接原料數量差異）

(3)在製品存貨	262,400****	
直接人工工資率差異	4,000	
直接人工效率差異	57,600	
應付薪資		324,000

****32,800 × $8 = $262,400（將直接人工成本移轉至在製品存貨，記錄直接人工率及效率差異，且認列實際的直接人工成本）

(4)銷貨成本	62,700	
直接原料價格差異	4,000	
直接原料數量差異		5,100
直接人工工資率差異		4,000
直接人工效率差異		57,600

參、自我評量

13.1 標準成本的意義與功能

1. 下列何者非標準成本的功能？

   A. 協助規劃及決策工作。

   B. 便於溝通協調。

   C. 有助於會計制度的實施。

   D. 節省帳務處理成本。

解：B

2. 標準成本是指在某一特定期間下，生產某一個特定產品的應有成本或規劃成本。當實際成本大於標準成本時為不利差異；反之，則為有利差異。

解：○

13.2 原料標準成本

1. 導致原料價格差異的原因為：

   A. 採購量改變。

   B. 市場短缺或過多。

   C. 市價的不正常波動。

   D. 以上皆是。

解：D

2. 假設大華公司向仁愛公司採購50,000磅的原料支付$160,000，其標準單價為$3.5。為了能易於表達，請表達出其標準原料價格差異。

解：

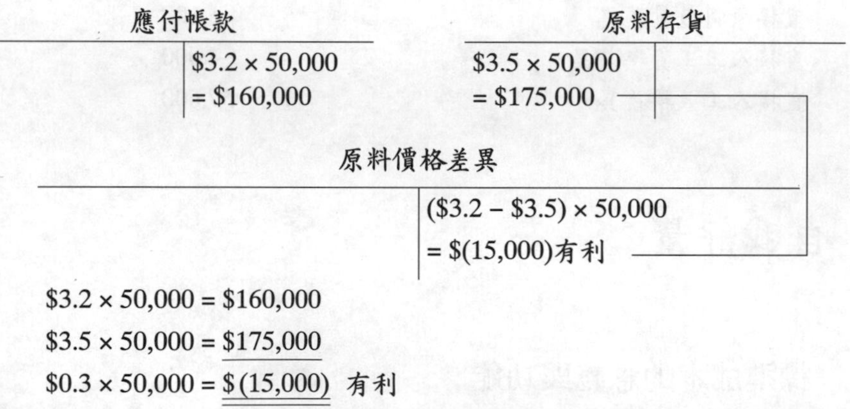

$3.2 × 50,000 = $160,000
$3.5 × 50,000 = $175,000
$0.3 × 50,000 = $(15,000) 有利

3. 假設大華公司使用25,000磅原料，使用生產12,000個單位，每個產品需要2磅原料，則標準耗用量為24,000磅（= 2磅 × 12,000單位），標準原料單價為$3.5。為了能易於表達，請表達出其標準原料數量差異。

解：

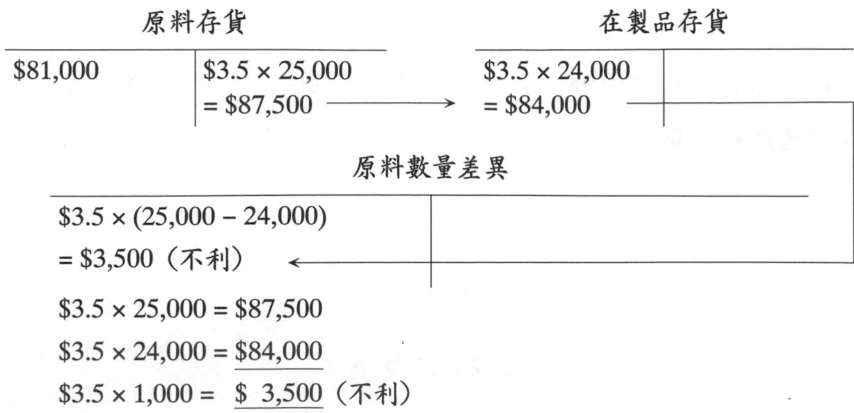

$3.5 × 25,000 = $87,500
$3.5 × 24,000 = $84,000
$3.5 × 1,000 = $ 3,500（不利）

13.3　人工標準成本

1. 工資率的差異是由於實際工資率與標準工資率的差異所造成；人工效率差異是實際時數與在生產中所允許的標準時數的差異所造成。

解：○

2. 大華公司本月份支付直接人工成本$62,225及實際工作時數為9,500小時，所以實際每小時工資率為$6.55。本月份生產30,000單位產品，標準成本單顯示每一製成品需要$\frac{1}{3}$小時的直接人工，因此所允許的標準時數為10,000小時（= $\frac{1}{3}$小時 × 30,000單位產品）。為了能易於表達，請表達出其標準原料數量差異。

解：實際工資率：$62,225 ÷ 9,500 = $6.55

標準工資率：$62,225 ÷ 10,000 = $6.22

$6.55 × 9,500 = $62,225
$6.22 × 9,500 = $59,090
($6.55 − $6.22) × 9,500 = $ 3,135（不利）

13.4　原料及人工差異帳戶的處理

1. 會計年度終了時，原料及人工的實際成本與標準成本之差異處理，通常有二種方式：結轉本期損益法及分攤至銷貨成本及存貨。

解：○

2. 在差異未超過正常情況時，我們會將成本差異依比例結轉至存貨（在製品與製成品）和銷貨成本，以顯示各項產品之實際成本。

解：×

詳解：在差異未超過正常情況時，我們會採用「結轉本期損益法」，將成本差異總數當作銷貨成本、銷貨毛利或淨利的調整項目。

13.5 原料和人工成本差異分析的釋例

雅樂公司生產一種產品，每單位的標準成本資料如下所列：

	標準價格	標準用量	標準成本
直接原料	$20	12磅	$240
直接人工	$95	0.6小時	57
合　計			$297

本月份雅樂公司購買180,000磅的直接原料，支付$3,960,000。在同一月份發出工資$970,000，其中90%用於直接人工的部分，10%用於間接人工的部分。雅樂公司在這個月共製造13,500個單位產品，使用150,500磅的直接原料和10,000個直接人工小時。

試求下列的各項差異，並標示出有利或不利差異。

(1)直接原料價格差異。

(2)直接原料數量差異。

(3)直接人工工資率差異。

(4)直接人工效率差異。

解：$3,960,000 ÷ 180,000 = $22

$970,000 ÷ 10,000 = $97

(1)

AP × AQP	SP × AQP
$22 × 180,000	$20 × 180,000
= $3,960,000	= $3,600,000

原料價格差異

$360,000（不利）

(2)

SP × AQU	SP × SQU
$20 × 150,500	$20 × 12 × 13,500
= $3,010,000	= $3,240,000

原料數量差異

$(230,000) 有利

(3)、(4)

AR × AH	SR × AH	SR × SH
$97 × 10,000	$95 × 10,000	$95 × 0.6 × 13,500
= $970,000	= $950,000	= $769,500

工資率差異	效率差異
$20,000（不利）	$180,500（不利）

第14章

彈性預算與製造費用的控制

壹、作業解答

一、選擇題

1. 製造費用之彈性預算，其固定費用部分可用來計算：

   A. 固定預算活動。

   B. 固定製造費用率。

   C. 實際固定製造費用。

   D. 標準費用率。

解：B

2. 假設變動製造費用會隨原料投入量而改變，在何種情況下，變動製造費用效率差異是有利的？

   A. 實際使用投入量大於為了實際生產之標準投入量。

   B. 實際使用投入量等於實際運作之直接人工小時。

   C. 實際使用投入量小於為了實際生產之標準投入量。

   D. 標準變動製造費用率小於實際費用率。

解：C

3. 高估或低估變動製造費用的差異可分為：

   A. 變動製造費用率差異和變動製造效率差異。

   B. 實際費用率和標準費用率。

   C. 直接人工效率差異和變動製造效率差異。

   D. 固定製造費用預算差異和生產數量差異。

解：A

4. 只有在何時，人工效率差異會為零？

A. 實際時數等於標準時數。

B. 預算固定製造費用等於可容許活動範圍。

C. 可容許活動範圍等於實際生產所需之標準時數。

D. 實際生產量之標準時數等於實際時數。

解：D

5. 請考慮下列三個敘述：

Ⅰ. 實際變動製造費用與預計變動製造費用間之差異稱為高估或低估變動製造費用。

Ⅱ. 變動製造費用的實際數低於預計數時，被視為是有利差異。

Ⅲ. 變動製造費用的實際數高於預計數時，被視為是有利差異。

上面哪個敘述才是正確的？

A. 只有Ⅰ。

B. 只有Ⅱ。

C. Ⅰ與Ⅱ。

D. Ⅰ與Ⅲ。

解：C

6. 下列敘述何者為誤？

A. 在非製造部門，也可能有多種的產出。

B. 在非製造部門，工資率很少會隨著工作分配之難度而變動。

C. 過去成本的分析可作為彈性預算方程式之依據。

D. 非製造業設定標準最大的困難在於衡量活動的產出。

解：B

二、問答題

1. 績效評估的原則為何？

解：績效評估的原則如下：

(1)管理當局以其責任中心所應負責的程度，來設立標準及目標。

(2)評估方式能受到最高階層主管的支持。

(3)在績效報告上要揭露出成本項目發生例外差異的訊息。

(4)部門主管對其單位的差異之處，要能採取糾正行動。

2. 何謂彈性預算及靜態預算?

解：(1)彈性預算(Flexible Budget)：在某一個作業活動範圍內，會隨著生產量多寡而變動的預算。

(2)靜態預算(Static Budget)：在某一個會計期間內，不管實際生產量多寡皆不會改變的預算。

3. 試編製簡單的彈性預算。

解：

中興公司

9月份製造費用的彈性預算表

預期產能水準（生產量）	9,000	10,000	11,000
變動成本：			
間接原料($30)	$270,000	$300,000	$330,000
間接人工($40)	360,000	400,000	440,000
總變動成本	$630,000	$700,000	$770,000
固定成本：			
設備折舊費用	$ 80,000	$ 80,000	$ 80,000
保險費	20,000	20,000	20,000
總固定成本	$100,000	$100,000	$100,000
總製造費用	$730,000	$800,000	$870,000

4. 說明製造費用的意義與基本架構。

解：產品成本可分為三大類主要元素，即直接原料成本、直接人工成本和製造費用。凡是不屬於前二者，即為製造費用。就成本習性而言，製造費用屬於混合成本，包括了變動成本和固定成本兩部分，所以製造費用預算的編製要考慮成本習性。

5.試述製造費用差異的處理方式。

解：由於製造費用包括多項的成本科目，大體上分為變動成本和固定成本兩大類，就差異分析的方式可分為三種，即四項分析、三項分析和二項分析，其架構圖如下：

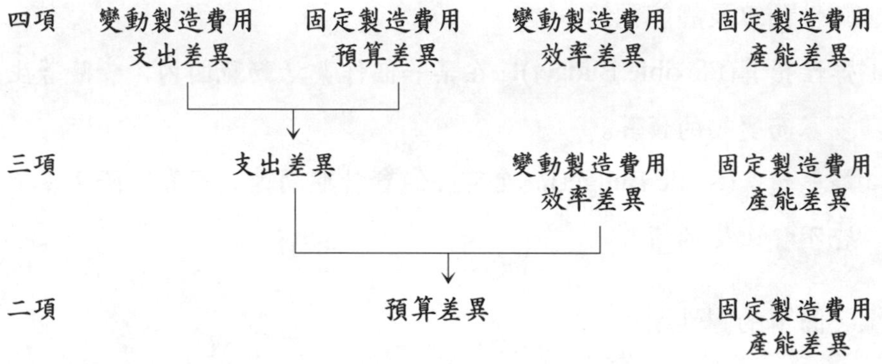

6.舉例說明製造費用差異分析的責任歸屬單位。

解：⑴製造費用支出差異：變動部分——生產部門管理者；固定部分——高階主管。

⑵製造費用效率差異：廠長、部門管理者、生產排程人員、原料處理人員、機器操作人員。

⑶製造費用產能差異：高階主管或生產排程人員。

7.製造費用支出差異、製造費用效率差異、製造費用產能差異，其發生的可能原因為何?

解：⑴製造費用支出差異發生原因如下：

①預期價格改變。

②過度使用間接原料。

③員工加班時間改變。

④機器不良或人事異動。

⑤折舊率變動。

⑵製造費用效率差異發生原因如下：

①機器當機。

②次級原料。

③監督不當。

④停工待料。

⑤新進員工或無經驗員工。

⑥次佳工程規格。

⑦不穩定的生產排程。

⑶製造費用產能差異發生原因如下：

①未充分使用正常產能。

②缺少訂單。

③太多閒置產能。

④有效率或無效率使用現有產能。

8. 如何使用標準成本來執行例外管理?

解：在日常營運中，一個企業會有多種的差異，管理者不可能控制每一個差異，只能就差異較大的部分，也就是超過可容忍範圍的部分，來加以控制。成本差異分析的結果，可提供管理者評估績效的資訊，但是對於當期的績效已無法改進，只能作為下一期改善營運的參考。如果要把差異分析的結果，用來作為改進當期的績效，則比較非財務面的項目，例如控制製程時間差異有助於產品成本的下降。

貳、習　題

一、基礎題

B 14–1　彈性預算

參考保德公司上月份的資料如下：

	每單位 預算金額	不同產出水準		
單位數	–	4,000	5,000	6,000
銷貨收入	$30	?	?	?
變動成本：				
直接原料	?	48,000	?	?
燃　料	3	?	?	?
固定成本：				
折　舊		?	15,000	?
薪　資		?	?	60,000

試作：填滿上列空格。

解：

	每單位 預算金額	不同產出水準		
單位數	–	4,000	5,000	6,000
銷貨收入	$30	$120,000	$150,000	$180,000
變動成本：				
直接原料	12	48,000	60,000	72,000
燃　料	3	12,000	15,000	18,000
固定成本：				
折　舊		15,000	15,000	15,000
薪　資		60,000	60,000	60,000

B 14-2 彈性預算

羅氏醫院總裁估計每一住院天醫院需使用30千瓦小時的電力，而電力分攤率是每千瓦小時$0.2。此外醫院租用備用電力設備，每月需固定支付$2,000。

試作：

1. 彈性預算公式。
2. 彈性預算表，住院天數為40,000、50,000、60,000天。將變動成本及固定成本分開列示。

解:

1. 彈性預算公式:

每月總電力預算成本 = (30 × $0.2) × 住院天數 + $2,000

2. 彈性預算表:

	彈性預算		
住院天數	40,000	50,000	60,000
變動電力成本	$240,000	$300,000	$360,000
固定電力成本	2,000	2,000	2,000
總電力成本	$242,000	$302,000	$362,000

B 14–3 彈性預算

史瓦公司之製造費用的計算公式如下表所列,此成本公式可適用於10,000到12,000機器小時。

製造費用	成本公式
間接原料	$0.2/機器小時
間接人工	$10,000再加$0.25/機器小時
公共設備電費	$0.15/機器小時
維　修	$7,000再加$0.10/機器小時
折　舊	$8,000

試作:編製間距為1,000機器小時的彈性預算表,其中應包括固定成本。

解:

	每機器小時成本	機器小時 10,000	11,000	12,000
變動成本:				
間接原料	$0.20	$ 2,000	$ 2,200	$ 2,400
間接人工	0.25	2,500	2,750	3,000

公共設備電費	0.15	1,500	1,650	1,800
維　修	0.10	1,000	1,100	1,200
總變動成本		$ 7,000	$ 7,700	$ 8,400
固定成本:				
間接人工		$10,000	$10,000	$10,000
維　修		7,000	7,000	7,000
折　舊		8,000	8,000	8,000
總固定成本		$25,000	$25,000	$25,000
總製造費用		$32,000	$32,700	$33,400

B 14-4　彈性預算

若甲公司上個月的損益表如下:

銷貨收入 (500單位)	$30,000
變動成本:	
變動生產成本	$10,500
其他變動成本	3,500
變動成本合計	$14,000
邊際貢獻	$16,000
固定成本:	
固定生產成本	$ 8,000
固定銷管費用	4,250
固定成本合計	$12,250
淨　利	$ 3,750

試為甲公司編製產量為200單位、600單位、800單位之彈性預算。

解:

彈性預算

生產水準	每單位成本	200單位	600單位	800單位
銷貨收入	$60	$12,000	$36,000	$48,000
變動成本:				
變動生產成本	$21	$ 4,200	$12,600	$16,800
其他變動成本	7	1,400	4,200	5,600

變動成本合計	$28	$ 5,600	$16,800	$22,400
邊際貢獻	$32	$ 6,400	$19,200	$25,600
固定成本：				
固定生產成本		$ 8,000	$ 8,000	$ 8,000
固定銷管費用		4,250	4,250	4,250
固定成本合計		$12,250	$12,250	$12,250
淨 利（損）		$ (5,850)	$ 6,950	$13,350

B 14-5 彈性預算

甲廠經理要求會計部門編製其產品下個月彈性預算，而最近月份實際營運資料如下：

生產及銷售量	4,500單位
直接材料成本	$9,000
直接人工成本	$6,750
固定製造成本	$3,600
平均銷售單價	$ 7
固定銷管費用	$1,400

預計下個月銷售單價上漲10%，直接材料亦上漲10%，工資率生產力則不改變，唯一的變動銷售費用為銷售佣金，為銷售價格的10%，唯一的變動製造費用為每一產品須付專利費$2。編製下個月的彈性預算並以4,000單位，5,000單位，6,000單位三個產能水準分別表示。

解：

××月份彈性預算

	每單位預算數	各數量水準		
單 位		4,000	5,000	6,000
銷貨收入	$7.7	$30,800	$38,500	$46,200
變動成本：				
直接材料	$2.2	$ 8,800	$11,000	$13,200
直接人工	1.5	6,000	7,500	9,000
變動製造費用	2	8,000	10,000	12,000

變動銷管費用	0.77	3,080	3,850	4,620
變動成本合計	$6.47	$25,880	$32,350	$38,820
邊際貢獻	$1.23	$ 4,920	$ 6,150	$ 7,380
固定成本:				
固定製造成本		$ 3,600	$ 3,600	$ 3,600
固定銷管成本		1,400	1,400	1,400
固定成本合計		$ 5,000	$ 5,000	$ 5,000
淨利		$ (80)	$ 1,150	$ 2,380

B 14-6 彈性預算

凱思公司欲編列製造費用彈性預算表來估計8,000到10,000直接人工小時，有下列各個項目的成本:

	固定成本	每直接人工小時變動成本
維修	$3,600	$0.25
折舊	6,000	–
間接原料	840	0.45
公共設備使用費	1,800	0.15
租金	2,400	–
保險	3,600	–
間接人工	7,200	0.75

試作:

1. 編製8,000、9,000及10,000直接人工小時的製造費用彈性預算表。
2. 計算固定、變動及總製造費用分攤率，假設正常產能為10,000直接人工小時。
3. 計算固定、變動及總製造費用分攤率，假設正常產能為8,000直接人工小時。

解:

1.

凱思公司
製造費用彈性預算表

	每直接人工小時成本	產能水準		
直接人工小時		8,000	9,000	10,000
變動成本:				
維　修	$0.25	$ 2,000	$ 2,250	$ 2,500
間接原料	0.45	3,600	4,050	4,500
公共設備使用費	0.15	1,200	1,350	1,500
間接人工	0.75	6,000	6,750	7,500
總變動成本	$1.60	$12,800	$14,400	$16,000
固定成本:				
維　修		$ 3,600	$ 3,600	$ 3,600
折　舊		6,000	6,000	6,000
間接原料		840	840	840
公共設備使用費		1,800	1,800	1,800
租　金		2,400	2,400	2,400
保　險		3,600	3,600	3,600
間接人工		7,200	7,200	7,200
總固定成本		$25,440	$25,440	$25,440
總製造費用		$38,240	$39,840	$41,440

2. 固定製造費用分攤率 $= \frac{\$25,440}{10,000} = \$2.544$ / 直接人工小時

變動製造費用分攤率 $= \frac{\$16,000}{10,000} = \$1.60$ / 直接人工小時

總製造費用分攤率 $= \frac{\$41,440}{10,000} = \$4.144$ / 直接人工小時

3. 固定製造費用分攤率 $= \frac{\$25,440}{8,000} = \$3.18$ / 直接人工小時

變動製造費用分攤率 $= \frac{\$12,800}{8,000} = \$1.6$ / 直接人工小時

總製造費用分攤率 $= \frac{\$38,240}{8,000} = \$4.78$ / 直接人工小時

B 14–7 製造費用差異分析

甲公司上月份資料如下：

製造費用標準成本：

標準產能：	5,000小時（或2,500單位產品）
預計該能量下之固定成本：	$3,000
預計該能量下之變動成本：	$2,000

實際資料：（生產2,000單位產品）

實際生產成本	$4,500（變動$1,580，固定$2,920）
實際小時	3,900小時

試作變動及固定製造費用差異分析。

解：

變動製造費用差異分析：

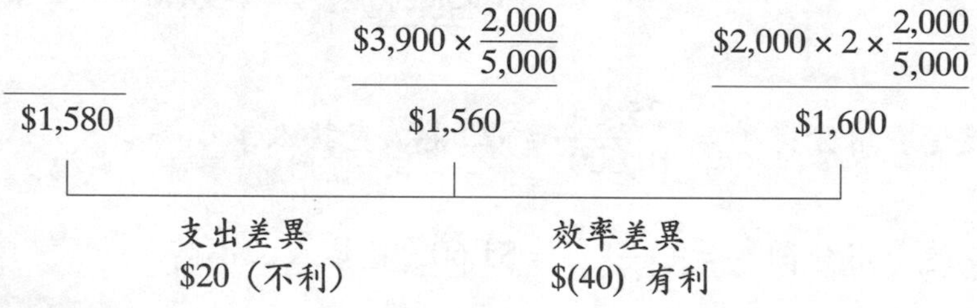

$\$3,900 \times \frac{2,000}{5,000}$　　$\$2,000 \times 2 \times \frac{2,000}{5,000}$

$1,580　　$1,560　　$1,600

支出差異 $20（不利）　　效率差異 $(40) 有利

固定製造費用差異分析：

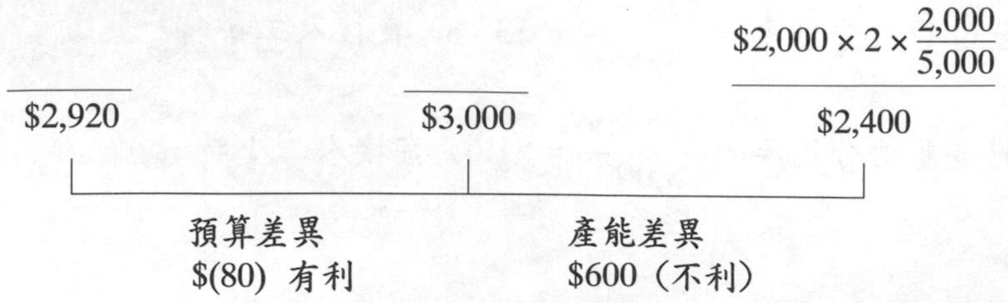

$\$2,000 \times 2 \times \frac{2,000}{5,000}$

$2,920　　$3,000　　$2,400

預算差異 $(80) 有利　　產能差異 $600（不利）

B 14-8　製造費用差異分析

甲公司預計將在800直接人工小時上製造產品，預算的總製造費用是$2,000，標準變動製造費用分配率預計每直接人工小時$2或每單位$6，本年實際數據如下：

實際製成品數量	250單位
實際直接人工小時	764小時
實際變動製造費用	$1,610
實際固定製造費用	$392

試作變動及固定製造費用差異分析。

解：

變動製造費用差異分析：

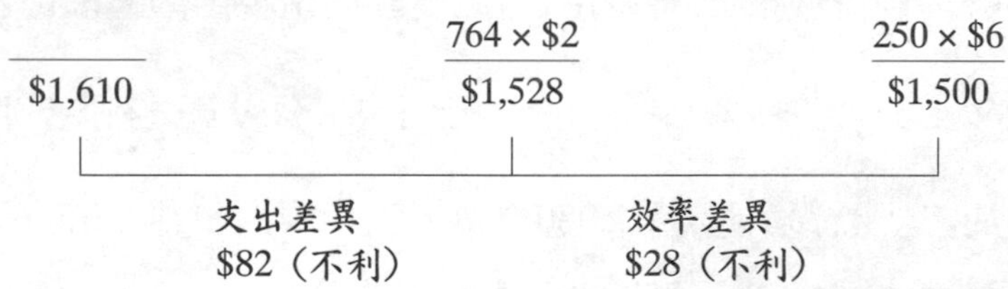

	764 × $2	250 × $6
$1,610	$1,528	$1,500

支出差異 $82（不利）　效率差異 $28（不利）

固定製造費用差異分析：

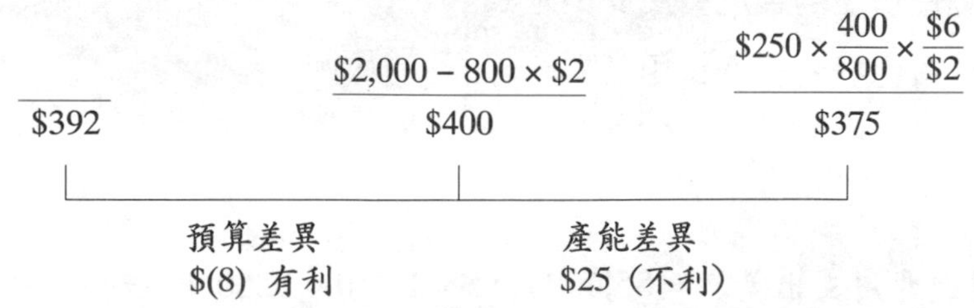

	$2,000 − 800 × $2	$250 × $\frac{400}{800}$ × $\frac{\$6}{\$2}$
$392	$400	$375

預算差異 $(8) 有利　產能差異 $25（不利）

B 14-9　製造費用差異分析

甲公司有關製造費用的資料如下：

標準產能	200人工小時

標準製造成本：
變動：5小時　@$2
固定：5小時　@$1

7月份完成產品300件，實際發生製造費用$5,050，試計算製造費用三項差異分析。

解：

$5,050	$2 × 1,600 + $2,000 $5,200	$2 × 1,500 + $2,000 $5,000	$2 × 1,500 + $1,500 $4,500

支出差異 $(150) 有利
效率差異 $200（不利）
產能差異 $500（不利）

B 14-10　變動製造費用的差異分析

大發公司只會發生變動的製造費用，有關變動製造費用的標準成本如下：

3（直接人工小時／每單位）× $5／直接人工小時 = $15／每單位

在91年7月間，大發公司使用了1,080直接人工小時來製造350個單位的產品。在此月中，實際發生了$5,650 變動製造費用。

試作：

1. 計算7月份變動製造費用支出差異。
2. 計算7月份變動製造費用效率差異。

解：

1. 變動製造費用支出差異 = $5,650 − $5 × 1,080 = $250（不利）
2. 變動製造費用效率差異 = (1,080 − 350 × 3) × $5 = $150（不利）

B 14-11　固定製造費用的差異分析

長春公司只有固定製造費用，有關固定製造費用的標準成本如下：

3直接人工小時／每單位 × $10／每直接人工小時 = $30／每單位

該公司的固定製造費用分攤率是由每月固定製造費用$12,000除以每月正常產能1,200直接人工小時而來的。

在90年度7月間，長春公司使用了1,080直接人工小時來製造350個單位的產品。在此月中，實際發生了$12,900的固定製造費用。

試作：

1. 計算7月份固定製造費用預算差異。
2. 計算7月份固定製造費用產能差異。

解：

1. 固定製造費用預算差異 = $12,900 − $12,000 = $900（不利）
2. 固定製造費用產能差異 = $12,000 − $10,500* = $1,500（不利）

*已分配固定製造費用 = 350 × $30 = $10,500

B 14-12　製造費用差異分析

禮培公司1月份生產量的製造費用成本資料如下：

預算固定製造費用	$100,000
每直接人工小時標準固定製造費用分攤率	$4
每直接人工小時標準變動製造費用分攤率	$6
實際生產量之標準直接人工小時	24,000
實際總製造費用	$245,000

試作：

1. 計算1月份製造費用的預算差異及產能差異。
2. 繪製預算差異及產能差異圖。

解：

1.

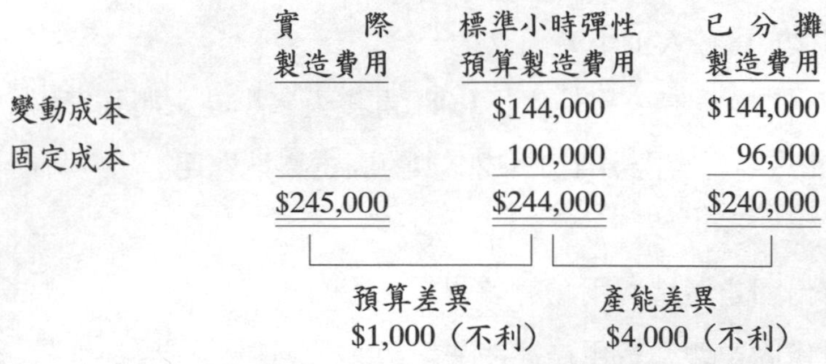

	實 際 製造費用	標準小時彈性 預算製造費用	已分攤 製造費用
變動成本		$144,000	$144,000
固定成本		100,000	96,000
	$245,000	$244,000	$240,000

預算差異 $1,000（不利）　　產能差異 $4,000（不利）

2. 預算差異與產能差異圖：

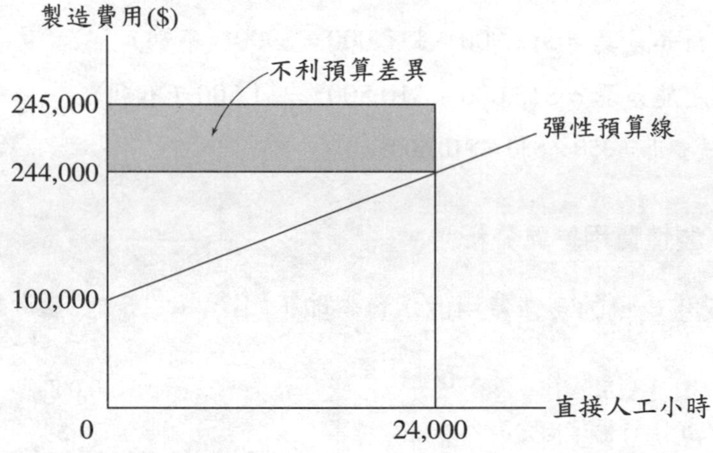

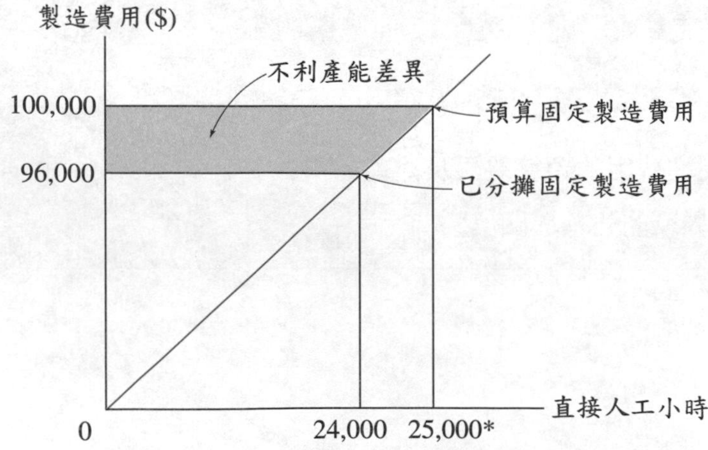

$$*\text{標準產量的直接人工小時} = \frac{\$100{,}000}{\$4} = 25{,}000\text{小時}$$

B 14–13　原料、人工和製造費用的差異分析

海菲公司使用標準成本制度，本月份單一產品的資料如下：

1. 實際採購及使用直接原料：7,000公斤。
2. 直接人工實際發生10,000小時，成本$40,800。
3. 變動製造費用實際發生$8,200。
4. 實際製造完成品：2,300單位。
5. 實際原料成本：$0.45 / 公斤。
6. 變動製造費用分攤率：$0.8 / 小時。
7. 標準人工成本：$4 / 小時。
8. 標準原料成本：$0.5 / 公斤。
9. 標準每單位使用原料：3公斤。
10. 標準每單位使用人工小時：5小時。

試作：計算與直接原料、直接人工和變動製造費用相關的各項差異。

解：

	實際採購量 × 實際單位價格	實際採購 / 耗用量 × 標準單位價格	標準耗用量 × 標準單位價格
直接原料	7,000 × $0.45 = $3,150	7,000 × $0.5 = $3,500	(2,300 × 3) × $0.5 = $3,450

價格差異 $(350) 有利　　數量差異 $50（不利）

直接原料差異 $(300) 有利

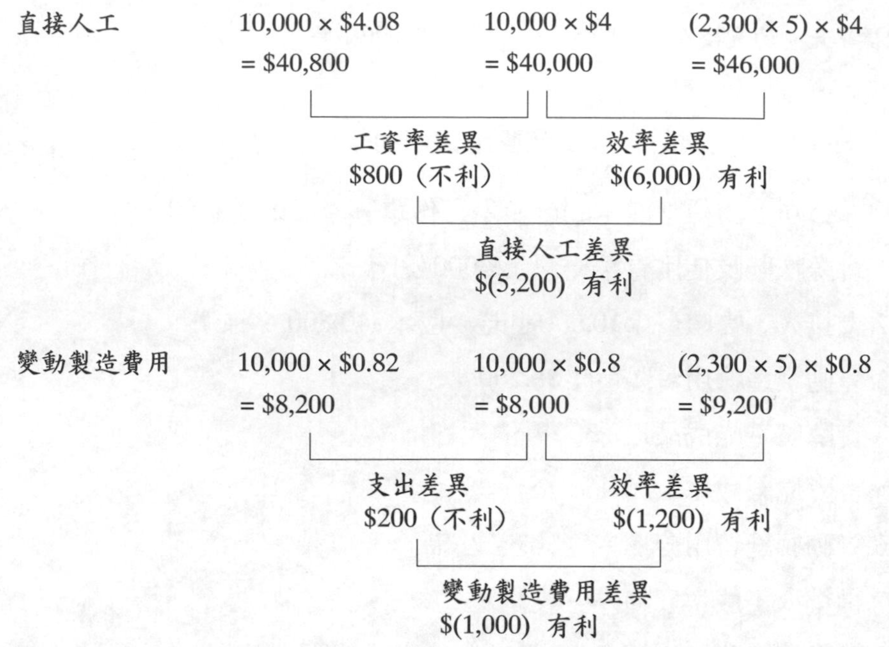

B 14–14 製造費用的差異分析

保力公司的標準及彈性預算資料如下：

標準變動製造費用分攤率	$6.00/ 直接人工小時
直接人工的標準數量	2直接人工小時 / 每單位
預算固定製造費用	$200,000
預算產出量	25,000單位

4月份的實際資料如下：

實際產量	20,000單位
實際變動製造費用	$320,000
實際固定製造費用	$196,000
實際直接人工小時	50,000小時

試作：計算下列差異，並指出每項差異為有利或不利。

1. 變動製造費用支出差異。
2. 變動製造費用效率差異。

3. 固定製造費用預算差異。

4. 固定製造費用產能差異。

解:

1. 變動製造費用支出差異 = $320,000 – (50,000 × $6.00)

= $20,000(不利)

2. 變動製造費用效率差異 = $6.00 × (50,000 – 20,000 × 2)

= $60,000(不利)

3. 固定製造費用預算差異 = $196,000 – $200,000

= $(4,000) 有利

4. 固定製造費用產能差異 = $\$200,000 - (\frac{\$200,000}{25,000 \times 2}) \times 20,000 \times 2$

= $40,000(不利)

B 14–15 製造費用績效報告

米爾公司用以編製彈性預算之製造費用項目及實際發生的成本資料如下:假設90年度實際工作了13,100直接人工小時,成本公式之攸關範圍為10,000到14,000直接人工小時。

成本項目	成本公式	實際成本
維 修	$25,000 + $2/每直接人工小時	$ 53,200
監工人員薪資	$80,000 + $4/每直接人工小時	130,700
公共設備使用費	$0.45/每直接人工小時	5,695
折 舊	$42,000	42,000
物 料	$0.25/每直接人工小時	3,350
間接原料	$12,000 + $0.70/每直接人工小時	20,070

試作:編製90年度彈性預算績效報告。

解:

米爾公司
彈性預算績效報告
90年度

	預算數	實際數	差　異	
直接人工小時	13,100	13,100	0	
變動及固定成本:				
維　修($25,000 + $2 × 13,100)	$ 51,200	$ 53,200	$2,000	(不利)
監工人員薪資($80,000 + $4 × 13,100)	132,400	130,700	1,700	有利
公共設備($0.45 × 13,100)	5,895	5,695	200	有利
折　舊	42,000	42,000	0	
物　料($0.25 × 13,100)	3,275	3,350	75	(不利)
間接原料($12,000 + $0.7 × 13,100)	21,170	20,070	1,100	有利
總　計	$255,940	$255,015	$ 925	有利

B 14–16　製造費用績效報告

惠兒公司製造費用彈性預算的變動成本部分如下:

製造費用	成本公式(每小時)	機器小時 10,000	15,000	20,000
公共設備	$1.20	$12,000	$18,000	$24,000
間接原料	0.30	3,000	4,500	6,000
維　護	2.40	24,000	36,000	48,000
重置時間	0.60	6,000	9,000	12,000
總變動成本	$4.50	$45,000	$67,500	$90,000

在16,000機器小時內所發生的變動成本如下:

公共設備	$20,000
間接原料	4,700
維　護	35,100
重置時間	12,300

本期間內預計活動量為18,000機器小時。

試求：編製本期間變動製造費用績效報告，只需計算支出差異，並指出其為有利或不利差異。

解：

惠兒公司
變動製造費用績效報告

預計機器小時	18,000
實際機器小時	16,000

變動製造費用	預算數 16,000小時	實際數 16,000小時	支出差異	
公共設備	$19,200	$20,000	$ 800	（不利）
間接原料	4,800	4,700	100	有利
維　護	38,400	35,100	3,300	有利
重置時間	9,600	12,300	2,700	（不利）
總成本	$72,000	$72,100	$ 100	（不利）

B 14–17　製造費用績效報告

彼得公司決定使用彈性預算制度來規劃控制其批發營運成本。根據歷史資料的分析，正常營運月份之成本及成本動因如下：

成本項目	固　定	變　動	成本動因
產品控制	$3,800	$2.00	每100單位
倉儲貨盤		3.00	每一貨盤
公共設備	700	2.00	每100單位
運送文書	800	1.50	每一批貨
間接原料		0.50	每一批貨

5月份公司進貨400批，共60,000單位，使用500個貨盤，實際發生成本如下：

成本項目	實際成本
產品控制	$5,220
倉儲貨盤	1,030

公共設備	1,810
運送文書	1,300
間接原料	205

試作：編製5月份彈性預算績效報告。

解：

彼得公司
彈性預算績效報告
5月份

成本項目	彈性預算	實際成本	差異	
產品控制($3,800 + $2 × 600)	$ 5,000	$5,220	$220	（不利）
倉儲貨盤($3 × 500)	1,500	1,030	470	有利
公共設備($700 + $2 × 600)	1,900	1,810	90	有利
運送文書($800 + $1.5 × 400)	1,400	1,300	100	有利
間接原料($0.5 × 400)	200	205	5	（不利）
總　計	$10,000	$9,565	$435	有利

二、進階題

A 14-1　直接人工與製造費用的差異分析

王 佛金屬公司的每單位產品標準直接人工成本及製造費用如下：

直接人工	20小時 × $5.00／小時
變動製造費用	20小時 × $2.00／小時
固定製造費用	20小時 × $3.00／小時

每月預計固定製造費用為$300,000。在3月份間，共製造5,000個製成品，直接人工成本為$468,000（104,000小時），實際變動製造費用為$206,000，實際固定製造費用為$294,000。

試作：

1. 計算3月份直接人工工資率差異及效率差異。

2. 計算本月份的多分攤或少分攤製造費用。

3. 計算本月份支出、效率及產能差異。

4. 將支出差異區分成變動及固定部分。

解：

1. 人工工資率差異：

實際人工成本	$468,000
標準工資率 × 實際小時 ($5 × 104,000)	520,000
人工工資率差異——有利	$ (52,000)

人工效率差異：

標準工資率 × 實際小時 ($5 × 104,000)	$520,000
標準工資率 × 標準小時 ($5 × (5,000 × 20))	500,000
人工效率差異——不利	$ 20,000

2.

實際發生製造費用：		
變動成本	$206,000	
固定成本	294,000	$500,000
已分攤製造費用：		
變動成本 ($2 × 20 × 5,000)	$200,000	
固定成本 ($3 × 20 × 5,000)	300,000	500,000
無多分攤或少分攤製造費用		$ 0

3. 支出差異：

實際發生製造費用：		
變動成本	$206,000	
固定成本	294,000	$500,000
104,000小時的預算數：		
變動成本 ($2 × 104,000)	$208,000	
固定成本	300,000	508,000
支出差異——有利		$ (8,000)

效率差異：

104,000小時的預算數：		
變動成本 ($2 × 104,000)	$208,000	
固定成本	300,000	$508,000
5,000單位的預算數：		
變動成本 ($2 × 20 × 5,000)	$200,000	
固定成本	300,000	500,000
效率差異——不利		$ 8,000

產能差異：

5,000單位的預算數：		
變動成本 ($2 × 20 × 5,000)	$200,000	
固定成本	300,000	$500,000
已分攤製造費用：		
變動成本 ($2 × 20 × 5,000)	$200,000	
固定成本 ($3 × 20 × 5,000)	300,000	500,000
無產能差異		$ 0

4. 支出差異的變動差異及固定差異：

	變 動	固 定	總 計
實際製造費用	$206,000	$294,000	$500,000
104,000小時的預算數	208,000	300,000	508,000
支出差異——有利	$ (2,000)	$ (6,000)	$ (8,000)

A 14-2 製造費用的差異分析

加比公司使用標準成本系統來估計製造費用，彈性預算公式為：

固定成本	$150,000
變動成本（每單位）	$20

每一產品單位需花2個機器小時，每月正常產能為25,000單位。

在上月份中，製造20,000單位的產品，共花費42,000機器小時，實際製造費用總計為$600,000，其中固定成本為$180,000。

試作：

1. 計算多分攤或少分攤製造費用。
2. 問題 1 中區分出變動差異和固定差異兩部分。
3. 計算支出差異及效率差異。
4. 計算產能差異。
5. 以支出差異、效率差異及產能差異來解釋總製造費用差異。

解：

1.、2. 每單位製造費用分攤率：

變動成本	$20/每單位
固定成本（$150,000/25,000單位）	6/每單位
製造費用分攤率	$26/每單位

每機器小時製造費用分攤率：

變動成本（$20/2機器小時）	$10/每小時
固定成本（$6/2機器小時）	3/每小時
製造費用分攤率	$13/每小時

	變　動	固　定	總　計
實際製造費用	$420,000	$180,000	$600,000
已分攤製造費用：			
$20 × 20,000	400,000		
$6 × 20,000		120,000	520,000
少分攤製造費用	$ 20,000	$ 60,000	$ 80,000

3. 支出及效率差異：

支出差異

	變　動	固　定	總　計
實際製造費用	$420,000	$180,000	$600,000

42,000機器小時的彈性預算：			
$10 × 42,000	420,000		
預算固定成本		150,000	570,000
不利差異	$ 0	$ 30,000	$ 30,000

效率差異

	變動	固定	總計
42,000小時的彈性預算：			
$10 × 42,000	$420,000		
預算固定成本		$150,000	$570,000
20,000單位的彈性預算：			
$20 × 20,000	400,000		
預算固定成本		150,000	550,000
不利差異	$ 20,000	$ 0	$ 20,000

4. 產能差異：

	變動	固定	總計
20,000單位的彈性預算：			
$20 × 20,000	$400,000		
預算固定成本		$150,000	$550,000
已分攤製造費用：			
$20 × 20,000	400,000		
$6 × 20,000		120,000	520,000
不利差異	$ 0	$ 30,000	$ 30,000

5. 等式的證明：

支出差異——不利	$30,000
效率差異——不利	20,000
產能差異——不利	30,000
少分攤製造費用	$80,000

A 14-3 製造費用的二項、三項差異分析

伊特公司提供該公司唯一產品的資料：

標準直接人工工資率	\$9.2/ 每小時
每單位標準直接人工小時	3小時
變動製造費用	\$4/ 每標準直接人工小時
固定製造費用	\$7.5/ 每標準直接人工小時
正常產能	7,200單位

在上月份中，實際產能為7,560單位，實際人工小時為22,800小時，平均每小時工資率為\$9.4。實際變動製造費用為\$88,920，實際固定製造費用為\$163,000。

試作：

1. 使用二項差異分析法來計算製造費用的預算及產能差異。
2. 使用三項差異分析法來計算製造費用的支出、效率及產能差異。

解：

1.

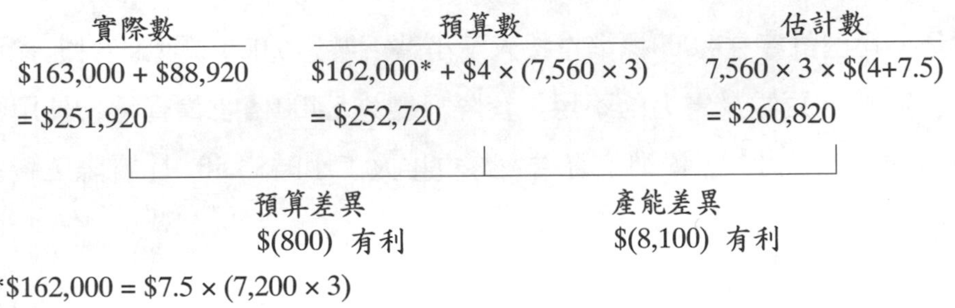

*\$162,000 = \$7.5 × (7,200 × 3)

2.

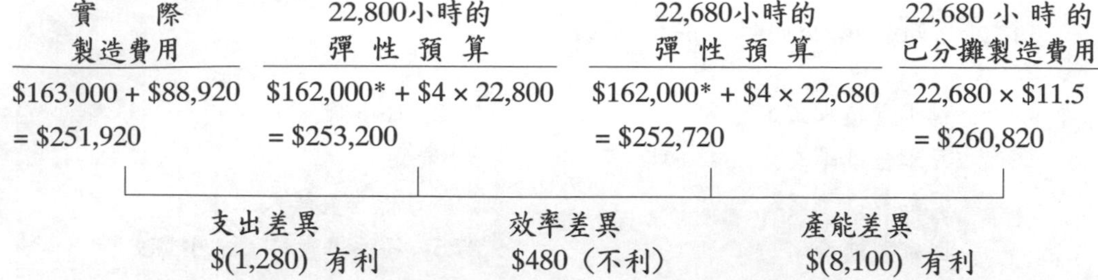

A 14-4　直接人工和變動製造費用的差異分析

李氏企業在過去三年都難以控制新加坡分公司的成本，公司在上個月建立了標準成本與彈性預算制度，該公司的變動製造費用資料如下：

	每標準直接人工小時的預計成本	彈性預算差異	
潤滑劑	$0.80	$200	有利
其他間接原料	0.40	150	（不利）
電　費	0.80	300	（不利）
其他間接人工	2.00	300	（不利）
總變動製造費用	$4.00	$550	（不利）

該分公司已計畫在4,000標準直接人工小時下製造6,000個收錄音機，然而由於原料的短缺及電力的不足，實際只製造5,400個收錄音機，使用了3,800直接人工小時。標準工資率為每直接人工小時$3.50，比實際工資率高出$0.20。

試作：

1. 編製包括直接人工及變動製造費用的詳細績效報告。
2. 分析直接人工的工資率差異和效率差異以及變動製造費用的支出差異和效率差異。

解:

1.

部門績效報告

直接人工和變動製造費用

實際小時	3,800
標準小時（$\frac{2}{3}$小時 × 5,400單位）	3,600
超額小時	200

	3,800實際直接人工小時的實際成本	3,600標準直接人工小時製造5,400單位的成本	彈性預算差異	
直接人工	$12,540	$12,600	$ (60)	有利
變動製造費用				
潤滑劑	$ 2,680	$ 2,880	$(200)	有利
其他間接原料	1,590	1,440	150	（不利）
重　置	3,180	2,880	300	（不利）
其他間接人工	7,500	7,200	300	（不利）
總變動製造費用	$14,950	$14,400	$550	（不利）

2.

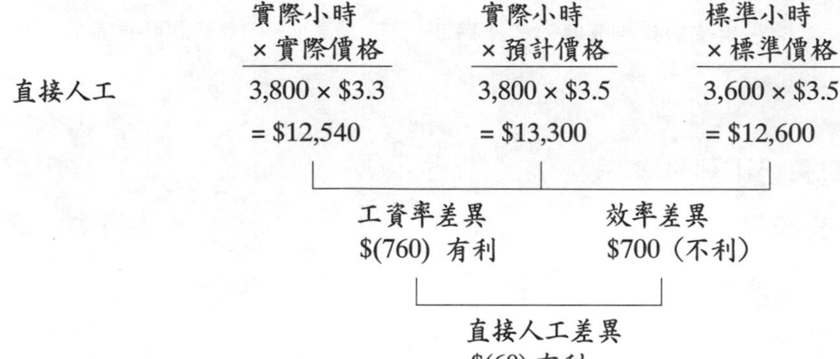

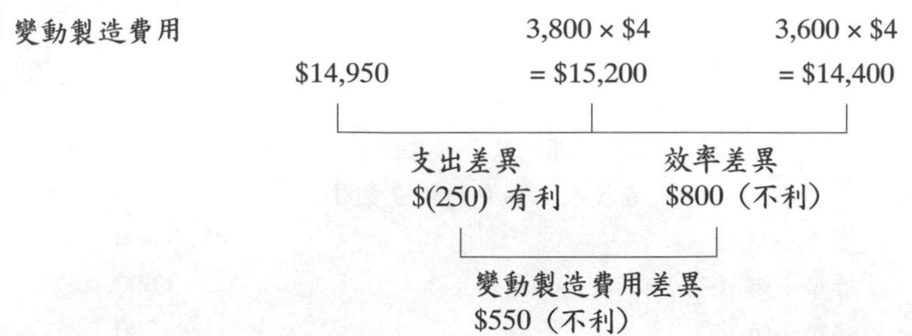

A 14-5　製造費用的會計處理

環球公司使用標準成本制度，1月份預計產量的資料如下：

平均每月標準人工小時	25,000小時
變動製造費用	$50,000
固定製造費用	$112,500
每直接人工小時製造費用分攤率	$6.50

1月份的實際資料如下：

直接人工小時	24,000小時
總製造費用	$160,000
實際產出量的標準直接人工小時	23,000小時

試作：

1. 計算1月份下列差異：
   (1)支出差異。
   (2)效率差異。
   (3)產能差異。
2. 記錄實際製造費用、已分攤製造費用及製造費用差異之會計分錄。

解：

1. 支出、效率及產能差異：

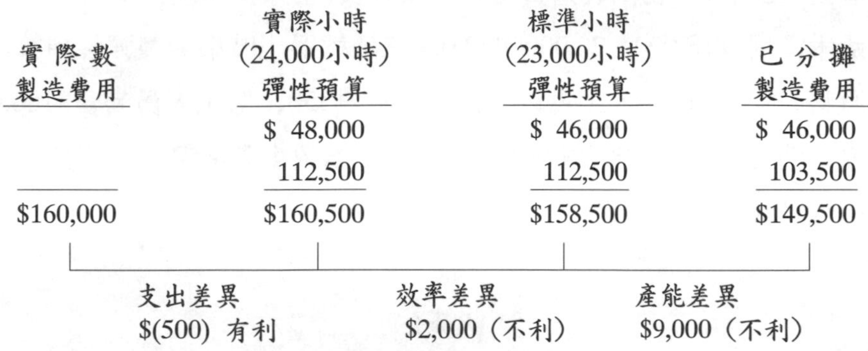

實際數 製造費用	實際小時 (24,000小時) 彈性預算	標準小時 (23,000小時) 彈性預算	已分攤 製造費用
	$ 48,000	$ 46,000	$ 46,000
	112,500	112,500	103,500
$160,000	$160,500	$158,500	$149,500

支出差異 $(500) 有利　　效率差異 $2,000（不利）　　產能差異 $9,000（不利）

$$\text{變動製造費用分攤率} = \frac{\$50,000}{25,000} = \$2 / \text{直接人工小時}$$

$$\text{固定製造費用分攤率} = \frac{\$112,500}{25,000} = \$4.5 / \text{直接人工小時}$$

2.

實際製造費用	160,000	
應付帳款		160,000
在製品存貨	149,500	
已分攤製造費用		149,500
已分攤製造費用	149,500	
效率差異	2,000	
產能差異	9,000	
支出差異		500
實際製造費用		160,000

參、自我評量

14.1 製造費用預算

1. 編製預算的方法有靜態預算和彈性預算兩種，在編製程序方面，彈性預算較為簡單。

解：×

詳解：在編製程序方面，靜態預算的編製較為簡單。

2. 大發公司編製6月份的製造費用彈性預算表，全部費用區分為變動成本和固定成本，根據18,000、20,000和22,000三種機器小時來編製彈性預算。其間接原料為$80、間接人工為$100、水電費為$50、監工人員薪資$160,000、設備折舊費用$800,000、保險費$45,000；請依實際情況來計算其製造費用的彈性預算。

解：

大發公司

6月份製造費用的彈性預算表

預期產能水準（機器小時）	18,000	20,000	22,000
變動成本：			
間接原料($80)	$1,440,000	$1,600,000	$1,760,000
間接人工($100)	1,800,000	2,000,000	2,200,000
水電費($50)	900,000	1,000,000	1,100,000
總變動成本	$4,140,000	$4,600,000	$5,060,000
固定成本：			
監工人員薪資	$ 160,000	$ 160,000	$ 160,000
設備折舊費用	800,000	800,000	800,000
保險費	45,000	45,000	45,000
總固定成本	$1,005,000	$1,005,000	$1,005,000
總製造費用	$5,145,000	$5,605,000	$6,065,000

14.2 實際成本、正常成本和標準成本

1. 邊際成本法的優點是：在直接成本部分，採用實際成本法；在間接成本部分，採用標準成本法。如此，邊際成本法可提供客觀和適時的資訊。

解：×

詳解：上述所描述的是正常成本法，不是邊際成本法。

2. 在正常成本法下，製造費用的求法為：估計單位成本×實際產能。

解：○

14.3　產能水準的選擇

1. 在傳統的製造環境，產能水準大都以人工小時為基礎，全部工廠用單一基礎。接著機器生產作業漸漸取代人工作業，則採用機器小時產能水準的基礎。

解：○

2. 產能水準的基礎以非財務面的成本動因為原則，其主要原因有兩個。其一為財務面的成本動因會隨物價波動；第二項原因是，可使製造費用的預算較不受外界因素影響。

解：○

14.4　製造費用的差異分析

大華公司在5月份製造10,000張桌子，每張桌子需要3個機器小時才能完成，所以在實際產量下所允許的標準時數為30,000機器小時(=3×10,000)。5月份的製造費用預算如下：

變動製造費用	$3,020,000
固定製造費用	$918,000

實際支出如下：

變動製造費用	$3,560,500
固定製造費用	$963,000
實際機器小時	30,800

請求出其變動製造費用差異分析：

解：

實際數		彈性預算數	估計數
AH × AVR	AH × SVR	SH × SVR	SH × SVR
30,800 × $116	18,500 × $101	30,000 × $101	30,000 × $101
= $3,572,800	= $1,868,500	= $3,030,000	= $3,030,000

支出差異	效率差異	無差異
$1,704,300（不利）	$(1,161,500) 有利	0

14.5 製造費用績效報告

製造費用績效報告，可以分析每一項費用的差異，有助於管理者對績效作有效率的控制，對於各種不利差異要追查其原因，並採取糾正行動。

解：○

14.6 製造費用的會計處理

1. 若製造費用預估數低估時，可以把差異數分攤到在製品存貨、製成品存貨和銷貨成本三個會計科目，以這三個科目的期末餘額來計算分攤比率。

解：○

2. 大發公司的實際製造費用為$4,598,200，預估的製造費用為$4,412,023，請做出其會計分錄的表達方式。

解：製造費用低估$186,177 (= $4,598,200 − $4,412,023)

分錄：

銷貨成本	186,177	
製造費用（預估數）		186,177

14.7 差異分析的責任歸屬與發生原因

1. 人工效率差異發生的可能原因：

A. 太多閒置產能。

B. 機器操作不當。

C. 新進員工或無經驗員工。

D. 原料處理不當。

解：C

詳解：A為製造費用產能差異發生的可能原因；B、D為原料價格差異發生的可能原因。

2. 原料價格差異產生時，由誰負責？

A. 採購經理。

B. 廠長。

C. 機器操作人員。

D. 部門管理者。

解：A

第15章

利潤差異與組合分析

壹、作業解答

一、選擇題

1. 下列敘述何者為真?

A. 如果實際售價大於目標售價，則銷售價格差異是有利的。

B. 如果售出的數量小於目標銷售數量，則銷售數量差異是有利的。

C. 目標邊際貢獻是使用在銷售價格差異。

D. 如果實際售價小於目標售價，則銷售價格差異是有利的。

解：A

2. 引起銷貨毛利發生變化的主要原因不包括：

A. 銷售數量的變動。

B. 銷售方式的改變。

C. 銷售組合的變動。

D. 銷售價格的改變。

解：B

3. 下列有關銷售組合差異的敘述，何者為誤?

A. 指在銷售數量改變下，銷貨毛利的差額。

B. 主要是衡量產品銷量變化對銷貨毛利的影響。

C. 當低銷貨毛利的產品銷量減少時，會產生有利的銷售組合差異。

D. 增加高銷貨毛利的銷量，可使銷售組合產生有利的差異。

解：B

4.管理費用：

A.其金額係來自非定期之營運所需。

B.管理人員有信心確定管理費用已支付了正確的金額。

C.其投入與產出之間有明確的因果關係。

D.係屬任意性成本。

解：D

5.有關邊際貢獻法下的差異分析，何者為誤？

A.係將變動製造成本自各類之銷貨收入中減除。

B.求出每一類銷貨的邊際貢獻。

C.固定費用亦列示在計算內。

D.逐漸變成判斷行銷業務的成功與否，以及獲利能力的依據。

解：C

二、問答題

1.試述銷貨毛利分析的重要性。

解：銷貨毛利係銷貨收入減去銷貨成本後之餘額，銷貨毛利的變動直接影響利潤的多寡，故對銷貨毛利的變動須詳加分析。

2.舉例說明發生價格差異的原因為何。

解：價格差異的原因如下：

(1)經濟環境的改變。

(2)價格政策的改變。

(3)因應競爭者價格的改變。

3.何謂成本差異？

解：所謂成本差異(Cost Variance)係由於單位成本增加或減少而導致銷貨毛利發生變動，其計算方式為（實際單位成本－預算單位成本）×實際銷售數量。

4. 比較市場數量差異與市場占有率差異。

解：(1)市場數量差異(Market Size Variance)係指外界對該產業所生產之產品需求發生變動，其計算式為（實際市場需求量－預期市場需求量）× 預期市場占有率 × 平均預算毛利。公司的純粹數量差異就是由市場數量差異和市場占有率差異所組成。

(2)市場占有率差異(Market Share Variance)係指公司本身維持其產品市場占有率的能力發生變動，其計算式為（實際市場占有率－預期市場占有率）× 實際市場需求量 × 平均預算毛利。

5. 繪圖說明整個銷貨毛利的差異至市場占有率差異的關係。

解：下面說明銷貨毛利差異至市場占有率差異的關係架構圖：

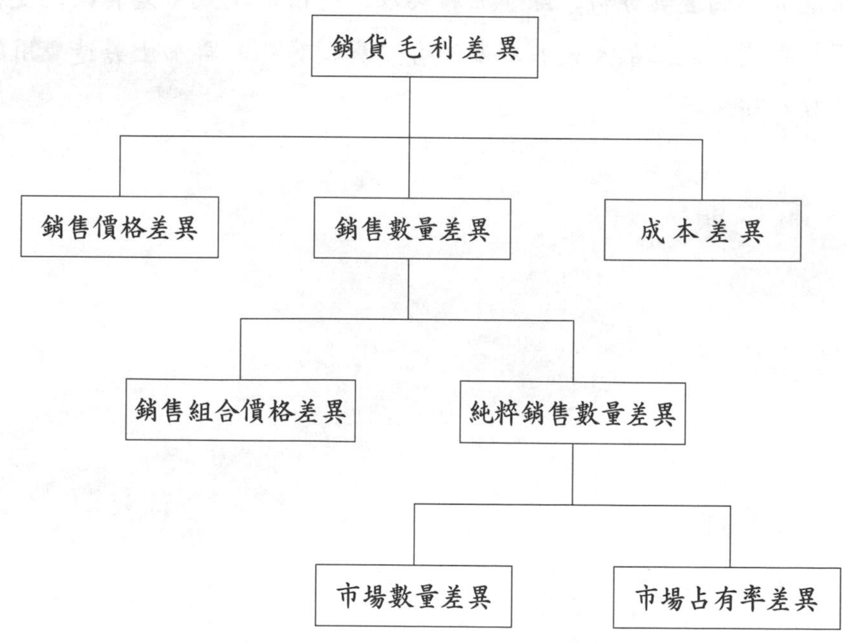

6. 試述管理費用的特性。

解：管理費用的特性如下：

(1)成本金額係來自定期（通常按年來計）的正常營運所需。

(2)投入與產出之間不需有明確的因果關係，亦難界定其因果關係。

7.說明邊際貢獻法下差異分析的特別之處。

解：邊際貢獻法下差異分析的特別之處如下：

(1)只將變動製造成本自銷貨收入中減除，以求得毛額邊際貢獻(Gross Contribution Margin)，不像傳統的損益表乃把銷貨收入減去所有製造成本而求得毛利(Gross Profit)。

(2)固定費用單獨列示，亦即在計算本期損益時，需先行扣除全部固定成本的總數。

(3)此種方法將成本分為變動和固定兩大類，有助於管理者對長、短期決策所需資訊的提供。

8.何謂生產成本差異?

解：生產成本的差異分析，除了原料與人工的價格及效率差異，還要加直接原料與直接人工的產出差異及組合差異。另外，再加上製造費用的各項差異分析。

貳、習　題

一、基礎題

B 15-1　銷售價格差異與銷售數量差異

下列資訊是有關臺北公司所銷售的一種產品：

預計售價	$45
預計變動成本	$25
預計銷售量	15,000單位
實際價格	$48
實際變動成本	$30
實際銷售量	13,000單位

試作：

1. 計算銷售價格差異。
2. 計算銷售數量差異。

解:

1. 銷售價格差異 =(實際價格 − 預計價格)× 實際銷售量
　　　　　　　　= ($48 − $45) × 13,000 = $(39,000)　有利

2. 銷售數量差異 =(實際銷售量 − 預計銷售量)× 每單位預計邊際貢獻*
　　　　　　　　= (13,000 − 15,000) × $20 = $40,000（不利）

*每單位預計邊際貢獻 = $45 − $25 = $20

B 15-2　銷貨毛利的差異分析

大馬公司提供下列損益表資料來表達公司唯一產品的預計與實際邊際貢獻:

	預計數	實際數
銷售量	5,600	5,500
銷售金額	$532,000	$517,000
變動成本	308,000	269,500
邊際貢獻	$224,000	$247,500

試作:計算銷售價格差異、銷售數量差異及變動成本差異。

解:

銷售價格差異 =(實際單位售價 − 預計單位售價)× 實際銷售量
　　　　　　　= ($94 − $95) × 5,500 = $5,500（不利）

銷售數量差異 =(實際銷售量 − 預計銷售量)× 預計單位銷貨毛利
　　　　　　　= (5,500 − 5,600) × ($95 − $55) = $4,000（不利）

變動成本差異 =(實際單位變動成本 − 預計單位變動成本)× 實際銷售量
　　　　　　　= ($49 − $55) × 5,500 = $(33,000)　有利

總計差異 = $(5,500) − $4,000 + $33,000 = $(23,500)　有利

B 15-3 單一產品的邊際貢獻分析

傳薪公司製造一種自動鐘，每一個鐘的預計售價是$98。在4月時，預計製造並銷售4,000個鐘，而變動成本總計為$200,000，固定成本預算數為$80,000。在此月中，公司實際製造並銷售3,900個鐘，零售價為每個$100，平均單位變動成本為$45，固定成本總額為$82,000。

試作：

1. 根據預算數及實際數計算邊際貢獻。
2. 決定邊際貢獻差異數。
   (1)銷售價格差異。
   (2)成本差異。
   (3)銷售數量差異。

解：

1. 邊際貢獻：

	預算數	實際數
銷售單位	4,000	3,900
銷售收入	$392,000	$390,000
變動成本	200,000	175,500
邊際貢獻	$192,000	$214,500

2. (1)銷售價格差異 = ($100 − $98) × 3,900 = $(7,800) 有利

   (2)成本差異 = ($45 − $50) × 3,900 = $(19,500) 有利

   (3)銷售數量差異 = (3,900 − 4,000) × ($98 − $50) = $4,800（不利）

   邊際貢獻差異：

銷售價格差異	$ 7,800	有利
成本差異	(19,500)	有利
銷售數量差異	(4,800)	(不利)
總　計	$22,500	有利

B 15-4　銷售價格差異和銷售數量差異

大林公司銷售單一產品，收入中心的經理比較7月份的實際數與預算數，而7月份的資料如下：

	實際數	預算數
銷貨數量	25,000	24,000
銷貨金額	$240,000	$240,000
預計變動成本		182,400

試作：

1. 計算銷售價格差異。
2. 計算銷售數量差異。
3. 簡單解釋何謂銷售組合差異。請注意本題並不要求計算。

解：

1. 銷售價格差異 = ($9.60 − $10.00) × 25,000 = $10,000（不利）
2. 銷售數量差異 = (25,000 − 24,000) × $2.40* = $(2,400) 有利

   *預計平均每單位邊際貢獻 = $\frac{\$240,000 - \$182,400}{24,000}$ = $2.4

3. 銷售組合差異是指銷售多種產品時，實際銷售數量比例與預計銷售數量比例的不同所致。

B 15-5　單一產品的銷貨毛利分析

下列資料是柯比公司單一產品的資料：

	預計數	實際數
銷售數量	5,000	6,000
銷售金額	$40,000	$45,000
銷貨成本	30,000	39,000
銷貨毛利	$10,000	$ 6,000

試作：計算下列銷貨毛利差異。

1. 銷售價格差異。
2. 成本差異。
3. 銷售數量差異。

解：

1. 銷售價格差異 = ($7.50 − $8.00) × 6,000 = $3,000（不利）
2. 成本差異 = ($6.50 − $6.00) × 6,000 = $3,000（不利）
3. 銷售數量差異 = ($8.00 − $6.00) × (6,000 − 5,000) = $(2,000) 有利

銷貨毛利差異彙總：

銷售價格差異	$(3,000)	（不利）
成本差異	3,000	（不利）
銷售數量差異	2,000	有利
總　計	$ 2,000	（不利）

B 15-6　多種產品的銷貨毛利分析

小林公司製造二種產品，甲產品及乙產品，實際及預計邊際貢獻表如下：

	預計數			
產　品	銷售數量	銷售金額	變動成本	邊際貢獻
甲	4,800	$144,000	$ 86,400	$57,600
乙	3,720	178,560	156,240	22,320
	8,520	$322,560	$242,640	$79,920

	實際數			
產　品	銷售數量	銷售金額	變動成本	邊際貢獻
甲	4,320	$139,968	$ 85,536	$54,432
乙	4,080	176,256	161,568	14,688
	8,400	$316,224	$247,104	$69,120

試作：計算下列各項差異。

1. 銷售價格差異。
2. 純粹銷售數量差異。
3. 銷售組合差異。
4. 成本差異。

解:

1. 銷售價格差異:

甲產品	(\$32.4 − \$30) × 4,320	\$ 10,368 有利
乙產品	(\$43.2 − \$48) × 4,080	(19,584)(不利)
		\$ (9,216)(不利)

2. 純粹銷售數量差異 = (8,400 − 8,520) × \$9.38*

　　= \$(1,126) (不利) (整數位四捨五入)

*預計每單位平均邊際貢獻 = $\frac{\$79,920}{8,520}$ = \$9.38

3. 銷售組合差異:

甲產品	(4,320 − 4,704) × (\$12 − \$9.38)	\$(1,006.08)(不利)
乙產品	(4,080 − 3,696) × (\$6 − \$9.38)	(1,297.95)(不利)
		\$(2,304.00)(不利)

4. 成本差異:

甲產品	4,320 × (\$19.8 − \$18)	\$ 7,776 (不利)
乙產品	4,080 × (\$39.6 − \$42)	(9,792) 有利
		\$(2,016) 有利

B 15-7　多種產品的銷貨毛利分析

青山公司製銷兩種產品，甲和乙，其90年之營運資料如下:

預算資料:

產品別	銷售量	銷售價格	單位成本	銷貨毛利
甲	80,000	$60	$30	$30
乙	60,000	$70	$36	$34
合　計	140,000			

實際資料:

產品別	銷售量	銷售價格	單位成本	銷貨毛利
甲	90,000	$58	$32	$26
乙	55,000	$72	$34	$38
合　計	145,000			

該產業90年產銷甲產品800,000瓶，乙產品600,000瓶，原本預計是甲產品720,000瓶，乙產品580,000瓶。

試作：青山公司甲、乙兩種產品之市場占有率差異及市場數量差異。

解:

市場占有率差異:

甲產品：800,000 × (0.1125 − 0.1111) × $30 = $33,600 有利

乙產品：600,000 × (0.0917 − 0.1034) × $34 = $(238,680)（不利）

市場數量差異:

甲產品：(800,000 − 720,000) × 0.1111 × $30 = $266,640 有利

乙產品：(600,000 − 580,000) × 0.1034 × $34 = $70,312 有利

B 15-8 多種產品的銷貨毛利分析

天下公司販賣甲、乙、丙三種巧克力，90年之預計與實際營運結果如下:

	每單位售價	每單位變動成本	銷售單位
甲——預算數	$ 40	$ 30	1,400
乙——預算數	20	14	200
丙——預算數	200	160	400
甲——實際數	36	24	1,650

乙——實際數	16	10	330
丙——實際數	160	140	220

天下公司係以下列資料為基礎編製90年度之預算：10%市場占有率；該行業之市場總銷售額20,000單位。惟在90年底經大山統計公司報導之資料顯示，該行業之實際總銷售額為110,000單位。

試作：天下公司之市場占有率差異及市場數量差異。

解：

預算平均單位邊際貢獻 = (1,400 × \$10 + 200 × \$6 + 400 × \$40) ÷ (1,400 + 400 + 200)
= \$15.6

實際市場占有率 = 2,200 ÷ 110,000 = 0.02

預計市場占有率 = 2,000 ÷ 20,000 = 0.1

市場數量差異 = (110,000 − 20,000) × 10% × \$15.6 = \$140,400　有利

市場占有率差異 = 110,000 × (0.02 − 0.1) × \$15.6 = \$(137,280)（不利）

B 15-9　營業費用的差異分析

臺北公司使用預算公式來估計銷管費用，公式中個別成本的固定及變動部分如下：

成本項目	每月固定成本	單位變動成本
薪　工	\$3,500	\$0.90
租　金	2,000	0.60
運　費	0	0.15
雜　費	500	0.05
	\$6,000	\$1.70

該公司預計本月銷售10,000單位，但實際銷售量為9,200單位，並發生下列銷管費用：

薪　工	$11,980
租　金	7,710
運　費	1,280
雜　費	930
	$21,900

試作：就上述各成本項目，計算支出及數量差異，並指出其為有利或不利差異。

解：

成本項目	(a) 實際數	(b) 預算數 9,200單位	(c) 預算數 10,000單位	(a)−(b) 支出差異	(b)−(c) 數量差異
薪　工	$11,980	$11,780	$12,500	$200（不利）	$ (720) 有利
租　金	7,710	7,520	8,000	190（不利）	(480) 有利
運　費	1,280	1,380	1,500	(100) 有利	(120) 有利
雜　費	930	960	1,000	(30) 有利	(40) 有利
總　計	$21,900	$21,640	$23,000	$260（不利）	$(1,360) 有利

B 15–10 邊際貢獻法下的差異分析

卡特公司的總裁剛查閱完該公司上季的損益表。她主要的注意力集中在預計及實際邊際貢獻之間的差異，該公司只銷售一種產品，其利潤的資料如下：

	預計數	實際數
銷售量	21,600	22,500
銷售金額	$220,320	$216,000
變動成本	129,600	139,500
邊際貢獻	$ 90,720	$ 76,500

試作：計算造成上季邊際貢獻差異的三種差異。

解:

銷售數量差異	(22,500 − 21,600) × $4.2	$ 3,780 有利
銷售價格差異	($9.6 − $10.20) × 22,500	(13,500)(不利)
成本差異	($6.20 − $6.00) × 22,500	4,500 (不利)
總　計		$(14,220)(不利)

B 15–11　原料組合差異及產出差異

大同公司將A及B兩種化學液體混合製造成一種混合物C，每投入2,500加侖的A及B可製造出2,000加侖的C。相關的標準成本資料如下：

原　料	標準投入量	標準單價	標準成本
A	1,750加侖	$2 / 每加侖	$3,500
B	750加侖	$6 / 每加侖	$4,500
	2,500加侖		$8,000

10月份，大同公司計投入60,000加侖的A及40,000加侖的B，產出72,000加侖的C。

試作：計算原料的組合差異及產出差異。

解:

組合差異:

A: (60,000 − 70,000) × $2 = $(20,000) 有利

B: (40,000 − 30,000) × $6 = $ 60,000 (不利)

$ 40,000 (不利)

產出差異:

A: (70,000 − 63,000) × $2 = $14,000 (不利)

B: (30,000 − 27,000) × $6 = $18,000 (不利)

$32,000 (不利)

B 15-12 人工組合差異及產出差異

續上題，大同公司同時亦雇用A及B兩種不同工資率的員工。每生產2,000加侖的C需投入的標準人工成本資料如下：

類　型	標準投入量	標準工資	標準成本
A	200小時	$20	$4,000
B	100小時	$10	$1,000
	300小時		$5,000

10月份，大同公司的A及B作業員分別投入9,000與6,000個人工小時。

試作：計算人工的組合差異與產出差異。

解：

組合差異：

A: (9,000 − 10,000) × $20 = $(20,000)　有利
B: (6,000 − 5,000) × $10 = $ 10,000（不利）
$(10,000)　有利

產出差異：

A: (10,000 − 7,200) × $20 = $56,000（不利）
B: (5,000 − 3,600) × $10 = $14,000（不利）
$70,000（不利）

二、進階題

A 15-1 多種產品的銷貨毛利分析

麥偉公司銷售二種產品，甲產品及乙產品，下列為10月份的資料：

	實際數		預算數	
	甲產品	乙產品	甲產品	乙產品
銷售單位	12,000	6,000	13,500	5,250
銷售金額	$21,600	$5,400	$22,680	$5,040
單位變動成本			$0.84	$0.36

試作:

1. 計算銷售價格差異。
2. 計算純粹銷售數量差異。
3. 計算10月份彈性預算表的總邊際貢獻。
4. 計算銷售組合差異。

解:

1. 銷售價格差異:

甲產品	($1.8 − $1.68) × 12,000	$1,440	有利
乙產品	($0.9 − $0.96) × 6,000	(360)	(不利)
合　計		$1,080	有利

2. 純粹銷售數量差異 =〔(12,000 + 6,000) − (13,500 + 5,250)〕× $0.7728*

= $(579.6) (不利)

*預計平均每單位邊際貢獻

$$= \frac{13{,}500 \times (\$1.68 - \$0.84) + 5{,}250 \times (\$0.96 - \$0.36)}{13{,}500 + 5{,}250} = \$0.7728$$

3. 彈性預算邊際貢獻:

甲產品	(12,000 × $0.84)	$10,080
乙產品	(6,000 × $0.6)	3,600
合　計		$13,680

4. (A)銷售組合差異 = ($0.76** − $0.7728) × 18,000 = $(230.4) (不利)

**彈性預算每單位平均邊際貢獻

$$=\frac{12{,}000\times(\$1.68-\$0.84)+6{,}000\times(\$0.96-\$0.36)}{12{,}000+6{,}000}=\$0.76$$

(B)

產品別	(1) 實際數 實際組合	(2) 實際數 預算組合	(1)−(2)	邊際貢獻差額	差　異
甲產品	12,000	12,960	(960)	$0.84−$0.7728	$ (64.512)
乙產品	6,000	5,040	960	$0.6−$0.7728	$(165.888)
					$(230.400)（不利）

可採用(A)式或(B)式，皆可得到相同的答案。

A 15-2 多種產品的銷貨毛利分析

韋佛兄弟公司有二種主要產品，而且在全臺灣有配銷網路。90年度的資料如下：

	甲產品	乙產品
產品銷售量	300,000	450,000
單位售價	$10.00	$12.00
單位銷貨成本	6.00	6.50

91年度資料如下：

	甲產品	乙產品
產品銷售量	180,000	570,000
單位售價	$11.00	$11.80
單位銷貨成本	6.20	6.00

試作：

1. 計算二年的銷貨毛利差異。
2. 計算下列二項差異。以91年度資料為實際數，90年度資料為預算數。
   (1)銷售價格差異。
   (2)成本差異。

解：

1. 二年的銷貨毛利差異：

	91年	90年	差 異
收 入			
甲產品	$1,980,000	$3,000,000	
乙產品	6,726,000	5,400,000	
	$8,706,000	$8,400,000	$306,000 有利
銷貨成本			
甲產品	$1,116,000	$1,800,000	
乙產品	3,420,000	2,925,000	
	$4,536,000	$4,725,000	(189,000) 有利
銷貨毛利	$4,170,000	$3,675,000	$495,000 有利

2. (1)銷售價格差異：

	實際銷售量	價格差異	差 異	
甲產品	180,000	$1.00	$ 180,000	有利
乙產品	570,000	(0.20)	(114,000)	(不利)
			$ 66,000	有利

(2)成本差異：

	實際銷售量	成本差異	差 異	
甲產品	180,000	$0.20	$ 36,000	(不利)
乙產品	570,000	(0.50)	(285,000)	有利
			$(249,000)	有利

A 15-3 多種產品的銷貨毛利分析

威氏公司製造並銷售二種電腦——標準型及攜帶型。公司90年度預計銷售資料如下：

	標準型	攜帶型
銷售數量	12,000	7,200
銷售金額	$14,400,000	$9,720,000

變動成本	8,640,000	6,026,400
邊際貢獻	$ 5,760,000	$3,693,600

而90年度實際銷貨結果如下：

	標準型	攜帶型
銷售數量	13,200	8,400
銷售金額	$15,246,000	$11,466,000
變動成本	9,900,000	7,182,000
邊際貢獻	$ 5,346,000	$ 4,284,000

試作：

1. 純粹銷售數量差異。
2. 銷售價格差異。
3. 銷售組合差異。
4. 成本差異。

解：

1. 純粹銷售數量差異：

標準型	(13,200 − 12,000) × $492.375*	$ 590,850	有利
攜帶型	(8,400 − 7,200) × $492.375	590,850	有利
		$1,181,700	有利

$*\frac{\$5,760,000 + \$3,693,600}{12,000 + 7,200} = \$492.375$

2. 銷售價格差異：

標準型	($1,155 − $1,200) × 13,200	$(594,000)	(不利)
攜帶型	($1,365 − $1,350) × 8,400	126,000	有利
		$(468,000)	(不利)

3. 銷售組合差異：

標準型	(13,200 − 13,500) × ($480 − $492.375)	$(3,712.5)	(不利)
攜帶型	(8,400 − 8,100) × ($513 − $492.375)	6,187.5	有利
		$ 2,475	有利

4. 成本差異：

標準型	($750 − $720) × 13,200	$396,000	(不利)
攜帶型	($855 − $837) × 8,400	151,200	(不利)
		$547,200	(不利)

A 15-4　多種產品的銷貨毛利分析

湖景船具公司銷售三種型式的船：動力船、釣魚船及划槳船。該公司經理目前正評估公司90年度公司財務績效，希望找出預計淨利未被達成的原因。對此，他又特別注意預計邊際貢獻未被達成的原因。下列是與營運相關的資料：

	預計數			
	銷售單位	銷售金額	變動成本	邊際貢獻
動力船	200	$3,600,000	$2,040,000	$1,560,000
釣魚船	500	3,000,000	2,250,000	750,000
划槳船	300	900,000	720,000	180,000

	實際數			
	銷售單位	銷售金額	變動成本	邊際貢獻
動力船	180	$3,294,000	$1,890,000	$1,404,000
釣魚船	530	3,021,000	2,385,000	636,000
划槳船	360	945,000	874,800	70,200

試作：計算下列各項差異。

1. 銷售價格差異。
2. 純粹銷售數量差異。

3. 銷售組合差異。

4. 成本差異。

解:

1. 銷售價格差異:

動力船	(\$18,300 − \$18,000) × 180	\$ 54,000	有利
釣魚船	(\$5,700 − \$6,000) × 530	(159,000)	(不利)
划槳船	(\$2,625 − \$3,000) × 360	(135,000)	(不利)
		\$(240,000)	(不利)

2. 純粹銷售數量差異:

動力船	(180 − 200) × \$2,490*	\$(49,800)	(不利)
釣魚船	(530 − 500) × \$2,490	74,700	有利
划槳船	(360 − 300) × \$2,490	149,400	有利
		\$174,300	有利

$$^{*}\frac{\$1,560,000 + \$750,000 + \$180,000}{1,000} = \$2,490$$

3. 銷售組合差異:

動力船	(180 − 214) × (\$7,800 − \$2,490)	\$(180,540)	(不利)
釣魚船	(530 − 535) × (\$1,500 − \$2,490)	4,950	有利
划槳船	(360 − 321) × (\$600 − \$2,490)	(73,710)	(不利)
		\$(249,300)	(不利)

4. 成本差異:

動力船	(\$10,500 − \$10,200) × 180	\$54,000	(不利)
釣魚船	(\$4,500 − \$4,500) × 530	0	−
划槳船	(\$2,430 − \$2,400) × 360	10,800	(不利)
		\$64,800	(不利)

A 15–5　銷售價格差異與銷售數量差異

三福服飾公司銷售一系列的女裝，該公司11月份的績效報告如下：

	實際數	預計數
服裝銷售數量	2,500	3,000
銷售金額	$117,500	$150,000
變動成本	72,500	90,000
邊際貢獻	$ 45,000	$ 60,000
固定成本	42,000	40,000
淨　利	$ 3,000	$ 20,000

該公司採用彈性預算來分析績效及衡量各種因素對預計及實際淨利的影響。

試作：計算11月份公司所產生的各種差異，同時應指出該差異為有利或不利。

1. 銷售價格差異。
2. 銷售數量差異。

解：

1. 銷售價格差異 $= (\frac{117,500}{2,500} - \frac{\$150,000}{3,000}) \times 2,500 = \$(7,500)$（不利）

2. 銷售數量差異 $= (2,500 - 3,000) \times \frac{\$60,000}{3,000} = \$(10,000)$（不利）

A 15–6　邊際貢獻法下的差異分析

大福公司製造二種產品——標準型及豪華型，有關91年度實際及預計邊際貢獻的績效表列示如下：

	標準型		豪華型	
	單位資料	產品數量	單位資料	產品數量
預計銷貨價格	$20	90,000	$25	30,000
預計變動成本	15	90,000	19	30,000

實際銷貨價格	18	100,000	23	25,000
實際變動成本	16	100,000	18	25,000

試作：

1. 計算91年度的邊際貢獻差異。
2. 計算所有影響實際與預計邊際貢獻的各項差異。

解：

1.

預計損益表

	標準型	豪華型	總　計
銷貨收入	$1,800,000	$750,000	$2,550,000
變動成本	(1,350,000)	(570,000)	(1,920,000)
邊際貢獻	$ 450,000	$180,000	$ 630,000

實際損益表

	標準型	豪華型	總　計
銷貨收入	$1,800,000	$575,000	$2,375,000
變動成本	(1,600,000)	(450,000)	(2,050,000)
邊際貢獻	$ 200,000	$125,000	$ 325,000

邊際貢獻差異 = $630,000 – $325,000 = $305,000（不利）

2.

	標準型	豪華型	合　計
銷售價格差異	($18 – $20) × 100,000 = $(200,000)（不利）	($23 – $25) × 25,000 = $(50,000)（不利）	$(250,000)（不利）
純粹銷售數量差異	(100,000 – 90,000) × $5.25* = $52,500 有利	(25,000 – 30,000) × $5.25 = $(26,250)（不利）	26,250 有利
成本差異	($16 – $15) × 100,000 = $100,000（不利）	($18 – $19) × 25,000 = $(25,000) 有利	(75,000)（不利）
銷售組合差異	(100,000–93,750)×($5–$5.25) = $(1,562.5)（不利）	(25,000–31,250)×($6–$5.25) =$(4,687.5)（不利）	(6,250)（不利）
總　計			$305,000（不利）

$$*\frac{(\$20-\$15)\times 90{,}000+(\$25-\$19)\times 30{,}000}{90{,}000+30{,}000}=\$5.25$$

A 15-7　邊際貢獻法下的差異分析

雅各公司製造三種等級的地毯，本年度預算的銷售量是依上年度地毯總銷售量而定。也就是說，以去年的市場占有率，再就公司本年度預計的變動作調整，乘以本年度總銷售量，以得出該公司預計銷售量。至於三種等級銷售量的比例，則是根據以往的銷售組合比例，再以公司下年度預計的改變而調整。以下即為公司91年度的預算及實際營運結果。

	預算數			
	第 1 級	第 2 級	第 3 級	總　計
銷售數量	1,500	3,000	1,500	6,000
銷售金額	$1,500	$4,500	$3,000	$9,000
變動成本	1,050	3,450	2,400	6,900
邊際貢獻	$ 450	$1,050	$ 600	$2,100
直接固定成本	300	450	300	1,050
產品邊際	$ 150	$ 600	$ 300	$1,050
銷管費用				350
營業淨利				$ 700

	實際數			
	第 1 級	第 2 級	第 3 級	總　計
銷售數量	1,200	3,150	1,500	5,850
銷售金額	$1,215	$4,500	$3,000	$8,715
變動成本	840	3,480	2,415	6,735
邊際貢獻	$ 375	$1,020	$ 585	$1,980
直接固定成本	315	475	330	1,120
產品邊際	$ 60	$ 545	$ 255	$ 860
銷管費用				415
營業淨利				$ 445

試作：

1. 計算各產品的銷售價格差異。

2. 計算純粹銷售數量差異。

3. 計算銷售組合差異。

解:

1. 銷售價格差異:

第 1 級	($1.0125 − $1.0000) × 1,200	$ 15	有利
第 2 級	($1.429 − $1.500) × 3,150	(224)	(不利)
第 3 級	($2.00 − $2.00) × 1,500	0	−
總　計		$(209)	(不利)

2. 純粹銷售數量差異 = (5,850 − 6,000) × $0.35* = $(52.5) (不利)

*預計平均每單位邊際貢獻 $= \frac{\$2,100}{6,000} = \$0.35$

3. (A)銷售組合差異 = ($0.353** − $0.350) × 5,850 = $17.6 有利

*彈性預算平均每單位邊際貢獻

$$= \frac{1,200 \times \$0.3 + 3,150 \times \$0.35 + 1,500 \times \$0.4}{1,200 + 3,150 + 1,500} = \$0.353$$

(B)

產品別	(1) 實際數實際組合	(2) 實際數預算組合	(1)−(2)	邊際貢獻差距	差　額	
第 1 級	1,200	1,462.5	(262.5)	(0.30−0.35)	$13.125	有利
第 2 級	3,150	2,925	225	(0.35−0.35)	0	−
第 3 級	1,500	1,462.5	37.5	(0.40−0.35)	1.875	有利
總　計					$15	有利

可採用(A)式或(B)式。

A 15-8 差異分析

晶晶公司製造400加侖產品之標準原料成本如下:

原　料	A	B	C
加　侖	80	240	180
單位成本	$80	$30	$40
合　計	$6,400	$7,200	$7,200

10月份該公司生產子產品32,000加侖，實際原料用量及成本如下：

原　料	A	B	C
加　侖	6,200	20,560	14,840
成　本	$508,400	$575,680	$608,440

試作：計算10月份原料之價格差異、組合差異及產出差異。

解：

實量 × 實組 × 實價

價格差異：

實量 × 實組 × 標價

A: 6,200 × $80 = $496,000

B: 20,560 × $30 = 616,800

C: 14,840 × $40 = 593,600

組合差異：

實量 × 標組 × 標價

$41,600 × 20,800 ÷ 500 =

產出差異：

標量 × 標組 × 標價

$32,000 × 20,800 ÷ 400 =

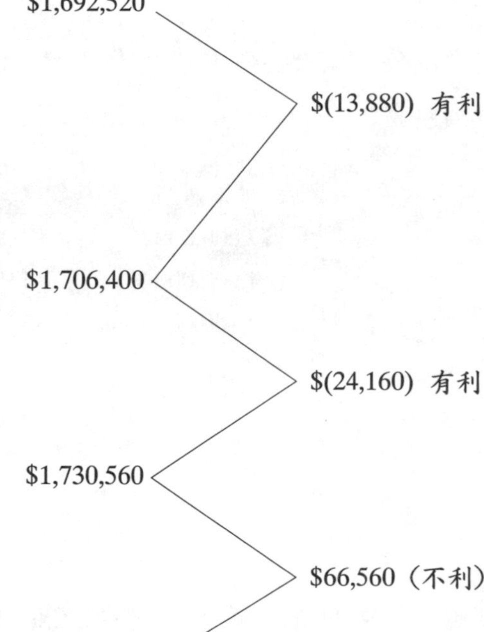

A 15-9 各項差異的綜合分析

小畢公司製造並銷售二種產品，甲產品和乙產品。此廠商91年度營運是採用標準成本制度來控制成本。

甲產品		
直接原料	5磅 × $1 / 磅	$ 5
直接人工	4小時 × $8 / 小時	32
變動製造費用	4小時 × $3 / 小時	12
合　計		$49

乙產品		
直接原料	6磅 × $1.2 / 磅	$ 7.2
直接人工	5小時 × $8 / 小時	40
變動製造費用	5小時 × $3 / 小時	15
合　計		$62.2

在91年度中，公司預計製造甲產品100,000單位，乙產品80,000單位，以下是預計損益表：

	甲產品	乙產品	總　計
銷售金額	$7,000,000	$8,000,000	$15,000,000
變動成本	4,900,000	4,976,000	9,876,000
邊際貢獻	$2,100,000	$3,024,000	$ 5,124,000
固定成本：			
製造費用			2,524,000
銷售費用			800,000
管理費用			600,000
淨　利			$ 1,200,000

由91年度實際計得的資料如下，其中製造並銷售甲產品105,000單位，乙產品76,000單位。

甲產品	
直接原料購買及使用	530,000磅 × $1.1 / 磅
直接人工	425,000小時 × $8.2 / 小時

變動製造費用　　$1,310,400

乙產品

直接原料購買及使用	460,000磅 × $1.25 / 磅
直接人工	395,200小時 × $8.2 / 小時
變動製造費用	$1,106,560

實際損益表如下:

	甲產品	乙產品	總　計
銷售金額	$7,140,000	$7,600,000	$14,740,000
變動成本	5,378,400	4,922,200	10,300,600
邊際貢獻	$1,761,600	$2,677,800	$ 4,439,400
固定成本:			
製造費用			2,546,000
銷售費用			820,000
管理費用			632,000
淨　利			$ 441,400

試作: 計算下列差異來解釋廠商預計及實際淨利的差異。

1. 銷售價格差異。
2. 純粹銷售數量差異。
3. 銷售組合差異。
4. 直接原料差異。
5. 直接人工差異。
6. 變動製造費用差異。
7. 固定成本差異。
8. 各項差異彙總。

解:

1. 銷售價格差異:

甲產品: ($68 − $70) × 105,000 = $(210,000)（不利）

乙產品：($100 – $100) × 76,000 = 0

2. 純粹銷售數量差異：

甲產品：(105,000 – 100,000) × $28.47* = $142,350 有利

乙產品：(76,000 – 80,000) × $28.47 = $(113,880)（不利）

*平均邊際貢獻

$$= \frac{(\$70 - \$49) \times 100{,}000 + (\$100 - \$62.2) \times 80{,}000}{100{,}000 + 80{,}000} = \$28.47$$

3. 銷售組合差異：

甲產品：(105,000 – 100,555) × ($21 – $28.47) = $(33,204.15)（不利）

乙產品：(76,000 – 80,445) × ($37.8 – $28.47) = $(41,471.85)（不利）

4. 直接原料差異：

甲產品：

AQ × AP = 530,000 × $1.10 = $583,000	
	$53,000（不利）價格差異
AQ × SP = 530,000 × $1.00 = $530,000	
	5,000（不利）數量差異
SQ × SP = 525,000 × $1.00 = $525,000	
合　計	$58,000（不利）

乙產品：

AQ × AP = 460,000 × $1.25 = $575,000	
	$23,000（不利）價格差異
AQ × SP = 460,000 × $1.20 = $552,000	
	4,800（不利）數量差異
SQ × SP = 456,000 × $1.20 = $547,200	
合　計	$27,800（不利）

5. 直接人工差異：

甲產品：

AH × AR = 425,000 × $8.2 = $3,485,000	
	$ 85,000（不利）價格差異
AH × SR = 425,000 × $8.0 = $3,400,000	
	40,000（不利）數量差異
SH × SR = 420,000 × $8.0 = $3,360,000	
合　計	$125,000（不利）

乙產品：

AH × AR = 395,200 × $8.2 = $3,240,640	$ 79,040（不利）	價格差異
AH × SR = 395,200 × $8.0 = $3,161,600	121,600（不利）	數量差異
SH × SR = 380,000 × $8.0 = $3,040,000		
合　計	$200,640（不利）	

6. 變動製造費用差異：

甲產品：

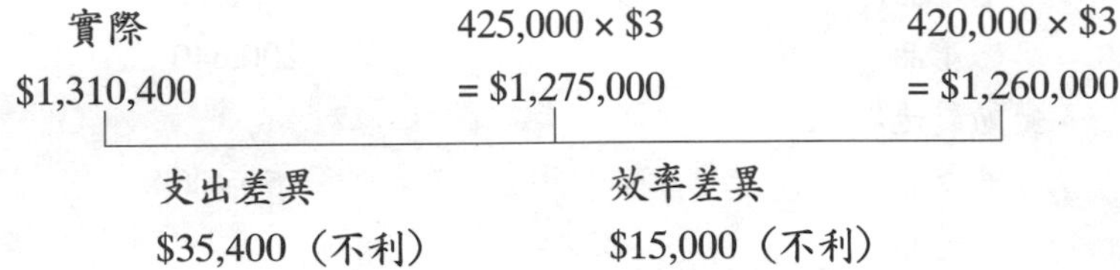

支出差異	效率差異
$35,400（不利）	$15,000（不利）

乙產品：

實際	395,200 × $3	380,000 × $3
$1,106,560	= $1,185,600	= $1,140,000

支出差異	效率差異
$(79,040)有利	$45,600（不利）

7. 固定成本差異：

製　造	$2,546,000 − $2,524,000 =	$22,000（不利）
銷　售	$820,000 − $800,000 =	20,000（不利）
管　理	$632,000 − $600,000 =	32,000（不利）
		$74,000（不利）

各項差異彙總：

邊際貢獻差異	有　利	不　利
銷售價格：		
甲產品		$210,000
乙產品	$　　0	0
銷售數量：		

甲產品	142,350	
乙產品		113,880
銷售組合:		
甲產品		33,204.15
乙產品		41,471.85
直接原料:		
甲產品		58,000
乙產品		27,800
直接人工:		
甲產品		125,000
乙產品		200,640
變動製造:		
甲產品		50,400
乙產品	33,440	
固定成本:		
製　造		22,000
銷　售		20,000
管　理		32,000
總　計	$175,790	$934,396

$(758,606)（不利）

參、自我評量

15.1　銷貨毛利分析

中興公司產銷三種電子產品：(1)普及型：適用於小型辦公室或家庭；(2)手提型：為普及型的改良，能夠置於手提箱內；(3)超級型：較普及型具有更大的記憶及能量；商業市場為其銷售目標。該公司某年度的相關資料列示如下：

預算資料

	超級型		手提型		普及型		合計	
銷售數量	10,000		7,000		5,500		22,500	
	單價	金額	單價	金額	單價	金額	單價	金額
銷貨收入	$25	$250,000	$18	$126,000	$15	$82,500	$20.4	$458,500
銷貨成本	15	150,000	13	91,000	11	60,500	13.4	301,500
銷貨毛利	$10	$100,000	$ 5	$ 35,000	$ 4	$22,000	$ 7.0	$157,000

實際資料

	超級型		手提型		普及型		合計	
銷售數量	12,000		8,000		6,000		26,000	
	單價	金額	單價	金額	單價	金額	單價	金額
銷貨收入	$23	$276,000	$16	$128,000	$18	$108,000	$19.7	$512,000
銷貨成本	17	204,000	8	64,000	8	48,000	12.2	316,000
銷貨毛利	$ 6	$ 72,000	$ 8	$ 64,000	$10	$ 60,000	$ 7.5	$196,000

請求出該公司的銷售價格差異、成本差異、銷售數量差異。

解：(1)銷售價格差異：

產品別	實際銷售數量	單價差	差異	
超級型	12,000	($23 – $25) = $(2)	$(24,000)	(不利)
手提型	8,000	($16 – $18) = $(2)	(16,000)	(不利)
普及型	6,000	($18 – $15) = $3	18,000	有利
			$(22,000)	(不利)

(2)成本差異：

產品別	實際銷售數量	單價差	差異	
超級型	12,000	($17 – $15) = $2	$ 24,000	(不利)
手提型	8,000	($8 – $13) = $(5)	(40,000)	有利
普及型	6,000	($8 – $11) = $(3)	(18,000)	有利
			$(34,000)	有利

(3)銷售數量差異：

產品別	（實際銷售數量－預算銷售數量）	預算銷貨毛利	差　異	
超級型	(12,000 − 10,000) = 2,000	$10	$20,000	有利
手提型	(8,000 − 7,000) = 1,000	5	5,000	有利
普及型	(6,000 − 5,500) = 500	4	2,000	有利
			$27,000	有利

15.2 營業費用的差異分析

1. 營業費用又稱之為非製造費用，包括行銷費用及管理費用。管理費用由於很難決定其投入與產出之關係，故最難加以控制，其基本上係屬任意性成本的類型。

解：○

2. 支出差異包括固定營業費用及變動營業費用，而只有固定營業費用才有數量差異。

解：×

詳解：只有變動營業費用才有數量差異。

15.3 邊際貢獻法下的差異分析

1. 邊際貢獻式損益表的表達方式，是將變動製造成本自銷貨收入中減除，以求得毛額邊際貢獻，不像傳統的損益表乃把銷貨收入減去所有製造成本而求得毛利。

解：○

2. 邊際貢獻法將成本分為變動和固定兩大類，有助於管理者對長、短期決策所需資訊的提供。

解：○

15.4 生產差異

1. 直接原料組合差異是由於產品原料的組成項目之比例發生變動所產生，當產品的組成項目具有彈性空間，且管理人員有權加以替換來獲取更有利的結果時，則可能會產生此差異。

解：○

2. 直接原料產生差異是衡量由於實際投入量不同於在實際產出標準投入與產出比例所應有的標準投入量時，對成本所造成的影響。

解：○

第16章

分權化與責任會計

壹、作業解答

一、選擇題

1. 有關分權化的優點，下列何者為真?

   A. 可使資訊專業化。

   B. 即時反應當時所發生的情況。

   C. 節省高階管理當局的時間。

   D. 以上皆真。

解：D

2. 某部門必須對其收入與成本負責者，稱之為：

   A. 成本中心。

   B. 收入中心。

   C. 利潤中心。

   D. 投資中心。

解：C

3. 下列有關利潤中心的敘述，何者為非?

   A. 利潤中心可以區分為自然的利潤中心與人為的利潤中心。

   B. 工廠內的服務部門如果向生產部門依服務項目收取費用，則為自然的利潤中心。

   C. 內部轉撥計價部門可以視為是人為的利潤中心。

   D. 可以自行採購、生產與銷售的分支機構，可以視為是自然的利潤中心。

解：B

4.除了何者外，其他都是責任中心的型態？

A.生產中心。

B.成本中心。

C.投資中心。

D.利潤中心。

解：A

5.當決定如何將組織分至各個責任中心時，經理人員應考慮所有要素，除了何者以外？

A.單位大小。

B.特殊知識。

C.產品特性。

D.預算。

解：D

6.如果績效報告只列出下面何者，不算是完整的報告？

A.實際數與預算數。

B.實際數。

C.實際數與差異。

D.差異。

解：B

7.對製造商來說，主要的責任中心屬於：

A.投資中心。

B.利潤中心。

C.成本中心。

D.收入中心。

解：C

二、問答題

1. 何謂分權化的經營?

解: 企業組織的分權化是指規劃與控制營運的責任授權給單位主管，在授權範圍內單位主管不需要徵求上級管理階層的同意即可作決策。

2. 簡述分權化的優點。

解: 分權化的優點如下:

(1)資訊專業化。

(2)即時反應。

(3)節省高階管理當局的時間。

(4)訓練及評估部門經理。

(5)激勵部門經理。

3. 分權化的成本為何?

解: 分權化的成本如下:

(1)反功能決策。

(2)作業重複。

4. 比較集權式與分權式的經營方式。

解: 集權式的經營方式是指最高階層的主管一個人全權控制組織內的所有事項，全部決策由一人決定。相對的，分權式的經營方式則表示組織內的主管分層負責，每位主管有一定的權責。

5. 說明責任中心的意義。

解: 責任中心是指由某一經理人員負責的範圍，為具有既定目標的企業組織單位。責任中心可大可小，階層亦有高有低，所以責任中心可為一個單位，亦可為公司整體。

6. 試舉例說明成本中心。

解：成本中心是指單位主管只對其單位的成本負責，所包括的例子如製造業的生產部門，醫院的清潔部門。

7.何謂反功能決策？

解：所謂反功能決策，係指在分權化的組織內，部門經理可能作出對自己單位有利，而對公司整體不利的決策。

8.敘述責任會計的意義。

解：所謂責任會計(Responsibility Accounting)是一個由責任中心主管負責計算、報告成本與收入的制度，每一個責任中心主管只負責其所能控制的成本與收入。

9.簡單說明責任會計的特質。

解：責任會計制度有三項重要特質如下：

(1)差異(Variance)：指實際績效與預期績效間的差距，是責任會計中最基本的特質。

(2)績效報告(Performance Reports)：每個責任中心的績效都是彙總在績效報告中。

(3)彈性預算：在編製績效報告時（特別是成本中心）常使用彈性預算而非靜態預算。

10.試述編製績效報告應特別注意的事項。

解：編製績效報告時應特別注意的事項如下：

(1)報導項目的選擇。

(2)績效報告間的關聯性。

貳、習 題

一、基礎題

B 16-1 責任中心

就以下各組織單位，指出其最適合於何種責任中心型態。

1. 連鎖性電影院組織的各家電影院。
2. 保險公司的訴訟部門。
3. 航空公司的售票部門。
4. 汽水製造公司的裝瓶廠。
5. 國立大學的工學院。
6. 國際汽車製造公司的歐洲區分公司，負責該地區汽車的生產與銷售。
7. 以利潤為目的的醫院中，診療病人的門診部門。
8. 臺北市市政府的市長辦公室。

解:

項　目	成本中心	收入中心	利潤中心	投資中心
1.	✓		✓	
2.	✓			
3.		✓		
4.	✓			
5.	✓			
6.				✓
7.			✓	
8.	✓			

B 16-2 責任中心

將下列各個個案歸為成本中心、投資中心、利潤中心或收入中心。

1. 飲料公司的行銷部門。
2. 大百貨公司的仕女服裝部門，該部門主管負責決定應購買哪些服飾和進價，並決定商品的售價。
3. 電子產品製造公司的裝配部門。
4. 一家大型製造商所投資的購貨中心。
5. 醫院的警衛部門。
6. 百貨公司內的小吃部門。

解:

項　目	成本中心	收入中心	利潤中心	投資中心
1.		✓		
2.			✓	
3.	✓			
4.				✓
5.	✓			
6.			✓	✓

B 16-3 責任中心

請就下列各種情況，指出其最適合的責任中心型態。

1. 連鎖咖啡店的各分店。
2. 電腦製造商之會計部門。
3. 百貨公司中之化妝品專櫃。
4. 航空公司售票部門。
5. IBM公司的北美分公司，負責該地區電腦的生產及銷售。
6. 某大學對外招生的推廣部，有單獨的教學大樓，自聘教師且自行招生與自訂學費。

解:

項　目	成本中心	收入中心	利潤中心	投資中心
1.			✓	
2.	✓			
3.			✓	
4.		✓		
5.			✓	
6.				✓

B 16-4　績效報告的編製

道奇公司預計3月份的製造費用如下:

固定成本:	
房　租	$16,000
稅　金	3,400
保險費	3,000
間接人工	8,000
變動成本 (每單位):	
間接原料	$1.20
間接人工	0.8
電　費	0.24

在3月份共生產了 100,000 單位，實際製造費用如下:

房　租	$ 16,000
稅　金	3,600
保險費	2,850
間接人工	86,995
間接原料	123,406
電　費	27,265

試作: 編製道奇公司3月份之製造費用績效報告。

解：

道奇公司
製造費用績效報告
3月份

	實際數	預算數	差　異
間接原料	$123,406	$120,000	$ 3,406 U
間接人工	86,995	88,000	(1,005) F
房　租	16,000	16,000	0
稅　金	3,600	3,400	200 U
保險費	2,850	3,000	(150) F
電　費	27,265	24,000	3,265 U
合　計	$260,116	$254,400	$ 5,716 U

U=不利差異
F=有利差異

B 16-5 績效報告的編製

嬌生公司90年11月份的預計製造費用金額如下：

固定成本：	
房　租	$40,000
財產稅	12,000
保險費	6,000
間接人工	20,000
變動成本（每單位）：	
間接原料	$4
間接人工	2
水電費	1

嬌生公司在11月份共生產100,000單位，實際製造費用如下：

房　租	$ 40,000
財產稅	10,000
保險費	5,600
間接人工	200,000
間接原料	360,000

水電費　130,000

試作：編製嬌生公司90年11月份之製造費用績效報告。

解：

嬌生公司
製造費用績效報告
11月份

	實際數	預算數	差　異	
間接原料	$360,000	$400,000*	$(40,000)	F
間接人工	200,000	220,000**	(20,000)	F
房　租	40,000	40,000	0	
財產稅	10,000	12,000	(2,000)	F
保險費	5,600	6,000	(400)	F
水電費	130,000	100,000***	30,000	U
合　計	$745,600	$778,000	$(32,400)	F

F代表有利差異；U代表不利差異
*400,000 = 4 × 100,000
**220,000 = 20,000 + 2 × 100,000
***100,000 = 1 × 100,000

B 16-6　責任會計

王剛華是汽車公司的總裁，他想將責任會計制度應用到公司的兩個營運部門——零件服務部、汽車銷售部。他認為零件服務部門是成本中心，而汽車銷售部門是利潤中心，藉著這兩個責任中心來彙總會計資料。
試作：若公司依王剛華的意見執行，你認為是否合適？你有何改善建議？

解：

零件服務部的主管可決定顧客維修汽車的價格，且可決定零件的進價與工人維修時間，可說是控制收入和成本兩方面。因此，建議採用利潤中心，較能評估零件服務部門的績效。
至於汽車銷售部的主管是負責推銷汽車，只對收入方面有所控制，對成本方面沒有影響力。因此，建議採用收入中心，對該部門的評估較合適。

B 16–7 利潤中心

新玉公司實施責任會計制度，該公司A部門90年度4月份之有關資料如下：

變動成本：	
銷貨成本	$40,000
銷管費用	6,200
固定成本：	
部門經理可控制部分	$ 4,400
部門經理不可控制部分	3,200
邊際貢獻	9,200

試作：計算A部門經理可控制之利潤。

解：

部門銷貨收入		$55,400
減：部門變動成本		
銷貨成本	$40,000	
銷管費用	6,200	46,200
部門邊際貢獻		$ 9,200
減：部門經理可控制之固定成本		4,400
部門經理可控制之利潤		$ 4,800

B 16–8 責任中心的行為面

在下列情況下，如果公司實施責任會計制度，則與當機有關的成本，應由誰負責？

1. 甲部門製造一種零件，而此零件係提供乙部門生產使用。甲部門用來製造該零件的機器最近當機了，因此乙部門被迫縮減生產，並且因閒置時間造成高額成本。一項調查指出甲部門的機器並未妥善維護，所以有當機的情況產生。

2. 其他狀況如上所述，但假設調查指出甲部門已對機器作妥善的維護。

解:

對各情況中，適當的責任會計制度的實施，其責任歸屬如下:

1. 由於乙部門因閒置產能所造成之高成本，是因甲部門未妥善維護機器所致，閒置產能所增加的高成本應由甲部門負擔。
2. 如果甲部門已對機器作妥善的維護，則不適合將閒置產能的高成本追溯由甲部門負擔。此成本應視為在連續分步生產環境中的正常營運成本，乙部門的經理應瞭解此類正常機器會當機，並且適當排定生產排程來處理此類事項。

二、進階題

A 16-1 責任中心

針對下列各種情況，指出他們可能是成本中心、收入中心、利潤中心，還是投資中心。試敘述任何所需設立的假設，以便對每種情況作適當分類。

1. 百貨公司的運動用品部門，該部門採購者決定應購入何種商品與購買價格，且決定其售價。
2. 一間便利商店，店裏所賣的商品及其價格是由總公司經營管理處來決定的，該店的店長只是依總公司決策來執行。
3. 家具製造廠的清潔部門。
4. 合江公司擁有的數家速食連鎖性餐廳，合江公司的總公司同時擁有其他幾家連鎖餐廳及一家書店。
5. 飲料製造商的行銷部門。
6. 百貨公司的禮物包裝部門，執行公司的政策，凡單項產品購滿$600的顧客，皆可享有免費包裝禮品的服務。
7. 多元投資公司的所屬事業百貨公司。

8. 汽車製造商的裝配部門。
9. 汽車販售商的零件維修部門，其主管可自行決定成本與訂價。
10. 製造商的某一部門負責生產和銷售某一產品線的產品。

解：

項　目	成本中心	收入中心	利潤中心	投資中心
1.			✓	
2.	✓			
3.	✓			
4.				✓（假設合江公司的主管有權作投資決策）
5.		✓		
6.	✓			
7.			✓	✓（視百貨公司總經理的權責而定）
8.	✓			
9.			✓	
10.			✓	

A 16-2　彈性預算與績效報告

清水公司採用以標準直接人工小時為基礎的彈性預算，其製造費用項目如下：

	變動成本（每標準直接人工小時）	固定成本（一年）
間接人工	$0.50	$3,600
物　料	0.15	4,500
水電費	0.25	8,100

在這年中，公司預計使用8,700個標準直接人工小時，然而，實際工作了9,100個直接人工小時，且實際製造費用如下：

間接人工	$ 8,000

物　料	5,790
水電費	10,315

試作：

1. 依8,000、9,000及10,000個標準直接人工小時來編製彈性預算。
2. 根據公司這年營運結果，編製彈性預算績效報告。

解：

1.

清水公司
彈性預算——製造費用

	每直接人工小時	彈性預算範圍		
直接人工小時		8,000	9,000	10,000
變動成本：				
間接人工	$0.50	$ 4,000	$ 4,500	$ 5,000
供應品	0.15	1,200	1,350	1,500
水電費	0.25	2,000	2,250	2,500
總變動成本	$0.90	$ 7,200	$ 8,100	$ 9,000
固定成本：				
間接人工		$ 3,600	$ 3,600	$ 3,600
供應品		4,500	4,500	4,500
水電費		8,100	8,100	8,100
總固定成本		$16,200	$16,200	$16,200
總製造費用成本		$23,400	$24,300	$25,200

2.

清水公司
彈性預算績效報告

	預算數	實際數	差　異
直接人工小時	9,100	9,100	0
間接人工			
$0.50(9,100) + $3,600	$ 8,150	$ 8,000	$150 有利
供應品			
$0.15(9,100) + $4,500	5,865	5,790	75 有利

水電費			
$0.25(9,100) + $8,100	10,375	10,315	60 有利
總　和	$24,390	$24,105	$285 有利

A 16-3 彈性預算和績效報告

在5月份，森普公司製造產品 9,600 單位，而5月份實際的製造費用如下：

間接原料	$ 1,340
間接人工	3,952
資產折舊	7,500
資產稅金	1,500
資產保險費	1,398
水電費	2,284
總製造費用	$17,974

森普公司的彈性預算制度如下：

間接原料 = $0.5 / DLH×預計DLH
間接人工 = $3,600 / 月+($0.15 / DLH × 預計DLH)
資產折舊 = $7,500 / 月
資產稅金 = $1,500 / 月
資產保險費 = $1,450 / 月
水電費 = $1.2 / DLH × 預計DLH
DLH：直接人工小時

森普公司預計每單位產品生產時間為0.2直接人工小時。

試作：編製5月份的製造費用績效報告，報告上需包括實際數、預算數及其差異。

解：

預計直接人工小時 = 9,600 × 0.2 = 1,920 DLH

間接原料 = $0.5 / DLH × 1,920 DLH = $960

間接人工 = $3,600 + ($0.15 / DLH × 1,920 DLH) = $3,888

水電費 = \$1.2 / DLH × 1,920 DLH = \$2,304

森普公司
製造費用績效報告
5月份

	實際數	預算數	差　異
間接原料	$ 1,340	$ 960	$380（不利）
間接人工	3,952	3,888	64（不利）
資產折舊	7,500	7,500	0
資產稅金	1,500	1,500	0
資產保險費	1,398	1,450	(52) 有利
水電費	2,284	2,304	(20) 有利
總製造費用	$17,974	$17,602	$372（不利）

A 16-4　彈性預算和績效報告

若將A16-3的產量由9,600單位，改為10,000單位，其餘資料不變，試作森普公司的製造費用績效報告。

解:

預計直接人工小時 = 10,000 × 0.2 = 2,000 DLH

間接原料 = \$0.5 / DLH × 2,000 DLH = \$1,000

間接人工 = \$3,600 + (\$0.15 / DLH × 2,000 DLH) = \$3,900

水電費 = \$1.2 / DLH × 2,000 DLH = \$2,400

森普公司
製造費用績效報告
5月份

	實際數	預算數	差　異
間接原料	$ 1,340	$ 1,000	$ 340（不利）
間接人工	3,952	3,900	52（不利）
資產折舊	7,500	7,500	0
資產稅金	1,500	1,500	0
資產保險費	1,398	1,450	(52) 有利
水電費	2,284	2,400	(116) 有利
總製造費用	$17,974	$17,750	$ 224（不利）

A 16-5 彈性預算績效報告

昇揚公司編製90年12月31日的固定預算績效報告如下：（F表示有利；U表示不利）

	預算數	實際數	差　異
生產數量	42,000	44,400	2,400 F
製造成本：			
直接原料	$273,000	$296,148	$23,148 U
直接人工	346,500	364,524	18,024 U
間接製造費用：			
變動成本：			
間接人工	$ 68,040	$ 75,036	$ 6,996 U
物　料	23,940	22,200	1,740 F
修理費	13,860	15,984	2,124 U
總變動費用	$105,840	$113,220	$ 7,380 U
固定成本：			
保　險	$ 4,800	$ 5,040	$ 240 U
房　租	14,400	14,400	0
折　舊	12,000	12,000	0
管理者薪資	25,200	25,800	600 U
總固定費用	$ 56,400	$ 57,240	$ 840 U
總製造費用	$162,240	$170,460	$ 8,220 U
總製造成本	$781,740	$831,132	$49,392 U

試作：編製彈性預算績效報告。

解：

昇揚公司
彈性預算績效報告
90年12月31日止

	變動成本率	預算數	實際數	差　異
生產數量		44,400	44,400	0
直接原料	$ 6.50	$288,600	$296,148	$7,548 U
直接人工	8.25	366,300	364,524	1,776 F

總直接成本	$14.75	$654,900	$660,672	$5,772 U
製造費用：				
變動成本：				
間接人工	$ 1.62	$ 71,928	$ 75,036	$3,108 U
物　料	0.57	25,308	22,200	3,108 F
修理費	0.33	14,652	15,984	1,332 U
總變動費用	$ 2.52	$111,888	$113,220	$1,332 U
固定成本：				
保　險		$ 4,800	$ 5,040	240 U
房　租		14,400	14,400	0
折　舊		12,000	12,000	0
管理者薪資		25,200	25,800	600 U
總固定費用		$ 56,400	$ 57,240	$ 840 U
總製造成本		$823,188	$831,132	$7,944 U

A 16-6 責任中心

大勝公司實施責任會計，90年10月份甲部門之有關資料如下：

變動成本：	
銷貨成本	$200,000
銷管費用	31,000
固定成本：	
甲部門經理可控制部分	$ 22,000
甲部門經理不可控制部分	16,000
邊際貢獻	46,000

試作：

1. 該部門之銷貨收入。
2. 該部門經理可控制之利潤。

解：

1. 銷貨收入 = 邊際貢獻 + 變動成本

= $46,000 + ($200,000 + $31,000)

= $277,000

2. 可控制之利潤 = $46,000 − $22,000 = $24,000

A 16-7 編製績效報告

中天公司採行責任中心制,該公司甲部門90年度6月份的有關資料列示如下,其製造費用係以正常產能4,000單位的約當產量為分攤基礎。

	預 算	實 際	差 異
變動成本:			
直接材料	$ 80,000	$ 92,400	$12,400
直接人工	40,000	40,280	280
製造費用	8,000	8,692	692
固定成本:			
製造部門直接成本	$ 4,000	$ 4,240	$ 240
分攤服務部門成本	8,000	8,904	904
	$140,000	$154,516	$14,516

6月初無在製品存貨,當月份開始投入生產的4,400單位中,迄6月底止,已完成3,600單位,另800單位仍在製造中,此項在製品之直接材料部分已完工75%,直接人工及製造費用則已完工80%。直接材料價格較預算數高出5%;直接人工則按預算時數每小時$5的工資率支付。

試作:為管理當局編製一份績效報告,俾能歸屬成本變動之責任。

解:

中天公司
績效報告
6月份

	彈性預算	實際成本	差 異
變動成本:			
直接材料	$ 84,000*	$ 92,400	$(8,400) U
直接人工	42,400**	40,280	2,120 F
製造費用	8,480***	8,692	(212) U
固定成本:			
製造部門直接成本	$ 4,000	$ 4,240	$ (240) U

分攤服務部門成本	8,000	8,904	(904) U
	$146,880	$154,516	$(7,636) U

F代表有利差異；U代表不利差異

*$80,000 ÷ 4,000 × 4,200 = $84,000

**$40,000 ÷ 4,000 × 4,240 = $42,400

***$8,000 ÷ 4,000 × 4,240 = $8,480

A 16–8　編製績效報告

玉山公司產銷A、B、C三種產品，市場包括國內國外兩部分，民國90年1月份之損益資料如下：

銷貨收入		$325,000
銷貨成本		252,500
銷貨毛利		$ 72,500
推銷費用	$26,250	
管理費用	18,000	44,250
淨　利		$ 28,250

有關三種產品及兩個市場之詳細資料如下：

	產品		
	A	B	C
內　銷	$100,000	$ 75,000	$ 75,000
外　銷	25,000	25,000	25,000
合　計	$125,000	$100,000	$100,000
變動製造成本（占銷貨百分比）	60%	70%	60%
變動推銷費用（占銷貨百分比）	3%	2%	2%

A產品是由甲廠所生產，該廠每月固定成本（已包括在銷貨成本中）為$12,000，B及C產品則由乙廠同一部機器所生產，該廠（只有一部機器）每月固定成本為$35,500（亦包括在銷貨成本中）。固定推銷費用屬於A、B、C三產品之共同費用，不過可按外銷及內銷分，外銷為$9,500，內銷為$9,000，所有管理費用均為固定費用，$6,250屬於外銷，$8,750屬於內銷。

試作:

1. 設該公司外銷及內銷分由兩個經理負責,請編製各該經理之績效報告。
2. 該公司設三個經理分別負責A、B、C三種產品之產銷,請編製各該經理之績效報告。

解:

1.

玉山公司
績效報告——按內銷及外銷區分
90年1月份

	內　銷	外　銷
銷貨收入	$250,000	$75,000
變動製造成本	157,500	47,500
製造邊際	$ 92,500	$27,500
變動推銷費用	6,000	1,750
邊際貢獻	$ 86,500	$25,750
可控制固定成本:		
固定推銷費用	$ 9,000	$ 9,500
固定管理費用	8,750	6,250
	$ 17,750	$15,750
部門經理貢獻	$ 68,750	$10,000

2.

玉山公司
績效報告——按產品別區分
90年1月份

	A產品	B產品	C產品
銷貨收入	$125,000	$100,000	$100,000
變動製造成本	75,000	70,000	60,000
製造邊際	$ 50,000	$ 30,000	$ 40,000
變動推銷費用	3,750	2,000	2,000
邊際貢獻	$ 46,250	$ 28,000	$ 38,000
可控制固定成本:			
固定製造成本	$ 12,000	–	–
部門經理貢獻	$ 34,250	$ 28,000	$ 38,000

參、自我評量

16.1　分權化

1. 分權化的優點:
   A. 即時反應。
   B. 資訊專業化。
   C. 訓練及評估部門經理。
   D. 以上皆是。

解: D

2. 大發公司將企業劃分為行銷、製造、財務及人事等部門，問其屬於何種組織結構?
   A. 功能別組織結構。
   B. 地區別組織結構。
   C. 產品別組織結構。
   D. 以上皆非。

解: A

16.2　責任中心

1. 下列何者非企業組織常用的責任中心?
   A. 成本中心。
   B. 利潤中心。
   C. 收入中心。
   D. 預算中心。

解: D

詳解: 常見的責任中心: 成本中心、利潤中心、收入中心、投資中心。

2. 除了負責利潤中心主管所有的責任外，還要對營運資金運用及實體資產投資負責者，為：

A. 成本中心。

B. 收入中心。

C. 利潤中心。

D. 投資中心。

解：D

16.3 責任會計

1. 下列何者非責任會計的特質？

A. 使用靜態預算。

B. 績效報告。

C. 實際績效與預期績效間的差異。

D. 使用彈性預算。

解：A

詳解：責任會計的特質：使用彈性預算、績效報告、實際績效與預期績效間的差異。

2. 績效報告應考慮管理當局的層級而提供合適的報告，愈下層的愈簡要，愈上層的愈詳細。

解：×

詳解：提供給愈上層的資料要愈簡要，愈下層的則要愈詳細。

16.4 責任會計的行為面

1. 下列何者非實施責任會計制度的重點？

A. 正確性。

B. 激勵性。

C. 資訊性。

D. 控制性。

解：A

2. 一個良好的責任會計制度可提供明確的資訊來告訴管理者，組織內每個人、每件事或每個單位的績效是處於良好狀態或較差狀態。

解：○

第17章

成本中心的控制與服務部門成本分攤

壹、作業解答

一、選擇題

1. 下列何者不是服務部門成本分攤的目的?

A. 決定產品或勞務的單位成本。

B. 決定產品訂價。

C. 使經理人員有成本意識。

D. 節省公司服務部門的成本。

解: D

2. 在執行服務部門成本分攤時，常會遭遇到一些問題，下列何者除外?

A. 應如何選擇合適的分攤基礎?

B. 成本應在服務部門間分攤嗎?

C. 固定成本與變動成本應一起分攤或分開分攤?

D. 應如何處理服務部門間之相互服務?

解: C

3. 當公司有超過三個服務中心時，可以用電腦來計算較複雜方程式之分攤方法是:

A. 直接分攤法。

B. 逐步分攤法。

C. 相互分攤法。

D. 變動比率法。

解：C

4.逐步分攤法：

A.忽略所有部門間的服務，並且分攤每個服務部門成本只到生產部門。

B.要先決定服務成本中心被分攤的先後順序。

C.需確認所有服務成本中心間之活動。

D.是最好的分攤方法。

解：B

5.服務部門成本分攤方法中，最簡單的是：

A.直接分攤法。

B.逐步分攤法。

C.相互分攤法。

D.百分比例法。

解：A

二、問答題

1.何謂成本分攤?

解：所謂成本分攤(Cost Allocation)是將成本庫中的成本分派到成本標的之過程。

2.說明成本分攤的目的。

解：成本分攤的目的如下：

(1)取得合理的價格。

(2)成本意識。

3.試述成本分攤的要領。

解：下列為成本分攤的要領：

(1)選擇適當的分攤基礎。

(2)分攤預算或實際成本。

(3)根據成本習性分攤。

4. 舉例說明如何選擇適當的分攤基礎。

解：分攤基礎的選擇，應該能合理的反映出其他部門與該服務部門二者之間活動的因果關係。例如，員工餐廳成本的分攤基礎採用各部門的員工人數。

5. 簡單說明以預算數來分攤成本之優點。

解：以預算數來分攤成本的優點如下：

(1)讓使用部門的經理人員考慮到使用服務的價格。

(2)避免評估標準超過使用單位的控制能力。

6. 簡單比較服務部門成本分攤之直接分攤法、逐步分攤法及相互分攤法，各方法的特色。

解：(1)直接分攤法：最為簡單，因其忽略部門之間互相提供服務的部分，只是把全部服務成本直接分攤到生產部門。

(2)逐步分攤法：考慮了部分組織內部間相互的服務，必須先決定服務成本中心被分攤的先後順序。

(3)相互分攤法：計算最複雜的一種分攤方法，因為此法考慮到組織內所有服務部門間的相互服務。

7. 將成本分攤到責任中心的三個階段為何？

解：將成本分攤到責任中心的三個階段如下：

(1)將成本分攤到責任中心。

(2)服務部門成本分攤。

(3)成本分派。

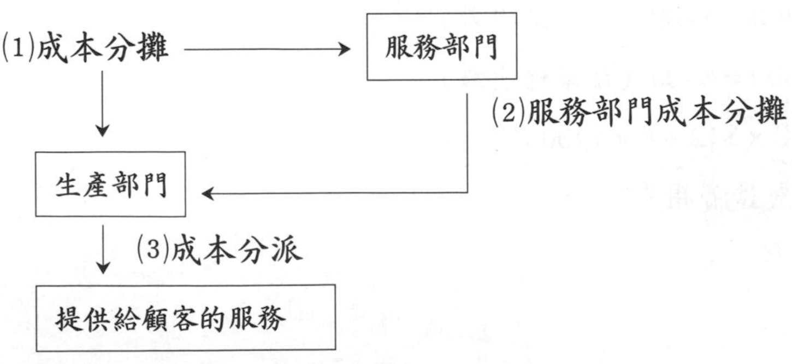

貳、習　題

一、基礎題

B 17-1　作業基礎成本法

中山公司相關資料如下:

與製造費用耗用相關之基礎	預計製造費用	各項基礎預計使用量
直接人工小時	$200,000	40,000小時
機器小時	240,000	20,000小時
開工次數	160,000	400次
維修次數	160,000	400次

假設編號410之分批成本單，原採用直接人工小時為基礎分攤製造費用，現改採用作業基礎成本制，資料如下:

直接人工小時	392小時
直接機器小時	60小時
開工次數	6次

試作：採作業基礎成本制度應分攤之製造費用為何?

解:

$200,000 ÷ 40,000 = $5（每直接人工小時）

$240,000 ÷ 20,000 = $12（每機器小時）

$160,000 ÷ 400 = $400（每開工次數）

$160,000 ÷ 400 = $400（每維修次數）

392 × $5 + 60 × $12 + 6 × $400 = $5,080

故應分攤之製造費用為$5,080

B 17–2 直接分攤法

大同有甲及乙兩個生產部門、A及B兩個服務部門，部門間服務提供的有關資料列示如下：

	A	B
甲	60%	30%
乙	40%	50%
A	–	20%
B	–	–

A及B部門在90年度的預算分別為$50,000與$40,000，實際費用分別為$48,000與$42,000。

試作：用直接分攤法分攤服務部門成本。

解：

	A	B	甲	乙
預　算	$ 50,000	$ 40,000		
A	(50,000)		$30,000	$20,000
B		(40,000)	15,000	25,000
合　計	$ 0	$ 0	$45,000	$45,000

B 17–3 直接分攤法

青山公司有兩個生產部門及兩個服務部門，有關資料列示如下：

	服務部門		生產部門	
	子	丑	甲	乙
員工人數		50人	150人	100人
所占空間（坪）	100坪		400坪	200坪
預計成本（分攤前）	$24,000	$8,000		
實際成本（分攤前）	21,752	7,452		

試作：用直接分攤法來分攤服務部門成本。

解:

$$甲 = (\frac{150}{250}) \times \$24{,}000 + (\frac{400}{600}) \times \$8{,}000 = \$19{,}733$$

$$乙 = (\frac{100}{250}) \times \$24{,}000 + (\frac{200}{600}) \times \$8{,}000 = \$12{,}267$$

B 17-4 成本分攤

西屯公司運輸部門負責運送甲、 乙兩工廠之產品，預計每年甲廠生產120,000件， 乙廠生產80,000件。運輸部門預計明年成本為$540,000（固定成本$450,000，變動成本每件$0.45)。下年度甲廠預計生產110,000件，乙廠預計生產60,000件。

試作:

1. 計算下年度各工廠的運輸成本。
2. 計算下年度各工廠之運輸成本分攤率。

解:

1. 甲 廠 $\$450{,}000 \times \frac{120}{200} + \$0.45 \times 110{,}000 =$ $319,500

   乙 廠 $\$450{,}000 \times \frac{80}{200} + \$0.45 \times 60{,}000 =$ 207,000

   $526,500

2. 甲 廠 $\frac{\$319{,}500}{110{,}000} = \$2.90$（每件）

   乙 廠 $\frac{\$207{,}000}{60{,}000} = \$3.45$（每件）

B 17-5 成本分攤

中山公司估計成本資料列示於下:

	製造部門	裝配部門
製造費用	$400,000	$200,000

機器小時	100,000	80,000
直接人工小時	25,000	50,000

此公司使用預計製造費用分攤率。製造部門以機器小時作為成本分攤基礎，裝配部門以直接人工小時作為成本分攤基礎。

試作：

1. 計算製造部門及裝配部門之預計製造費用分攤率。
2. 假設公司採單一預計製造費用分攤率，以機器小時為分攤基礎。

解：

1. 製造部門　$\frac{\$400,000}{100,000} = \$4$（每機器小時）

　裝配部門　$\frac{\$200,000}{50,000} = \$4$（每直接人工小時）

2. $\frac{\$400,000 + \$200,000}{100,000 + 80,000} = \$3.33$

B 17-6　成本分攤

聯合會計師事務所之電腦中心提供服務支援查帳部門及稅務部門。每個月查帳部門預計使用2,000電腦小時，稅務部門預計使用3,000電腦小時。電腦中心每月的預算成本包含固定成本$7,000及變動成本$3,000。固定成本依每月預計使用電腦時數來分攤，變動成本則依預計變動成本率乘上使用時數而定。

試作：

1. 分攤電腦中心預算成本至查帳及稅務兩部門。
2. 假設稅務部門決定在夏季中每個月減少使用電腦中心500電腦小時，請重新計算電腦中心成本分攤情形。
3. 假如在問題2下使用單一分攤基礎，將發生什麼情形？

解:

$\frac{2,000}{5,000}=\frac{2}{5}$, $\frac{3,000}{5,000}=\frac{3}{5}$

$\frac{\$3,000}{5,000}=\$0.6$ (每電腦小時)

1. 查帳部門 $= \$7,000 \times \frac{2}{5} + \$0.6 \times 2,000 = \$4,000$
   稅務部門 $= \$7,000 \times \frac{3}{5} + \$0.6 \times 3,000 = \$6,000$
   合計 $10,000

2. 查帳部門 $= \$7,000 \times \frac{2}{5} + \$0.6 \times 2,000 = \$4,000$
   稅務部門 $= \$7,000 \times \frac{3}{5} + \$0.6 \times 2,500 = \$5,700$
   合計 $9,700

3. 假設採用單一分攤率 $\$2\ (=\frac{\$7,000+\$3,000}{2,000+3,000})$ 則成本分配情形如下:

   查帳部門 = $\$2 \times 2,000 = \$4,000$

   稅務部門 = $\$2 \times 2,500 = \$5,000$

   此時稅務部門的固定成本會較問題2少分攤 $700。

B 17–7 服務部門成本分攤

大山公司設有兩個生產部門及兩個服務部門，有關資料列示於下:

	行政管理	保　養	製　造	裝　配
所發生的成本	$80,000	$60,000	$150,000	$200,000
員工人數	10	20	30	50
機器小時			15,000	5,000

行政管理部門成本以員工人數作為分攤基礎，保養部門成本以機器小時作為分攤基礎。

試作:

1. 將服務部門成本分攤至生產部門，採直接分攤法。
2. 將服務部門成本分攤至生產部門，採逐步分攤法。

解：

1. 直接分攤法：

製造部門：

$\$80{,}000 \times \frac{30}{80} = \$30{,}000$

$\$60{,}000 \times \frac{15}{20} = \$45{,}000$

→ $75,000

裝配部門：

$\$80{,}000 \times \frac{50}{80} = \$50{,}000$

$\$60{,}000 \times \frac{5}{20} = \$15{,}000$

→ $65,000

2. 逐步分攤法：

	服務部門		生產部門	
	行政管理	保　養	製　造	裝　配
應分攤成本	$80,000	$60,000		
行政管理部門成本分攤		16,000	$24,000	$40,000
保養部門成本分攤		$76,000	57,000	19,000
合　計			$81,000	$59,000

B 17–8　服務部門成本分攤

文華公司有兩個生產部門即製造及完工；兩個服務部門為設計及維修。

	設計部門	維修部門
設計部門	–	20%
維修部門	–	–
製造部門	60%	30%
完工部門	40%	50%

兩服務部門之成本預算：

設計部門	$400,000
維修部門	160,000

試作:

1. 以直接分攤法分攤服務部門成本。
2. 以逐步分攤法分攤服務部門成本。

解:

1. 直接分攤法:

製造部門:

$\$400,000 \times \frac{3}{5} = \$240,000$

$\$160,000 \times \frac{3}{8} = \$60,000$

→ $300,000

完工部門:

$\$400,000 \times \frac{2}{5} = \$160,000$

$\$160,000 \times \frac{5}{8} = \$100,000$

→ $260,000

2. 逐步分攤法:

	服務部門		生產部門	
	維修部門	設計部門	製造部門	完工部門
應分攤成本	$160,000	$400,000		
維修部門的成本分攤		32,000 $(\frac{2}{10})$	$ 48,000 $(\frac{3}{10})$	$ 80,000 $(\frac{5}{10})$
設計部門的成本分攤		$432,000	259,200 $(\frac{3}{5})$	172,800 $(\frac{2}{5})$
合　計			$307,200	$252,800

B 17-9　相互分攤法

A服務部門所提供的服務中，B服務部門占20%，C生產部門占30%，D生產部門占50%；B服務部門所提供的服務中，A服務部門占30%，C生產部門占40%，D生產部門占30%。已知A與B服務部門的部門費用各為$40,000及$80,000，則在相互分攤法下，A服務部門分攤給C生產部門的費用為多少？

解：

$$\begin{cases} A = \$40,000 + 0.3B \\ B = \$80,000 + 0.2A \end{cases}$$

$\Rightarrow A = \$64,000 + 0.06A$

$\Rightarrow A = \$68,085$

則A服務部門分攤給C生產部門的費用為 $\$68,085 \times 30\% = \$20,425.5$

B 17-10　相互分攤法

利市工廠90年度12月份有關製造費用的資料如下：

部門別	直接部門費用	甲服務部的貢獻比率	乙服務部的貢獻比率
A生產部	$400,000	40%	50%
B生產部	300,000	40%	40%
甲服務部	197,570	–	10%
乙服務部	121,500	20%	–

試作：在相互分攤法下，A生產部12月份經分攤後的製造費用總額為多少？

解：

$$\begin{cases} 甲 = \$197,570 + 0.1乙 \\ 乙 = \$121,500 + 0.2甲 \end{cases}$$

⇒甲 = $209,720 + 0.02甲

⇒甲 = $214,000

⇒乙 = $164,300

所以A生產部12月份經分攤後的製造費用總額為:

直接部門費用	$400,000
甲服務部分攤之費用	85,600
乙服務部分攤之費用	82,150
	$567,750

二、進階題

A 17-1 成本分攤

仁愛公司各個部門之電力由動力部門提供其相關資料列示於下:

動力部門: 預計成本$165,000($145,000為固定成本)

實際成本$175,000($150,000為固定成本)

	服務部門		生產部門		小 計
(千瓦數)	設 計	維 修	製 造	裝 配	
預計用量	10,000	40,000	170,000	100,000	320,000
實際用量	12,000	34,000	150,000	84,000	280,000
尖峰需求量	20,000	60,000	200,000	120,000	400,000

固定和變動成本係個別計算成本分攤率,固定成本是依尖峰需求量為分攤基礎,變動成本則以用量乘上分攤率。

試作:

1. 於期初依照預計數來計算各部門應分攤的動力部門成本。
2. 於期末依照實際數來計算各部門應分攤的動力部門成本。

解：

1. 變動成本分攤率 $= \dfrac{(\$165{,}000 - \$145{,}000)}{320{,}000} = \$0.0625$

尖峰需求量：

設　計	20,000	5%
維　修	60,000	15%
製　造	200,000	50%
裝　配	120,000	30%
	400,000	100%

成本分攤：

	設　計	維　修	製　造	裝　配	小　計
變動成本					
用量 × $0.0625	$ 625	$ 2,500	$10,625	$ 6,250	$ 20,000
固定成本					
尖峰比例 × $145,000	7,250	21,750	72,500	43,500	145,000
合　計	$7,875	$24,250	$83,125	$49,750	$165,000

2. 變動成本分攤率 $= \dfrac{\$175{,}000 - \$150{,}000}{280{,}000} = \$0.0893$

成本分攤：

	設　計	維　修	製　造	裝　配	小　計
變動成本					
用量 × $0.0893	$1,071	$ 3,035	$13,394	$ 7,500	$ 25,000
固定成本					
尖峰比例 × $150,000	7,500	22,500	75,000	45,000	150,000
合　計	$8,571	$25,535	$88,394	$52,500	$175,000

A 17-2　成本分攤

龍安公司生產運動器材，設有甲、乙、丙三個製造部門。經理決定使用估計的分攤率，將製造費用分配至各種產品中。預計之製造費用為甲部門$170,000，乙部門$180,000，丙部門$100,000。甲、乙兩部門預計各使用2,500直接人工小時，丙部門預計使用4,000直接人工小時。

其中三種產品使用三部門之直接人工小時情形如下：

	直接人工小時		
	甲部門	乙部門	丙部門
網球拍	500	200	300
羽球拍	400	500	100
桌球拍	100	300	600

試作：

1. 計算整廠單一製造費用分攤率，三種產品應各分攤之製造費用為何？
2. 依部門分別計算製造費用分攤率，並列示三種產品的成本分配情形。
3. 以上兩分攤率請選擇其一，並說明你的理由。

解：

1. $\frac{\$450{,}000}{9{,}000} = \$50$（每直接人工小時）

   各產品需要1,000直接人工小時，製造費用應分攤$50,000 (= $50 × 1,000)。

2. 甲部門 $\frac{\$170{,}000}{2{,}500} = \$68$

   乙部門 $\frac{\$180{,}000}{2{,}500} = \$72$

   丙部門 $\frac{\$100{,}000}{4{,}000} = \$25$

   成本分配：

   網球拍 $\$68 \times 500 + \$72 \times 200 + \$25 \times 300 = \$55{,}900$

   羽球拍 $\$68 \times 400 + \$72 \times 500 + \$25 \times 100 = \$65{,}700$

   桌球拍 $\$68 \times 100 + \$72 \times 300 + \$25 \times 600 = \$43{,}400$

3. 選擇以部門為製造費用的分攤基礎，因為產品需要三個製造部門的所需直接人工小時數不同。

A 17–3　服務部門成本分攤

大銘公司設有三個服務部門和二個營業部門。五個部門的資料分別列示於下：

	服務部門			營業部門		總　計
	甲	乙	丙	I	II	
製造費用	$42,000	$33,900	$18,000	$128,050	$249,300	$471,250
員工人數	80	60	240	600	300	1,280
使用空間（坪）	3,000	12,000	10,000	20,000	70,000	115,000
機器小時	–	–	–	10,000	30,000	40,000

公司使用逐步分攤法分攤服務部門的成本，其分攤的先後順序及分攤基礎如下：(1)甲——員工人數，(2)乙——使用空間，(3)丙——機器小時。服務部門的成本並未區分為固定和變動成本。

試作：分攤服務部門的成本，採逐步分攤法。

解：

	服務部門			營業部門	
	甲	乙	丙	I	II
製造費用	$ 42,000	$ 33,900	$ 18,000	$128,050	$249,300
成本分攤：					
甲部門	(42,000)	2,100	8,400	21,000	10,500
		$ 36,000			
乙部門		(36,000)	3,600	7,200	25,200
			$ 30,000		
丙部門			(30,000)	7,500	22,500
合　計	$　0	$　0	$　0	$163,750	$307,500

甲部門成本分攤比例			乙部門成本分攤比例			丙部門成本分攤比例		
乙	60	5%	丙	10,000	$\frac{1}{10}$	I	10,000	$\frac{1}{4}$
丙	240	20%	I	20,000	$\frac{2}{10}$	II	30,000	$\frac{3}{4}$
I	600	50%	II	70,000	$\frac{7}{10}$		40,000	$\frac{4}{4}$
II	300	25%		100,000	$\frac{10}{10}$			
	1,200	100%						

A 17-4 服務部門成本分攤

永吉公司生產兩主要產品香水和香精，甲部門生產香水，乙部門生產香精，並且設有兩個服務部門即員工餐廳及清潔部門。各部門使用服務部門情形如下：

	員工餐廳	清　潔	甲	乙	合　計
員工餐廳	0	30	70	100	200
清潔部門	20	0	40	40	100

員工餐廳成本$100,000，清潔部門成本$200,000。

試作：

1. 分攤服務部門成本，採逐步分攤法，先分攤員工餐廳費用。
2. 分攤服務部門成本，採逐步分攤法，先分攤清潔部門費用。

解：

1.

	服務部門		生產部門	
	員工餐廳	清潔部門	甲	乙
應分攤成本	$100,000	$ 200,000		
分攤員工餐廳費用	(100,000)	15,000 $(\frac{30}{200})$	$ 35,000 $(\frac{70}{200})$	$ 50,000 $(\frac{100}{200})$

分攤清潔部門費用		$(215,000)	107,500 $(\frac{40}{80})$	107,500 $(\frac{40}{80})$
			$142,500	$157,500

2.

應分攤成本	$ 100,000	$200,000		
分攤清潔部門費用	40,000 $(\frac{20}{100})$	(200,000)	$ 80,000 $(\frac{40}{100})$	$ 80,000 $(\frac{40}{100})$
分攤員工餐廳費用	$(140,000)		57,647 $(\frac{70}{170})$	82,353 $(\frac{100}{170})$
			$137,647	$162,353

A 17–5 服務部門成本分攤

歷大公司各部門年度之預算編列於下：

清潔部門	$ 15,000
人事部門	1,500
行政部門	39,135
員工餐廳	2,460
倉儲部門	4,005
製造部門	52,050
裝配部門	73,350
總　計	$187,500

經理決定將服務部門成本分攤至生產部門後，再依部門分別計算製造費用分攤率。分攤基礎之資料列示於下：

	直接人工小　時	員工人數	使用空間	總人工時數	需求量
清潔部門	–	–	–	–	–
人事部門	–	–	2,000	–	–
行政部門	–	35	7,000	–	–
員工餐廳	–	10	4,000	1,000	–
倉儲部門	–	5	7,000	1,000	–

製造部門	5,000	50	30,000	8,000	3,000
裝配部門	15,000	100	50,000	17,000	1,500
	20,000	200	100,000	27,000	4,500

試作:

1. 以逐步法分攤服務成本，計算製造及裝配兩部門之製造費用分攤率。（製造費用以直接人工小時作為分攤基礎）
2. 改採直接法求製造及裝配兩部門的製造費用分攤率。
3. 計算單一製造費用分攤率，以直接人工小時作為基礎。
4. 現有兩訂單，請以1、2、3之分攤率分別計算兩訂單之製造費用。

	製　造	裝　配
訂單#1	20	3
#2	2	17

（直接人工小時使用量）

解:

1.

	清　潔	人　事	行　政	員工餐廳	倉　儲	製　造	裝　配
部門成本	$ 15,000	$1,500	$ 39,135	$ 2,460	$ 4,005	$52,050	$ 73,350
清潔部門	(15,000)	300	1,050	600	1,050	4,500	7,500
		$1,800					
人事部門		(1,800)	315	90	45	450	900
			$ 40,500				
行政部門			(40,500)	1,500	1,500	12,000	25,500
				$ 4,650			
員工餐廳				(4,650)	150	1,500	3,000
					$ 6,750		
倉儲部門					(6,750)	4,500	2,250
小　計						$75,000	$112,500
直接人工小時						÷ 5,000	÷ 15,000
製造費用分攤率						$ 15.00	$ 7.50

2.

	製造		裝配	
部門成本		$52,050		$73,350
清潔部門	$15,000 × $\frac{30}{80}$ =	5,625	$15,000 × $\frac{50}{80}$ =	9,375
人事部門	$1,500 × $\frac{50}{150}$ =	500	$1,500 × $\frac{100}{150}$ =	1,000
行政部門	$39,135 × $\frac{8}{25}$ =	12,523	$39,135 × $\frac{17}{25}$ =	26,612
員工餐廳	$2,460 × $\frac{50}{150}$ =	820	$2,460 × $\frac{100}{150}$ =	1,640
倉儲部門	$4,005 × $\frac{3,000}{4,500}$ =	2,670	$4,005 × $\frac{1,500}{4,500}$ =	1,335
小　計		$74,188		$113,312
直接人工小時		5,000		15,000
製造費用分攤率		$14.8376		$7.5541

3. $\frac{\$187,500}{20,000}$ = $9.375（每直接人工小時）

4. 逐步法#1：$15 × 20 + $7.5 × 3 = $322.5
#2：$15 × 2 + $7.5 × 17 = $157.5
→ $480

直接法#1：$14.8376 × 20 + $7.5541 × 3 = $319.4143
#2：$14.8376 × 2 + $7.5541 × 17 = $158.0949
→ $477.5092

單一分攤率#1：$9.375 × 23 = $215.625
#2：$9.375 × 19 = $178.125
→ $393.75

A 17-6　服務部門成本分攤

永春公司設有三個服務部門和兩個生產部門，各相關資料列示於下：

	服務部門			生產部門	
	甲	乙	丙	丁	戊
所發生的成本	$67,000	$57,000	$36,000	$50,000	$90,000
使用空間（坪）	15,000	10,000	4,000	20,000	46,000
員工人數	30	20	40	480	280

機器小時	–	–	–	8,000	12,000

服務部門成本中無固定及變動成本之區分，成本分攤基礎依各個部門而不同，所採用的分攤基礎，甲部門為使用空間，乙部門為員工人數，丙部門為機器小時。

試作：

1. 請以直接法分攤服務成本。
2. 請以逐步法分攤服務成本，分攤的優先順序為甲部門、乙部門、丙部門。

解：

1.

服務部門	生產部門 丁	生產部門 戊
甲	$\$67,000 \times \frac{20}{66} = \$20,303$	$\$67,000 \times \frac{46}{66} = \$46,697$
乙	$\$57,000 \times \frac{480}{760} = \$36,000$	$\$57,000 \times \frac{280}{760} = \$21,000$
丙	$\$36,000 \times \frac{8}{20} = \$14,400$	$\$36,000 \times \frac{12}{20} = \$21,600$
合　計	$70,703	$89,297

2.

	服務部門			生產部門	
	甲	乙	丙	丁	戊
應分攤成本	$67,000	$57,000	$36,000		
分攤甲部門成本	(67,000)	8,375 $(\frac{10}{80})$	3,350 $(\frac{4}{80})$	$16,750 $(\frac{20}{80})$	$38,525 $(\frac{46}{80})$
	0	$65,375			
分攤乙部門成本		(65,375)	3,269 $(\frac{40}{800})$	39,225 $(\frac{480}{800})$	22,881 $(\frac{280}{800})$
		0	$42,619		
分攤丙部門成本			(42,619)	17,048 $(\frac{8}{20})$	25,571 $(\frac{12}{20})$
合　計			$　0	$73,023	$86,977

A 17–7　服務部門成本分攤法

鶴昇公司設有兩生產部門：製造部門、裝配部門；兩個服務部門：人事部門、行政部門。

人事部門成本$5,800，行政部門成本$8,700，這些成本將分攤至生產部門。人事費用以員工人數作為分攤基礎，行政費用以使用空間作為分攤基礎。

	人 事	行 政	製 造	裝 配
員工人數	3	15	30	30
使用空間（坪）	6,000	8,000	24,000	6,000

試作：

1. 請以直接法分攤服務成本。
2. 請以逐步法分攤服務成本，先分攤行政部門成本。
3. 請以相互分攤法分攤服務成本。

解：

1. 製造部門

$$\$5,800 \times \frac{30}{60} = \$2,900$$

$$\$8,700 \times \frac{24}{30} = \underline{6,960}$$

$$\underline{\underline{\$9,860}}$$

裝配部門

$$\$5,800 \times \frac{30}{60} = \$2,900$$

$$\$8,700 \times \frac{6}{30} = \underline{1,740}$$

$$\underline{\underline{\$4,640}}$$

2.

	行 政	人 事	製 造	裝 配
應分攤成本	$ 8,700	$ 5,800		
分攤行政費用	(8,700)	1,450	$5,800	$1,450
	0	$ 7,250		
分攤人事費用		(7,250)	3,625	3,625
		0	$9,425	$5,075

3. 人事部門(P) = $\$5,800 + \frac{6}{36} \times J$，行政部門(J) = $\$8,700 + \frac{15}{75} \times P$

製造部門(M) = $\frac{24}{36} \times J + \frac{30}{75} \times P$，裝配部門(F) = $\frac{6}{36} \times J + \frac{30}{75} \times P$

人事部門 = $7,500；行政部門 = $10,200；製造部門 = $9,800；裝配部門 = $4,700。

參、自我評量

17.1 成本分攤

1. 指組織內任何一個成本可以分別衡量的單位或作業，如責任中心、產品或勞務等，稱為：
   A. 成本分攤。
   B. 成本標的。
   C. 成本庫。
   D. 直接成本。

解：B

2. 成本分攤的目的：
   A. 方便會計人員處理。
   B. 快速性。
   C. 取得合理的價格。

D. 便於溝通協調。

解：C

詳解：成本分攤的目的為取得合理的價格、成本意識。

17.2　成本分攤的要領

1. 下列何者非成本分攤的要領？

A. 分攤預算或實際成本。

B. 追求快速性。

C. 選擇適當的分攤基礎。

D. 根據成本習性分攤。

解：B

詳解：成本分攤的要領為分攤預算或實際成本、選擇適當的分攤基礎、根據成本習性分攤。

2. 人事部門的分攤基礎何者為佳？

A. 員工人數。

B. 人工小時。

C. 原料處理時數。

D. 所占用的面積。

解：A

17.3　服務部門成本分攤的方法

1. 長田公司是一個電子零組件製造商，公司有三個服務中心與兩個生產部門，未來一年的預算資料如下：

	坪　數	員　工	製造費用
服務中心：			
清潔部門	180	50	$300,000
人事部門	350	30	120,000
行政管理部門	1,350	25	360,000
生產部門：			

製　造	2,500	60	320,000
裝　配	5,000	180	500,000

清潔部門成本是以坪數為分攤基礎；而人事與行政管理部門成本則以員工數為分攤基礎。至於製造部門成本以機器小時來計算製造費用率；裝配部門則使用直接人工小時為分攤基礎。製造部門之預算機器小時數為50,000小時；裝配部門之直接人工小時數為150,000小時。請以直接分攤法來分攤服務成本。

解：製造部門所占坪數為2,500坪，而裝配部門占5,000坪，共有7,500坪之分攤基礎，關於清潔部門成本分攤至製造及裝配部門比例如下：

製　造	2,500坪	$\frac{1}{3}\times\$300{,}000=\$100{,}000$
裝　配	5,000坪	$\frac{2}{3}\times\$300{,}000=\$200{,}000$
總　和	7,500坪	$300,000

對於人事部門及行政管理部門之成本分攤亦採相同方式，其資料彙總如下：

製　造	60名員工	25% × $120,000 = $ 30,000
裝　配	180名員工	75% × $120,000 = $ 90,000
總　和	240名員工	$120,000
製　造	60名員工	25% × $360,000 = $ 90,000
裝　配	180名員工	75% × $360,000 = $270,000
總　和	240名員工	$360,000

服務中心成本分攤之結果與生產部門製造費用率之重要計算如下：

	清　潔	人　事	管　理	製　造	裝　配
成　本	$ 300,000	$ 120,000	$ 360,000	$320,000	$ 500,000
清　潔	(300,000)			100,000	200,000
人　事		(120,000)		30,000	90,000
管　理			(360,000)	90,000	270,000

	$ 0	$ 0	$ 0	$540,000	$1,060,000
機器小時				50,000	
每機器小時之製造費用率				$10.8	
直接人工小時					150,000
每直接人工小時之製造費用率					$7.07

2. 下列何者非服務部門成本分攤的方法?

A. 直接分攤法。

B. 間接分攤法。

C. 逐步分攤法。

D. 相互分攤法。

解：B

詳解： 服務部門成本分攤的方法為直接分攤法、逐步分攤法、相互分攤法。

第18章

轉撥計價與投資中心

壹、作業解答

一、選擇題

1. 移轉價格對於下列何者以外，都是很重要的?

A. 影響單位績效評估。

B. 影響單位利潤。

C. 可直接增加公司的利潤。

D. 會影響部門的自主性。

解：C

2. 如果經理人員被強迫接受一個不合理的移轉價格，則可能的後果是：

A. 公司的銷貨情形會略少於目標銷貨。

B. 公司會賠錢。

C. 公司產品的成本會太高。

D. 公司會疏遠或損失一位好的經理人員。

解：D

3. 通常以市價為基礎的移轉價格會：

A. 略大於市價。

B. 略小於市價。

C. 略大於目標價格。

D. 略小於目標價格。

解：B

4. 如果根據下列何者衡量來作決策時，則責任中心主管可能會執行對公司不是最有利的活動?

A. 移轉價格。

B. 投資報酬率。

C. 剩餘利益。

D. 淨投資。

解：B

5. 下列何者不是剩餘利益的組成分子?

A. 利潤。

B. 投資額。

C. 資金成本率。

D. 以上皆非。

解：D

二、問答題

1. 說明轉撥計價的意義。

解：所謂轉撥計價(Transfer Pricing)是指一個部門出售產品或出售勞務給另一個部門，所設定該項移轉價格的過程。

2. 簡單敘述轉撥計價對績效評估的影響。

解：轉撥計價對出售部門與購買部門之績效評估的影響如下：

(1)出售部門：對該責任中心而言，移轉價格的決定會影響其收入。

①對成本中心而言：因為成本中心的績效基於成本而非收入，移轉價格並不影響成本中心的績效評估。

②對收入中心而言：移轉價格是決定收入中心收入的因素，自然會影響其績效。

③對利潤中心及投資中心而言：因為移轉價格是用以計算利潤的基礎，所以會影響績效評估。

⑵購買部門：對該責任中心而言，移轉價格為成本的決定因素。

①對成本中心、利潤中心及投資中心而言：移轉價格會影響到產品的成本中心、利潤中心及投資中心的績效評估。

②對收入中心而言：因其績效評估並非基於成本，因此收到產品或勞務的收入中心績效並不會受移轉價格的影響。

績效影響彙總表

責任中心＼部門	出售部門	購買部門
成本中心	×	✓
收入中心	✓	×
利潤中心	✓	✓
投資中心	✓	✓

3. 請敘述轉撥計價對整體利潤、部門自主性的影響。

解：⑴轉撥計價亦會影響公司整體利潤，部門經理設定的移轉價格可能使該部門的利潤極大化，卻對公司整體利潤有相反的影響。

①有時，某一移轉價格可產生對公司整體最有利的決策，但卻造成某些部門績效不佳。

②有時轉撥計價雖可滿足評估部門績效之目的，但以公司整體而言，卻導致次佳的決策。

⑵移轉價格的設定應以公司整體的利潤為主題，這也就是所謂的目標一致性(Goal Congruence)。

①由於轉撥計價會影響公司整體的利潤，高階管理者通常會干涉部門間移轉價格的設定。

②在分權化經營的公司，如果高階管理者經常介入移轉價格的設定，則會損及部門的自主性，而無法實現分權化經營的利益。

③分權化亦會造成部門與公司整體的目標不一致，所以高階管理者應

權衡其成本效益，再決定是否介入移轉價格的設定。

4.以協議價格作為轉撥計價基礎所需的成功要件為何?

解：以協議價格作為轉撥計價基礎所需的成功要件如下：

(1)有外在的中間產品市場。

(2)協議者分享所有的市場資訊。

(3)可自由向外購買或出售。

(4)需要高階管理者的支持及適時的干涉。

5.說明協議價格制度的缺點。

解：協議價格制度的缺點：

(1)浪費時間。

(2)造成部門間的衝突。

(3)對部門獲利能力之衡量將因該部門經理談判技巧而受到影響。

(4)高階管理者需花費時間於監督談判過程與調解爭執。

(5)可能導致次佳的產出水準。

6.何謂雙重移轉價格?

解：雙重移轉價格是為了避免部門主管作出反功能決策，因此公司對出售部門及購買部門分別採用不同的移轉價格。

(1)出售部門收到之價款（帳面上的）= 變動成本或全部成本加成數。

(2)購買部門付出之成本（帳面上的）= 生產該產品之變動成本與機會成本之總數。

7.對多國籍企業而言，轉撥計價的主要目的為何?

解：對多國籍企業而言，轉撥計價的主要目的是使公司總稅負極小。

8.部門主管通常可透過哪兩個方法來改善投資報酬率？請分別說明。

解：部門主管可用來改善投資報酬率的方法如下：

(1)提高利潤率：為了提高利潤率，部門主管可以提高售價或降低成本，然而這卻不易達成。

①在提高售價的同時，部門主管應注意不要使總銷貨收入下降。

②而在降低成本時，部門主管應注意不要降低產品品質、服務品質或危及聲譽，否則會使銷貨收入下降。

(2)提高資產週轉率：部門主管可以增加銷貨收入或減少部門的投資資本，以提高資產週轉率。

①增加銷貨收入：可更有效率的使用空間。

②減少部門的投資資本：可以減少存貨來達成，但對方減少存貨可能導致缺貨而損失銷貨收入的問題也要注意。

9.解說採用投資報酬率的問題。

解：採用投資報酬率所遭遇的問題如下：

(1)過分強調單一的短期衡量，可能造成與公司目標不一致的現象。

(2)處分資產以提高投資報酬率。

(3)投資基準不同不可相提並論。

(4)藉比率之改變而提高其績效。

10.何謂剩餘利益？其與投資報酬率的關係又為何？

解：(1)所謂剩餘利益(Residual)就是實際利潤減預期利潤的差額，即

剩餘利益＝利潤－投資額×資金成本率。

(2)①當增加的投資報酬率大於公司資金成本率時，剩餘利益會增加。

②當增加的投資報酬率小於公司資金成本率時，剩餘利益會減少。

11.為何很少有公司在評估投資中心的績效時，只用剩餘利益來評估，其可能的原因為何？

解：很少公司採用剩餘利益來評估投資中心績效的原因如下：

(1)實務上，前面所述的反功能決策可能不是真正的問題所在。

(2)剩餘利益的資金成本須明確認定。如果資金成本由部門淨利減除，部門淨利的總和不會等於公司財務會計的淨利，因為資金成本並不視為

費用（或利潤減項）。由於大多數公司希望內部報表與外部報表數字一致，所以不習慣使用資金成本的觀念。

⑶財務分析師大都使用投資報酬率，所以公司的高階管理當局督促其部門主管追求更大的投資報酬率。

⑷公司高階管理當局不願將公司或部門的資金成本向外界公布。

⑸當部門主管將部門的獲利率與其他財務衡量（如通貨膨脹率、利率、其他部門或外界的利潤率）相比較時，獲利能力以比率方式較為方便比較。

12.說明使用投資淨額的優點。

解：使用投資淨額的優點：

⑴使用投資淨額可與對外編製的資產負債表上的資產帳面價值一致，而使投資報酬率及剩餘利益在不同公司更具比較性。

⑵使用帳面價值衡量投資額較符合所得的定義。

⑶資產會隨時間經過而老舊，所以時間愈久，愈難賺得相同的利潤。因此，如果每年利潤一樣，則表示投資中心績效有改善，使用投資淨額可能會反映績效的改善，因為它消除老舊資產賺取相同利潤的困難性。

貳、習　題

一、基礎題

B 18-1　轉撥計價

威爾公司的臺北廠是個利潤中心，可製造螺絲20,000單位，此螺絲是提供臺中廠製造產品使用。臺北廠有關此零件的成本資料如下：

直接原料	$12 / 每單位
直接人工	5 / 每單位
變動製造費用	5 / 每單位

固定製造費用	10 / 每單位
合　計	$32 / 每單位

每單位固定製造費用是由每月總固定製造費用$200,000計算得之。此螺絲零件，並無對外銷售；同時對臺北廠而言，此零件也無其他用途。威爾公司的政策是允許利潤中心的經理自行決定是否製造和移轉零件，而臺北廠的經理將會以利潤高低為決策主要考量。

試作：臺北廠的經理在下列三種情況下，是否會製造和移轉此產品？

1. 移轉價格為$30。
2. 移轉價格為$25。
3. 移轉價格為$20。

解：

由於臺北廠所製造的零件沒有對外銷售及其他用途，故其經理只在轉撥計價時，每單位邊際貢獻大於零才會考慮製造。以下為三種不同移轉價格的決策分析：

1. 當移轉價格為$30時，經理將會製造和移轉此零件。

移轉價格		$30
減：變動製造成本		
直接原料	$12	
直接人工	5	
變動製造費用	5	22
由移轉得每單位邊際貢獻		$ 8

2. 當移轉價格為$25時，經理將會製造和移轉此零件。

移轉價格		$25
減：變動製造成本		
直接原料	$12	
直接人工	5	
變動製造費用	5	22
由移轉得每單位邊際貢獻		$ 3

3. 當移轉價格為$20時，經理將不會製造和移轉此零件。

移轉價格		$20
減：變動製造成本		
直接原料	$12	
直接人工	5	
變動製造費用	5	22
由移轉得每單位邊際貢獻		$ (2)

B 18-2 轉撥計價

長島公司的臺北廠出售機器零件給臺中廠。零件的標準成本如下：

直接原料（1.5公斤 × $8 / 公斤）	$12.0
直接人工（0.5小時 × $20 / 小時）	$10.0

臺北廠的製造費用是以每直接人工小時$22為預計分攤率，而長島公司估計其中大約30%為變動成本。

試作：

1. 計算機器零件以全部成本為基礎的移轉價格。
2. 計算機器零件以變動成本為基礎的移轉價格。

解：

1. 由全部成本為基礎的移轉價格：

直接原料	$12.0
直接人工	10.0
分攤製造費用	11.0
合　計	$33.0

2. 由變動成本為基礎的移轉價格：

直接原料	$12.0
直接人工	10.0
分攤製造費用	3.3
合　計	$25.3

B 18–3 轉撥計價

新潮公司想使營運更有效率，達到所有部門都充分運用產能的境界。公司之間的產品移轉，甲部門認為乙部門所製造的產品若提供給甲部門將會較有效率，而乙部門產品的成本資料如下：

每單位變動成本	$15
每單位固定成本	16
每單位邊際貢獻	20

試作：提供新潮公司幾種移轉價格的計算方法，並說明何種是最佳的。

解：

移轉價格：

變動成本	$15
全部成本	$31
可涵蓋變動成本及機會成本的最低接受價格	$35

在新潮公司的情況下，對乙部門而言，$35元的移轉價格是最佳的，因為假設乙部門已無剩餘產能。此時假設甲部門無法找到外部供應商價格低於$35；如果甲部門可找到，將會接受外部的低價格並且使乙部門將產品銷售給其他顧客。

B 18–4 投資報酬率

對下列各情況，請分別考慮投資報酬率將會增加、降低或不變。

1. 投資週轉率由6改為5。
2. 銷貨毛利率由30%降至27%。
3. 投資週轉率由3.1降至2.5，且銷貨毛利率也下降。
4. 銷貨毛利率由15%升至16%，且投資週轉率增加。
5. 因公司降低銷貨成本而導致的銷貨毛利率增加。

6. 公司重整營運使得在同樣的投資金額下能製造更多的產量單位，因此使投資週轉率增加。

解:

項　目	降　低	增　加
1.	✓	
2.	✓	
3.	✓	
4.		✓
5.		✓
6.		✓

B 18–5　投資報酬率

甲投資方案經評估後之剩餘利益為$300,000，淨利為$800,000。設該投資案所需之最低報酬率為20%，試計算該投資方案預計可達之投資報酬率。

解:

\$300,000 = \$800,000 − X × 20%

X = \$2,500,000（平均營業資產）

投資報酬率 = \$800,000 ÷ \$2,500,000 = 32%

B 18–6　投資報酬率

A公司之淨利率及資產週轉率為10%與0.5，試求該公司之投資報酬率。

解:

投資報酬率 = 10% × 0.5 = 5%

B 18–7　投資報酬率與剩餘利益

	甲部門	乙部門	丙部門
銷貨收入	$800,000	$1,000,000	$800,000
營業淨利	?	50,000	?
平均營業資產額	320,000	?	150,000
投資報酬率	20%	12.5%	?
最低要求的報酬:			
百分比	16%	?	12%
金　額	?	60,000	?
剩餘利益	?	(10,000)	12,000

請完成此表。

解:

	甲部門	乙部門	丙部門
銷貨收入	$800,000	$1,000,000	$800,000
營業淨利	64,000	50,000	30,000
平均營業資產額	320,000	400,000	150,000
投資報酬率	20%	12.5%	20%
最低要求的報酬:			
百分比	16%	15%	12%
金　額	51,200	60,000	18,000
剩餘利益	12,800	(10,000)	12,000

B 18–8　投資報酬率與剩餘利益

大木公司的臺中廠是以投資中心作為績效衡量標準。下列是臺中廠所提供的資料:

90年度的盈餘	$ 219,000
90年1月1日的投資額	2,095,500
90年12月31日的投資額	1,579,500

大木公司投資中心的目標投資報酬率為14%。

試作：

1. 計算臺中廠90年度的投資報酬率。
2. 計算臺中廠90年度的剩餘利益。

解：

1. 90年度投資報酬率：

90年年初的投資額	$2,095,500
90年年底的投資額	1,579,500
合　計	$3,675,000
平均投資額	$1,837,500

$$投資報酬率 = \frac{盈餘}{平均投資額} = \frac{\$219,000}{\$1,837,500} = 11.92\%$$

2. 剩餘利益 = 盈餘 − (平均投資 × 目標投資報酬率)

= $219,000 − ($1,837,500 × 14%) = $(38,250)

B 18-9　投資報酬率與剩餘利益

光明公司的臺北廠是一個投資中心，在90年度賺得了$80,000。為了賺取這些利潤，此廠投資了$500,000。

試作：

1. 計算臺北廠90年度的投資報酬率。
2. 假設光明公司評估各投資公司是基於剩餘利益。則在公司管理當局設定目標報酬率為14%的情況下，臺北廠90年度的剩餘利益為何？
3. 若設定目標報酬率為18%，則臺北廠90年度的剩餘利益為何？
4. 若設定目標報酬率為16%，則臺北廠90年度的剩餘利益為何？
5. 由問題1至問題4的答案中，請問你認為目標報酬率、剩餘利益及投資報酬率間的關係為何？

解：

1. 投資報酬率 = $\frac{利潤}{投資額} = \frac{\$80,000}{\$500,000} = 16\%$

2. 剩餘利益 = 利潤 −（目標報酬率 × 投資額）

   = \$80,000 − (0.14 × \$500,000) = \$10,000

3. 剩餘利益 = 利潤 −（目標報酬率 × 投資額）

   = \$80,000 − (0.18 × \$500,000) = \$(10,000)

4. 剩餘利益 = \$80,000 − (0.16 × \$500,000) = \$0

5. 如果目標報酬率低於投資報酬率，則剩餘利益是正的；反之，目標報酬率若高於投資報酬率，則剩餘利益為負的。如果目標報酬率等於投資報酬率，則剩餘利益為零。

B 18-10 剩餘利益

請由下列資料計算剩餘利益：

銷貨收入	\$6,000,000
平均營業用資產	1,500,000
營業淨利	300,000
股東權益	750,000
最低要求投資報酬率	14%

解：

剩餘利益 = \$300,000 − \$1,500,000 × 14%

= \$90,000

二、進階題

A 18-1 轉撥計價

威爾公司高雄廠製造一種產品，售價為每單位\$35。為製造此產品一單位，必須使用二單位甲零件。高雄廠製造此產品除需甲零件外，還需下列各項成本：

直接原料	$10 / 每單位
直接人工	5
變動製造費用	5
固定製造費用	12
合　計	$32

固定製造費用的分攤是以每單位產品的機器小時作為基礎。對於零件的唯一來源就是威爾公司的臺南廠，而高雄廠的機器設備除了製造此產品外，沒有其他用途。

威爾公司政策是由利潤中心的經理來決定是否接受移轉，而高雄廠的經理將會以利潤高低為決策主要考量。

試作：高雄廠的經理在下列三種情況下，是否接受產品移轉?

1. 移轉價格為$10。
2. 移轉價格為$6。
3. 移轉價格為$5。

解:

由於臺南廠是甲零件的唯一來源，高雄廠的經理只在接受轉撥計價而每單位邊際貢獻大於零時才會同意移轉。

1. 當移轉價格為$10時，經理不會同意移轉。

產品售價		$35
減：變動製造成本		
甲零件(2 × $10)	$20	
直接原料	10	
直接人工	5	
變動製造費用	5	40
每單位邊際貢獻		$ (5)

2. 當移轉價格為$6時，經理會同意移轉。

產品售價		$35
減：變動製造成本		
甲零件(2 × $6)	$12	
直接原料	10	
直接人工	5	
變動製造費用	5	32
每單位邊際貢獻		$ 3

3. 當移轉價格為$5時，經理會同意移轉。

產品售價		$35
減：變動製造成本		
甲零件(2 × $5)	$10	
直接原料	10	
直接人工	5	
變動製造費用	5	30
每單位邊際貢獻		$ 5

A 18–2　轉撥計價

臺北廠製造部門的零件每單位全部成本是$440，其中$40為分配的固定製造費用，移轉價格為$484，是由全部成本加成10%而得。

裝配部門接到特殊訂單，售價為每單位$570元，裝配部門對此訂單除了需要製造部門提供的零件外，尚需支付$100元的額外成本。目前二個部門都有剩餘的生產能量。

試作：

1. 裝配部門的經理是否會接受特殊訂單呢？為什麼？
2. 在問題1中，裝配部門經理所作的決定對整個臺北廠而言是否有利呢？為什麼？
3. 在此狀況下，應如何修正此移轉價格呢？

解:

1. 裝配部門的經理可能會拒絕此特殊訂單，因為對此訂單而言，裝配部門的增額成本高於增額收入。

特殊訂單每單位增額收入		$570
特殊訂單每單位增額成本:		
移轉價格	$484	
裝配部門變動成本	100	
總增支成本		584
特殊訂單的每單位損失		$ (14)

2. 裝配部門的經理拒絕此特殊訂單，此決策對公司整體而言並非最佳決策，因為此特殊訂單對公司的增額收入高於增額變動成本，也就是有邊際貢獻存在。

特殊訂單的每單位增額收入		$570
特殊訂單的每單位增額成本:		
製造部門的單位變動成本	$400	
裝配部門的單位變動成本	100	
總單位變動成本		500
特殊訂單每單位邊際貢獻		$ 70

3. 移轉價格應遵循一般準則來決定:

移轉價格 = 總變動成本 + 機會成本 = $400 + $0* = $400

*機會成本為$0，因為製造部門有剩餘產能。

在修正後，裝配部門經理會接受此特殊訂單，因為裝配部門特殊訂單的增額收入高於增額成本。增額收入仍為每單位$570，但增額成本已降至每單位$500。(移轉價格$400 + 裝配部門增額變動成本$100)

A 18-3 轉撥計價

大山公司引擎部門製造一種標準型引擎，有關資料如下:

產　能		10,000個
每單位：	售　價	$30
	變動成本	16
	固定成本（分攤）	9

該公司另一部門，需要此種引擎作為其製造抽水機的零件，目前該部門係每年向外購買1,000個，購價$23，該部門經理有意向引擎部門購買。試作下列事項：

1. 假若引擎部門目前產銷量8,000個，則轉撥價格應訂若干？
2. 假若引擎部門目前產銷量10,000個，則轉撥價格應訂若干？
3. 同2。惟內部銷售，可節省變動成本$3，轉撥價格應訂若干？
4. 若抽水機部門所需引擎規模特殊，引擎部門為生產此種引擎，則標準型引擎產銷量由目前10,000個，降低為5,000個，估計此種特殊規格引擎的變動成本每個$20，則轉撥價格應訂若干？

解：

1. 假若引擎部門產銷量僅達8,000個，表示該部門有閒置產能，若此，轉撥價格為$16（即變動成本）。
2. 假若引擎部門無閒置產能，則轉撥價格可以訂為售價$30（即變動成本$16+機會成本$14）。茲計算如下：

售　價($30 × 1,000)	$ 30,000
減：變動成本($16 × 1,000)	(16,000)
邊際貢獻（機會成本總額）	$ 14,000
除以：轉撥數量	÷ 1,000
每單位機會成本	$ 14
加：變動成本	16
每單位轉撥價格	$ 30

3.

每單位機會成本	$14
加：變動成本	13
每單位轉撥價格	$27

4.

機會成本總額($14 × 5,000)	$70,000
除以：轉撥數量	÷ 1,000
每單位機會成本	$ 70
加：變動成本	20
每單位轉撥價格	$ 90

A 18-4 投資報酬率

在同產業中三家公司的營運績效，其簡要的資訊如下：

	甲公司	乙公司	丙公司
銷貨收入	$1,000,000	$2,400,000	⑦
淨　利	100,000	240,000	⑧
投資額	500,000	④	1,500,000
銷貨純益率	①	⑤	8%
資產週轉率	②	⑥	2
投資報酬率	③	10%	⑨

試作：

1. 填入上列空格。
2. 基於以上資料，何家公司營運最為成功？

解：

1. ① $\frac{\$100,000}{\$1,000,000} = 10\%$；② $\frac{\$1,000,000}{\$500,000} = 2$；③ $0.1 \times 2 = 0.2 = 20\%$；④ $\frac{\$240,000}{X}$ $= 10\%, X = \$2,400,000$；⑤ $\frac{\$240,000}{\$2,400,000} = 10\%$；⑥ $\frac{\$2,400,000}{\$2,400,000} = 1$；⑦

$\dfrac{X}{\$1{,}500{,}000} = 2, X = \$3{,}000{,}000$；⑧ $\dfrac{X}{\$3{,}000{,}000} = 8\%, X=\$240{,}000$；⑨$8\% \times 2 = 16\%$

2. 甲公司營運最成功，因為它的投資報酬率最高，況且，它的銷貨純益率與資產週轉率也相當或較其他兩公司為高。

A 18–5　投資報酬率

米樂公司已編製下年度預算資料：

	1月1日帳戶餘額	12月31日帳戶餘額
現　金	$ 40,000	$100,000
應收帳款	100,000	140,000
存　貨	180,000	200,000
廠房及設備	320,000	280,000
應付帳款	80,000	80,000
總固定成本	100,000	
每單位變動成本	10	
預計產能	20,000單位	

試作：

1. 如果公司想在預計產能水準下，得到營運資產平均投資的15%稅前淨利之利潤，售價應訂定為何？
2. 如果公司實際上只製造且銷售18,000單位，而售價依問題1計得之值，公司營運資產平均投資的實際投資報酬率為何？
3. 如果公司實際上銷售24,000單位，而每單位售價為$24，則公司的剩餘利益為何？（假設最低資產報酬率為10%）

解：

1. 年初資產總額 = $40,000 + $100,000 + $180,000 + $320,000
　　　　　　　 = $640,000

年底資產總額 = $100,000 + $140,000 + $200,000 + $280,000

$= \$720,000$

$平均資產額 = \dfrac{\$640,000 + \$720,000}{2} = \$680,000$

$\$680,000 \times 15\% = \$102,000$

設售價 = X

$20,000X - 20,000 \times \$10 - \$100,000 = \$102,000$

$20,000X = \$402,000$

X = \$20.1 / 每單位

2. $(18,000 \times \$20.1) - (18,000 \times \$10) - \$100,000 = \$81,800$

$\dfrac{\$81,800}{\$680,000} = 12.03\%$（投資報酬率）

3. $(24,000 \times \$24) - (24,000 \times \$10) - \$100,000 = \$236,000$

$\$236,000 - \$680,000 \times 10\% = \$168,000$（剩餘利益）

A 18-6 投資報酬率

以下的資料是選自三家公司的財務報表：

	第一家	第二家	第三家
銷貨收入	\$400,000	④	⑦
利　潤	①	⑤	\$60,000
投資額	②	\$360,000	\$50,000
銷貨純益率	4%	10%	6%
資產週轉率	③	6次	⑧
投資報酬率	8%	⑥	⑨

試作：利用杜邦公式來計算其他空格的數據。

解：

第一家公司：

①利　潤：

設利潤為X，銷貨純益率 $= \dfrac{\text{利潤}}{\text{銷貨收入}}$

4% = X ÷ \$400,000, X = \$16,000

②投資額：

設投資額為Y，投資報酬率 $= \dfrac{\text{利潤}}{\text{投資額}}$

8% = \$16,000 ÷ Y, Y = \$200,000

③資產週轉率：

資產週轉率 $= \dfrac{\text{銷貨收入}}{\text{投資額}}$ = \$400,000 ÷ \$200,000 = 2次

第二家公司：

④銷貨收入：

設銷貨收入為X，資產週轉率 $= \dfrac{\text{銷貨收入}}{\text{投資額}}$

6 = X ÷ \$360,000, X = \$2,160,000

⑤利　潤：

設利潤為Y，銷貨純益率 $= \dfrac{\text{利潤}}{\text{銷貨收入}}$

10% = Y ÷ \$2,160,000, Y = \$216,000

⑥投資報酬率：

投資報酬率 = 銷貨純益率 × 資產週轉率 = 10% × 6 = 60%

第三家公司：

⑦銷貨收入：

設銷貨收入為X，銷貨純益率 $= \dfrac{\text{利潤}}{\text{銷貨收入}}$

6% = \$60,000 ÷ X, X = \$1,000,000

⑧資產週轉率：

資產週轉率 $= \dfrac{\text{銷貨收入}}{\text{投資額}}$ = \$1,000,000 ÷ \$50,000 = 20次

⑨投資報酬率：

投資報酬率＝銷貨純益率 × 資產週轉率＝6% × 20＝120%

A 18-7 投資中心的績效衡量

國際服飾連鎖公司將其臺灣分公司視為一利潤中心。在90年度時，該公司評估臺灣分公司的投資報酬率是基於預計營業淨利$376,740及資產平均淨帳面價值$2,220,000。另外，臺灣分公司預計銷售報酬率為7%，在計算剩餘利益時，該公司使用14%的目標報酬率。

在90年度間，臺灣分公司實際賺得營業淨利$447,120，銷貨收入總額為$6,480,000。在90年度中，資產平均淨帳面價值為$2,400,000。

試作：

1. 計算臺灣分公司在90年度的實際剩餘利益。
2. 90年度的實際剩餘利益與預計剩餘利益之差為何？
3. 計算臺灣分公司的預計投資報酬率。
4. 運用杜邦公式來計算90年度臺灣分公司的實際投資報酬率。
5. 請簡短說明杜邦公式對臺灣分公司90年度財務績效的影響。

解：

1. 90年度實際剩餘利益：

剩餘利益＝利潤－(投資額 × 目標報酬率)

＝$447,120－($2,400,000 × 14%)

＝$447,120－$336,000

＝$111,120

2. 實際剩餘利益與預計剩餘利益之差：

預計剩餘利益＝利潤－(投資額 × 目標報酬率)

＝$376,740－($2,220,000 × 14%)

＝$376,740－$310,800

＝$65,940

臺灣分公司實際剩餘利益比預計剩餘利益高$45,180 (= $111,120 − $65,940)，已經超過預定目標。

3. 目標（預計）投資報酬率 $= \frac{\text{利潤}}{\text{投資額}} = \frac{\$376,740}{\$2,220,000} = 16.97\%$

4. 運用杜邦公式的實際投資報酬率：

銷貨報酬率 $= \frac{\text{利潤}}{\text{銷貨額}} = \frac{\$447,120}{\$6,480,000} = 6.9\%$

資產週轉率 $= \frac{\text{銷貨額}}{\text{投資額}} = \frac{\$6,480,000}{\$2,400,000} = 2.7$次

投資報酬率=銷貨報酬率 × 資產週轉率 = 6.9% × 2.7 = 18.63%

5. 杜邦公式與財務績效：

臺北分公司實際投資報酬率為18.63%，高於預計報酬率16.97%。實際資產週轉率2.7比預計2.42為高，這會增加實際報酬率。實際銷貨報酬率為6.9%與預計報酬率7%相當接近，所以資產週轉率的增加就反映在投資報酬率的增加。

A 18-8　投資報酬率與剩餘利益

下列資料是臺北公司三個部門的資料，公司的資金成本為8%。

	甲部門	乙部門	丙部門
銷貨收入	$5,000	⑤	⑨
利　潤	$1,000	$200,000	⑩
投資額	$1,250	⑥	⑪
銷貨純益率	①	20%	25%
資產週轉率	②	1	⑫
投資報酬率	③	⑦	20%
剩餘利益	④	⑧	$60,000

試作：各空格中的答案。

解:

①銷貨純益率 $= \frac{利潤}{銷貨收入} = \frac{\$1,000}{\$5,000} = 20\%$

②資產週轉率 $= \frac{銷貨收入}{投資額} = \frac{\$5,000}{\$1,250} = 4$

③投資報酬率 = 銷貨純益率 × 資產週轉率 = 20% × 4 = 80%

④剩餘利益 = 利潤 −（投資額 × 資金成本率）

= \$1,000 − (\$1,250 × 8%) = \$900

⑤銷貨純益率 $= \frac{利潤}{銷貨收入}$， $20\% = \frac{\$200,000}{銷貨收入}$

銷貨收入 = \$1,000,000

⑥資產週轉率 $= \frac{銷貨收入}{投資額}$， $1 = \frac{\$1,000,000}{投資額}$

投資額 = \$1,000,000

⑦投資報酬率 = 銷貨純益率 × 資產週轉率 = 20% × 1 = 20%

⑧剩餘利益 = 利潤 −（投資額 × 資金成本率）

= \$200,000 − (\$1,000,000 × 8%) = \$120,000

⑨銷貨純益率 $= \frac{利潤}{銷貨收入}$， $25\% = \frac{\$100,000}{銷貨收入}$

銷貨收入 = \$400,000

⑩投資報酬率 $= \frac{利潤}{投資額}$， $20\% = \frac{利潤}{\$500,000}$

利潤 = \$100,000

⑪投資報酬率 $= \frac{利潤}{投資額} = 20\%$， 利潤 = 20% × 投資額

剩餘利益 = 利潤 −（投資額 × 資金成本率）= \$60,000

20% × 投資額 − 8% × 投資額 = \$60,000

12% × 投資額 = \$60,000

投資額 = \$500,000

⑫投資報酬率=銷貨純益率×資產週轉率

20%=25%×資產週轉率

資產週轉率=0.8

參、自我評量

18.1　轉撥計價

1. 設定移轉價格的方法：

A. 以成本為基礎的移轉價格。

B. 以市價為基礎的移轉價格。

C. 協議價格。

D. 以上皆是。

解：D

2. 協議價格的缺點：

A. 降低部門間相互監督的激勵效果。

B. 可能導致次佳的產出水準。

C. 帳務處理複雜。

D. 部門間的利益難以比較。

解：B

詳解：A, C, D均為雙重移轉價格的缺點。

3. 下列何者非轉撥計價的三原則？

A. 部門自主性。

B. 績效評估。

C. 目標一致性。

D. 方便快速性。

解：D

詳解：轉撥計價三原則為維持部門自主性、正確的評估績效、目標一致性。

18.2 多國籍企業的轉撥計價

1. 對多國籍企業而言，轉撥計價的主要目的是使公司總稅負極小，因此需符合轉撥計價三原則：績效評估、目標一致性及部門自主性。

解：×

詳解：對多國籍企業而言，轉撥計價三原則並不再是第一考慮要件。

2. 將利潤由稅率較高的國家移轉到稅率較低的國家，就可以減輕稅負。

解：○

18.3 選擇利潤指標

1. 投資中心及利潤中心的損益表通常會包括一些投資中心及利潤中心主管無法控制的項目。

解：○

2. 計算可控制邊際貢獻時，應於銷貨收入扣除所有部門主管可控制的成本。

解：○

18.4 投資中心的績效指標

1. 採用投資報酬率作為績效評估指標的問題：

   A. 投資基準不同不可相提並論。

   B. 部門主管會藉處分資產以提高投資報酬率。

   C. 部門主管會藉比率的改變而提高其績效。

   D. 以上皆是。

解：D

2. 部門A主管面臨兩種方案如下表，請為其決定該接受何種方案。（假如資金成本為23%時；請用剩餘利益的方法來計算。）

	現　況	方案一 (新投資$50,000)	方案二 (處分資產$35,000)
投資額	$250,000	$300,000	$215,000
稅前淨利	25,000	31,000	19,500

解:

	現　況	方案一 (新投資$50,000)	方案二 (處分資產$35,000)
投資額	$250,000	$300,000	$215,000
稅前淨利	$ 65,000	$ 78,000	$ 58,500
資金成本(@23%)	57,500	69,000	49,450
剩餘利益	$ 7,500	$ 9,000	$ 9,050

部門A主管應選擇方案二，處分資產。

18.5 損益與投資額的衡量問題

1. 投資毛額亦可稱為資產帳面價值，即是指原始取得成本減累計折舊之餘額；使用投資毛額會因折舊的攤提而調整，因此需考慮折舊。

解：×

詳解：上述為投資淨額的觀念；而投資毛額是指資產取得的成本，使用投資毛額為計算基礎時，不需考慮折舊問題。

2. 使用投資淨額計算投資報酬率的缺點：

A. 使用帳面價值衡量投資額較符合所得的定義。

B. 折舊資產隨時間經過，帳面價值會下降，投資報酬率及剩餘利益會得到改善。

C. 資產會隨時間經過而老舊，所以時間愈久愈難賺得相同的利潤。

D. 使投資報酬率及剩餘利益在不同公司間更具比較性。

解：B

18.6 部門績效評估的其他爭議

1. 財務衡量如部門利潤、投資報酬率及剩餘利益被廣泛的使用來作績效評估，因此非財務衡量變得不重要。

解：×

詳解：非財務衡量並不會變得不重要，因為財務性指標是屬於短期衡量指標，因此公司要設立非財務衡量指標作為長期衡量的基礎。

2. 評估投資中心績效較好的方法是透過彈性預算及差異分析來定期的評估利潤，再加上對主要投資決策的事後審核。

解：○

三民大專用書書目——國父遺教

書名	作者		單位
三民主義	孫文	著	
三民主義要論	周世輔	編著	前政治大學
三民主義要義	涂子麟	著	中山大學
大專聯考三民主義複習指要	涂子麟	著	中山大學
建國方略建國大綱	孫文	著	
民權初步	孫文	著	
國父思想	涂子麟	著	中山大學
國父思想	涂子麟 林金朝	編著	中山大學 臺灣師大
國父思想（修訂新版）	周世輔 周陽山	著	前政治大學 臺灣大學
國父思想新論	周世輔	著	前政治大學
國父思想要義	周世輔	著	前政治大學
國父思想綱要	周世輔	著	前政治大學
國父思想概要	張鐵君	著	
國父遺教概要	張鐵君	著	
中山思想新詮 ——總論與民族主義	周世輔 周陽山	著	前政治大學 臺灣大學
中山思想新詮 ——民權主義與中華民國憲法	周世輔 周陽山	著	前政治大學 臺灣大學

三民大專用書書目——會計·審計·統計

書名	作者		單位
會計制度設計之方法	趙仁達	著	
銀行會計	文大熙	著	
銀行會計（上）（下）（革新版）	金桐林	著	
銀行會計實務	趙仁達	著	
初級會計學（上）（下）	洪國賜	著	前淡水工商學院
中級會計學（上）（下）（增訂版）	洪國賜	著	前淡水工商學院
中級會計學題解（增訂版）	洪國賜	著	前淡水工商學院
中等會計（上）（下）	薛光圻 張鴻春	著	美國西東大學 臺灣大學
會計學（上）（下）（修訂版）	幸世間	著	前臺灣大學
會計學題解	幸世間	著	前臺灣大學
會計學概要	李兆萱	著	前臺灣大學
會計學概要習題	李兆萱	著	前臺灣大學
成本會計	張昌齡	著	成功大學
成本會計（上）（下）	費鴻泰 王怡心	著	臺北大學
成本會計習題與解答（上）（下）	費鴻泰 王怡心	著	臺北大學
成本會計（上）（下）（增訂版）	洪國賜	著	前淡水工商學院
成本會計題解（上）（下）（增訂版）	洪國賜	著	前淡水工商學院
成本會計	盛禮約	著	真理大學
成本會計習題	盛禮約	著	真理大學
成本會計概要	童綷	著	
管理會計	王怡心	著	中興大學
管理會計習題與解答	王怡心	著	中興大學
政府會計	李增榮	著	政治大學
政府會計—與非營利會計（增訂版）	張鴻春	著	臺灣大學
政府會計題解—與非營利會計（增訂版）	張鴻春 劉淑貞	著	臺灣大學
財務報表分析	洪國賜 盧聯生	著	前淡水工商學院 輔仁大學
財務報表分析題解	洪國賜	著	前淡水工商學院
財務報表分析（增訂版）	李祖培	著	臺北大學

書名	著者		單位
財務報表分析題解	李祖培	著	臺北大學
稅務會計（最新版）（含兩稅合一）	卓敏枝 盧聯生 莊傳成	著	臺灣大學 輔仁大學 文化大學
珠算學（上）（下）	邱英祧	著	
珠算學（上）（下）	楊渠弘	著	臺中技術學院
商業簿記（上）（下）	盛禮約	著	真理大學
審計學	殷文俊 金世朋	著	政治大學
統計學	成灝然	著	臺中技術學院
統計學	柴松林	著	交通大學
統計學	劉南溟	著	前臺灣大學
統計學	張浩鈞	著	臺灣大學
統計學	楊維哲	著	臺灣大學
統計學	顏月珠	著	臺灣大學
統計學題解	顏月珠	著	臺灣大學
統計學	張健邦 蔡淑女	著	前政治大學
統計學題解	蔡淑女 著 張健邦 校訂		前政治大學
統計學（上）（下）	張素梅	著	臺灣大學
現代統計學	顏月珠	著	臺灣大學
現代統計學題解	顏月珠	著	臺灣大學
商用統計學	顏月珠	著	臺灣大學
商用統計學題解	顏月珠	著	臺灣大學
商用統計學	劉一忠	著	舊金山州立大學
推理統計學	張碧波	著	銘傳大學
應用數理統計學	顏月珠	著	臺灣大學
統計製圖學	宋汝濬	著	臺中技術學院
統計概念與方法	戴久永	著	交通大學
統計概念與方法題解	戴久永	著	交通大學
迴歸分析	吳宗正	著	成功大學
變異數分析	呂金河	著	成功大學
多變量分析	張健邦	著	前政治大學
抽樣方法	儲全滋	著	成功大學
抽樣方法——理論與實務	鄭光甫 韋端	著	中央大學 前行政院主計處
商情預測	鄭碧娥	著	成功大學

三民大專用書書目——經濟・財政

書名	作者		任職
經濟學新辭典	高叔康	編	
經濟學通典	林華德	著	國際票券公司
經濟思想史	史考特	著	
西洋經濟思想史	林鐘雄	著	臺灣大學
歐洲經濟發展史	林鐘雄	著	臺灣大學
近代經濟學說	安格爾	著	
比較經濟制度	孫殿柏	著	前政治大學
通俗經濟講話	邢慕寰	著	香港大學
經濟學原理	歐陽勛	著	前政治大學
經濟學（修訂版）	歐陽勛 黃仁德	著	前政治大學 政治大學
經濟學（上）、（下）	陸民仁	編著	前政治大學
經濟學（上）、（下）	陸民仁	著	前政治大學
經濟學（上）、（下）（增訂版）	黃柏農	著	中正大學
經濟學導論（增訂版）	徐育珠	著	南康乃狄克州立大學
經濟學概要	趙鳳培	著	前政治大學
經濟學概論	陸民仁	著	前政治大學
國際經濟學	白俊男	著	東吳大學
國際經濟學	黃智輝	著	前東吳大學
個體經濟學	劉盛男	著	臺北商專
個體經濟分析	趙鳳培	著	前政治大學
總體經濟分析	趙鳳培	著	前政治大學
總體經濟學	鍾甦生	著	西雅圖銀行
總體經濟學	張慶輝	著	政治大學
總體經濟理論	孫震	著	工研院
數理經濟分析	林大侯	著	臺灣綜合研究院
計量經濟學導論	林華德	著	國際票券公司
計量經濟學	陳正澄	著	臺灣大學
經濟政策	湯俊湘	著	前中興大學
平均地權	王全祿	著	考試委員
運銷合作	湯俊湘	著	前中興大學
合作經濟概論	尹樹生	著	中興大學
農業經濟學	尹樹生	著	中興大學

書名	作者	單位
工程經濟	陳寬仁 著	中正理工學院
銀行法	金桐林 著	
銀行法釋義	楊承厚編著	銘傳大學
銀行學概要	林葭蕃 著	
銀行實務	邱潤容 著	台中技術學院
商業銀行之經營及實務	文大熙 著	
商業銀行實務	解宏賓編著	臺北大學
貨幣銀行學	何偉成 著	中正理工學院
貨幣銀行學	白俊男 著	東吳大學
貨幣銀行學	楊樹森 著	文化大學
貨幣銀行學	李穎吾 著	前臺灣大學
貨幣銀行學	趙鳳培 著	前政治大學
貨幣銀行學	謝德宗 著	臺灣大學
貨幣銀行學（修訂版）	楊雅惠編著	中華經濟研究院
貨幣銀行學 ——理論與實際	謝德宗 著	臺灣大學
現代貨幣銀行學（上）（下）（合）	柳復起 著	澳洲新南威爾斯大學
貨幣學概要	楊承厚 著	銘傳大學
貨幣銀行學概要	劉盛男 著	臺北商專
金融市場概要	何顯重 著	
金融市場	謝劍平 著	政治大學
現代國際金融	柳復起 著	澳洲新南威爾斯大學
國際金融 ——匯率理論與實務	黃仁德、蔡文雄 著	政治大學
國際金融理論與實際	康信鴻 著	成功大學
國際金融理論與制度（革新版）	歐陽勛、黃仁德 編著	前政治大學 政治大學
金融交換實務	李麗 著	中央銀行
衍生性金融商品	李麗 著	中央銀行
衍生性金融商品 ——以日本市場為例	三宅輝幸 著 林炳奇 譯 李麗 審閱	
財政學	徐育珠 著	南康乃狄克州立大學
財政學	李厚高 著	國策顧問
財政學	顧書桂 著	

書名	作者		單位
財政學	林華德	著	國際票券公司
財政學	吳家聲	著	前財政部
財政學原理	魏　萼	著	中山大學
財政學概要	張則堯	著	前政治大學
財政學表解	顧書桂	著	臺北大學
財務行政（含財務會審法規）	莊義雄	著	成功大學
商用英文	張錦源	著	前政治大學
商用英文	程振粵	著	前臺灣大學
商用英文	黃正興	著	實踐大學
實用商業美語 I ——實況模擬	杉田敏 著 張錦源 校譯		前政治大學
實用商業美語 I ——實況模擬（錄音帶）	杉田敏 著 張錦源 校譯		前政治大學
實用商業美語 II ——實況模擬	杉田敏 著 張錦源 校譯		前政治大學
實用商業美語 II ——實況模擬（錄音帶）	杉田敏 著 張錦源 校譯		前政治大學
實用商業美語 III ——實況模擬	杉田敏 著 張錦源 校譯		前政治大學
實用商業美語 III ——實況模擬（錄音帶）	杉田敏 著 張錦源 校譯		前政治大學
國際商務契約——實用中英對照範例集	陳春山	著	臺北大學
貿易契約理論與實務	張錦源	著	前政治大學
貿易英文實務	張錦源	著	前政治大學
貿易英文實務習題	張錦源	著	前政治大學
貿易英文實務題解	張錦源	著	前政治大學
信用狀理論與實務	蕭啟賢	著	輔仁大學
信用狀理論與實務——國際商業信用證實務	張錦源	著	前政治大學
國際貿易	李穎吾	著	前臺灣大學
國際貿易	陳正順	著	臺灣大學
國際貿易概要	何顯重	著	
國際貿易實務詳論（精）	張錦源	著	前政治大學
國際貿易實務（增訂版）	羅慶龍	著	逢甲大學
國際貿易實務	張錦源 劉　玲	編著	前政治大學 松山家商
國際貿易實務新論（修訂版）	張錦源 康蕙芬	著	前政治大學 崇右企專

書名	作者		單位
國際貿易實務新論題解	張錦源 康蕙芬	著	前政治大學 崇右企專
國際貿易理論與政策（修訂版）	歐陽勛 黃仁德	編著	前政治大學 政治大學
國際貿易原理與政策	黃仁德	著	政治大學
國際貿易原理與政策	康信鴻	著	成功大學
國際貿易政策概論	余德培	著	東吳大學
國際貿易論	李厚高	著	國策顧問
國際商品買賣契約法	鄧越今	編著	外貿協會
國際貿易法概要（修訂版）	于政長	編著	東吳大學
國際貿易法	張錦源	著	前政治大學
現代國際政治經濟學——富強新論	戴鴻超	著	底特律大學
外匯、貿易辭典	于政長 張錦源	編著 校訂	東吳大學 前政治大學
貿易實務辭典	張錦源	編著	前政治大學
貿易貨物保險	周詠棠	著	前中央信託局
貿易慣例——FCA、FOB、CIF、CIP等條件解說（修訂版）	張錦源	著	前政治大學
國際匯兌	林邦充	著	前長榮管理學院
國際匯兌	于政長	著	東吳大學
貿易法規	張錦源 白允宜	編著	前政治大學 中華徵信所
保險學	陳彩稚	著	政治大學
保險學	湯俊湘	著	前中興大學
保險學概要	袁宗蔚	著	前政治大學
人壽保險學	宋明哲	著	銘傳大學
人壽保險的理論與實務（增訂版）	陳雲中	編著	臺灣大學
火災保險及海上保險	吳榮清	著	文化大學
保險實務（增訂版）	胡宜仁	主編	淡江大學
關稅實務	張俊雄	著	淡江大學
保險數學	許秀麗	著	成功大學
意外保險	蘇文斌	著	成功大學
商業心理學	陳家聲	著	臺灣大學
商業概論	張鴻章	著	臺灣大學
營業預算概念與實務	汪承運	著	會計師
財產保險概要	吳榮清	著	文化大學

稅務法規概要	劉代洋 林長友 著	臺灣科技大學 臺北商專
證券交易法論	吳光明 著	臺北大學
證券投資分析 ——會計資訊之應用	張仲岳 著	臺北大學